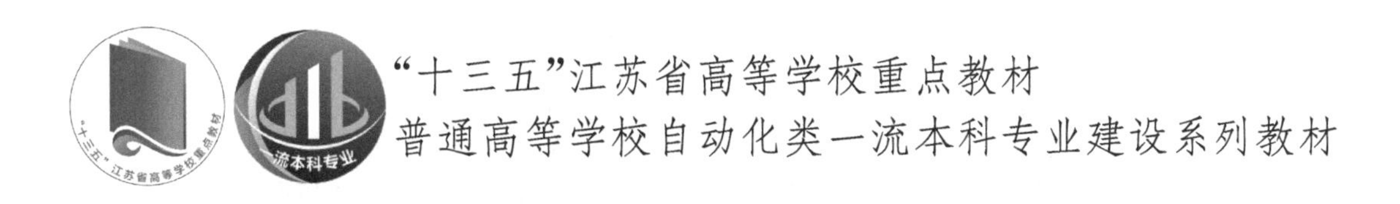

"十三五"江苏省高等学校重点教材

普通高等学校自动化类一流本科专业建设系列教材

自动化导论

（第三版）

周献中　陈春林　主编

科学出版社

北　京

内 容 简 介

本书是“十三五”江苏省高等学校重点教材（编号：2020-1-102）。

本书遵循教学和认知规律，通过精选来自生活、生产和科技等活动过程的案例，对控制基础概念、自动控制基本原理、自动化系统知识与技术体系、自动化技术应用、新时代控制的机遇与挑战等内容，由浅入深地进行了简明扼要、通俗易懂的系统性介绍。特别地，本书涵盖的思想、概念和方法大多也适用于非工程领域。

本书是一本新形态教材，既可作为普通高等院校自动化类专业新生的专业导论和大学四年的导学性教材，也可作为电气类、电子信息类、航空航天类、管理类及其他新工科相关专业宽口径教育的通识课、选修课或研讨课的教材。对控制学科和自动化技术感兴趣的广大读者，本书更是一本图文并茂、知识点丰富、实践和启发共存的参考读物。

图书在版编目(CIP)数据

自动化导论/周献中，陈春林主编. —3版. —北京：科学出版社，2022.8

“十三五”江苏省高等学校重点教材·普通高等学校自动化类一流本科专业建设系列教材

ISBN 978-7-03-072886-9

Ⅰ.①自…　Ⅱ.①周…②陈…　Ⅲ.①自动化技术-高等学校-教材　Ⅳ.①TP2

中国版本图书馆CIP数据核字(2022)第147312号

责任编辑：余　江 / 责任校对：王　瑞

责任印制：赵　博 / 封面设计：迷底书装

科学出版社 出版

北京东黄城根北街16号

邮政编码：100717

http://www.sciencep.com

北京厚诚则铭印刷科技有限公司印刷

科学出版社发行　各地新华书店经销

*

2009年 8 月第一版　　开本：787×1092　1/16

2014年 8 月第二版　　印张：13 1/2

2022年 8 月第三版　　字数：329 000

2025年 1 月第二十次印刷

定价：49.80元

（如有印装质量问题，我社负责调换）

序

自动化理论与技术具有几个显著特点：一是“无处不在和无时不有”的控制，奠定了自动化技术的宽泛和普适性地位；二是“系统性和信息化”的特点，表明了自动化技术的前沿性和时代性；三是“追求精准和力求优化”的反馈原理、黑箱方法、功能模拟等方法，以及PID、神经网络、自适应、自学习、自组织、智能等控制思想，更是凸显其方法论特点。这些特点是自动化及相关学科专业教育教学的核心思想。

实际上，教育部发布的《普通高等学校本科专业目录》(2012版)就将自动化专业设为单独一类“自动化类(0808)”。这一方面说明国家对自动化人才的高度重视，另一方面也为本专业人才的培养提出了更高的要求和期待。正是从这个新的起点开始，国内普通高等学校(特别是工科类院校)的大多数专业中，都分别设置了有关控制与自动化方面的通识课、研讨课或专业选修课，使其成为对现代人才进行基本素质教育不可或缺的课程。南京大学周献中教授主编的《自动化导论》就是这一专业领域里具有代表性的重要教材，其两次再版和15次重印的出版数据生动地说明了该教材的影响力。迄今为止，全国已经有50多所高等院校相关专业使用了该教材，我也将该书作为新生研讨课的重点读物之一。我细致审读了这次修订版的全部样稿，因此觉得自己有机会为此书作序也是一件乐事。

对大学导论性教材来说，一是要与高中的基础知识有效衔接；二是要与科技发展的需求融会贯通。科技发展得越快，需要融合的知识越多，这对于大学的专业教育是一个难题，对于自动化专业更是这样。我们必须要有强烈的改革意识和有效的改革抓手，推动学生掌握控制学科的基本原理和自动化技术的核心要义，使得广大理工科学生成为服务于智能制造业的各类出色人才。从本质上讲，自动化是系统的一个运行过程或一种工作模式，它需要通过一系列技术(统称为自动化技术)的集成以构建一个自动控制系统，进而实现系统的预期目的或目标。多年来，我们一直按照钱学森先生构建的系统科学体系进行开拓创新，强调自动化的基础概念是“信息-控制-系统”。《自动化导论》作为一部导论性教材，很好地体现了这样的思想，对一些基本概念和术语做了深入浅出的解释。该教材还从系统论的角度来阐述自动控制系统的基本组成要素、常用结构形态及功能实现和性能要求等，全书文字简洁明了，内容言简意赅，令人耳目一新，学习时便于循序渐进。

作为导论性教材，《自动化导论》通过精选丰富的案例进行阐释和分析，小到取杯喝水、大到载人航天，简单如浴盆水位控制，复杂如智能工厂管控一体化，等等。这些例证均通过科学性阐释与通俗性叙述很好地反映了专业特点，使专业读者和非专业读者都能从中得到关于自动化知识体系的基本认知。21世纪以来，新一轮工业革命比以往的三次工业革命来得更加深刻，自动化专业日益成为一个综合性的跨行业专业。自动化学科领域里新原理、新技术、新方法不断涌现，深刻影响到更多的产业领域，同时也对控制和自动化技术提出了更高的要求。令我惊喜的是，该书对此也做了精心的安排，体现在4.6节“数据驱动的控制”相关内容，以及第6章和第7章的内容等，这些论述不仅展示了控制和自动化技术的巨大作用，而且也显现了控制和自动化技术面临的机遇与挑战，并且为不同类型课程和不同课时的教学提供了灵活的话题空间。该教材的另一个显著特色是形态新，设置了扩展阅读模块，以一个典型装置（六足机器人）贯穿各章，既是对本章所述概念的具象化说明，又可引导读者产生动手实践的欲望，使得读者只要投入少量的经费就可按扩展模块的说明自己组装出一个六足机器人。这样的编排在已知的同类教材里是鲜见的，既体现了认知和实践的连贯性，又为学生的探究性学习提供了一种新的方案。值得一提的是，本书没有过分追求自动化理论和技术的深奥理论，也不去介绍自动化专业知识体系里烦琐的数学推导，但又不失自动化理论和技术的精髓。读者能从该书的学习中获取到有益的控制与自动化的基本思想、理论、方法及技术。

我与该书的几位编者都非常熟悉，有的老师与我共事长达30余年。这些老师长期工作在专业人才培养的第一线，对自动化专业有真挚的热爱，对自动化理论和技术及专业人才培养体系有较深刻的理解与认识。新版《自动化导论》就是他们长期教学与科研实践的一部结晶，我相信他们今后将在这个领域里产生更多、更好的前沿性成果。

教育部高等学校自动化类专业教学指导委员会副主任委员

南京理工大学自动化学院教授

吴晓蓓

2022年7月

前　言

自本书第二版出版以来，一晃已过八年。在这八年里，世界上主要国家在面对新型经济和工业发展的浪潮时，几乎都将支持工业领域新一代革命性技术的研发与创新列入国家未来重点发展的项目之一，以推动作为立国之本、兴国之器、强国之基的制造业向智能化转型。这种智能化转型进程，无论是强调生产过程的智能化，还是强调生产设备的智能化，本质都是要构建一种新型的信息物理系统，中国学者称为人-信息-物理系统(human-cyber-physical system，HCPS)。在此大趋势下，国内外对能够引领产业发展与未来技术的精英科技人才的渴求比以往任何时代都更加强烈，对作为实现智能化转型主力军之一的控制和自动化专业人才的培育也提出了新的、更高的要求。

党的二十大报告指出，我们要"全面提高人才自主培养质量，着力造就拔尖创新人才"，为跟上时代发展的步伐，并结合现代信息技术和新型的知识展现手段，在充分采纳多所高校师生的教材使用反馈意见的基础上，编者经酝酿、研讨、调研和素材准备，延续前两版的编写思想和体例，通过增加富媒体教学资源及对部分内容的调整、更新与补充，形成了本版教材。

本版教材的主要特色是：

(1) 强调价值引领和知识传播的有机融合。遵循习近平新时代中国特色社会主义思想指导下的思想政治工作规律、教书育人规律及学生知识增长规律，通过对中国科技成就及进展的描述和解读，启发和帮助学生客观认识当代中国、理性看待外部世界，并把个人追求转化成主动投身到实现"中国梦"这一伟大征程中的自觉。

(2) 注重系统思维和控制方法的进阶引导。遵循"感知→晓知→践知"的编写理念，即通过"感知实例"了解自动化能干什么，通过"晓知原理"明白自动化为什么这么能干，进一步通过"践知体验"思考怎么让自动化更能干，以引导学生在面对不同系统的控制、管理和决策问题时都能"像控制学家一样思考"。

(3) 展现"智能自动化(automation of intelligence，AI)"的时代特征。把自动控制系统视为一类本征智能系统。由此，在介绍自动控制系统基本组成、结构及运作机理的基础上，通过自动控制系统诸多环节内隐智能要素与功能的显化和解释，以说明自动化理论、技术及应用与智能化趋势的内在关联性和发展互补性。

本版教材的主要修订内容如下：

(1) 更新大量案例，以展示我国新时代十年科技成果和控制与自动化技术在其中承担的重要角色，如1.1.1小节的神舟十三号和京张高铁，6.9.2小节的一种无人化学实验系统，7.2.2小节的百度无人驾驶汽车、翼龙Ⅱ无人机、国产磁悬浮列车等；同时，扩展内容选用了自主研发的六足机器人。

(2) 凸显自动化专业的使命与作用，以图文方式展示我国自动化专业的发展历史和特点、人才培养目标和毕业生的舞台等(1.4节)；同时，增加了"自动化与人工智能"相关内容(1.2.4小节)，以诠释控制论思想与人工智能之间的同宗同源性。

(3) 增补控制理论与自动化技术的部分进展，以反映它们在面对智能化时代的机遇与挑战时表现出的与时俱进、不断突破的特征，如 4.6 节的数据驱动的控制，6.3.2 小节的电动汽车锂离子电池管理控制系统，6.7.1 小节的面向智能制造的人-信息-物理系统概述和 6.9 节的智能无人系统等。

(4) 采用新形态教材编写模式，针对核心概念、重要人物、典型案例及最新技术进展等，精选多个辅助材料并通过二维码链接，通过直观、形象、生动的方式给读者提供一个立体多维的知识感受，以增强自动化专业的亲近感和对自动化知识的求知欲。

在使用本版教材于不同课程类型的教学过程中，具体内容选择和讲授时间分配可由任课教师根据课程教学目的、要求和计划灵活掌握。对于扩展的内容，建议留给学生课后自学或实践体验。

本版内容是对前两版的继承、修改和补充。第一版由南京大学周献中教授任主编，南京理工大学盛安冬教授、南京航空航天大学姜斌教授任副主编；第二版由周献中教授任主编，南京理工大学戚国庆教授、南京航空航天大学陈复扬教授、南京大学陈春林教授和朱张青副教授任副主编。本版在保留了第二版部分内容的基础上，由南京大学周献中教授和陈春林教授负责实施所有修订工作。南京大学工程管理学院控制科学与智能工程系研究生朱远洋、傅汇乔博士和郑婉文、周启新、刘铭江硕士为本次修订的前期调研、资料查阅与整理等提供了大量的支持，南京大学魏婧雯老师提供了 6.3 节的部分内容。

感谢使用本教材的广大师生们，他们在教与学过程中的意见反馈给编者的修订提供了非常有益的启示；感谢南京理工大学吴晓蓓教授对本版教材的审阅和作序；感谢东南大学戴先中教授长期以来对本教材的关心和支持；感谢科学出版社余江编辑在本版修订和出版过程中给予的大力支持和帮助！更要感谢江苏省高等教育学会，把本版教材列入“十三五”江苏省高等学校重点教材建设，编者十分珍惜这个机会和荣誉！

在本书编写过程中，参阅了大量相关文献、网页资料、技术进展报道和视频素材，并采纳了部分内容，在此向相关文献资料的作者和素材提供者致以诚挚的谢意。

编者根据多年来的教学实践与积累，制作了与本书配套的电子课件。凡使用本书作为教材的教师，可向科学出版社索取。

尽管编者一直在关注控制和自动化领域的发展动态，并努力将其转变成可讲授的导论性教材内容，但由于水平有限，书中若存在疏漏和不足之处，敬请各位专家和广大读者提出批评与建议。

周献中　陈春林

2023 年 7 月于南京平仓巷五号

目　　录

第 1 章　绪　　论

课程介绍

1.1　常见的控制现象和自动化技术

1.1.1　控制的“身影”和作用

2022 年 4 月 16 日凌晨 0 时 44 分，神舟十三号航天员乘组在空间站组合体(图 1-1)工作生活了 183 天后，乘坐返回舱，与空间站天和核心舱成功分离，历经三个阶段从距离地面 300 多公里的太空穿越大气，浴火凯旋。在此次飞行任务中，神舟十三号载人飞船实现了多个首次：首次实施径向交会对接；首次执行应急救援发射待命任务；首次实施快速返回流程；刷新了中国航天员单次飞行任务太空驻留时间的纪录等，充分展现了中国航天科技的新高度。

神舟十三号

图 1-1　神舟十三号空间站组合体全景

在本次任务中，为适应空间站组合体不同构型及来访航天器的不同停靠状态，实现与空间站前向、后向、径向交会对接和分离，首次利用舱外机械臂辅助转位对接技术于径向交会对接任务中，实现了与天和核心舱径向对接口的对接(图 1-2)。机械臂辅助转位对接时，利用多轴机械臂将对接在正前方的重量几十吨无动力航天器抓取后，根据传感器观测数据，机械臂对其姿态角度进行调整，并精准控制对接在需要对接的指定舱口上。这个关键任务的完成，对机械臂的承载力量、承载自由度和抓取控制精度等提出多种苛刻的要求，利用七自由度的活动能力，通过旋转结构，能在周围任何角度和部位抓取物体，精准地将指定物体运送至空间站外部的任何位置，该技术还可以为航天员出舱时的空间转移和舱外设备的安装提供辅助作用。

2021 年 11 月 8 日，经过约 6.5 小时的出舱活动(图 1-3)，航天员乘组密切协作、天地间大力协同、舱内外密切配合，先后完成了机械臂悬挂装置与转接件安装、舱外典型动作测试等任务，全过程顺利圆满，进一步检验了我国新一代舱外航天服的功能和性能，检验了航天员与机械臂协同工作的能力及出舱活动相关支持设备的可靠性与安全性。

图 1-2 神舟十三号进行径向交会对接

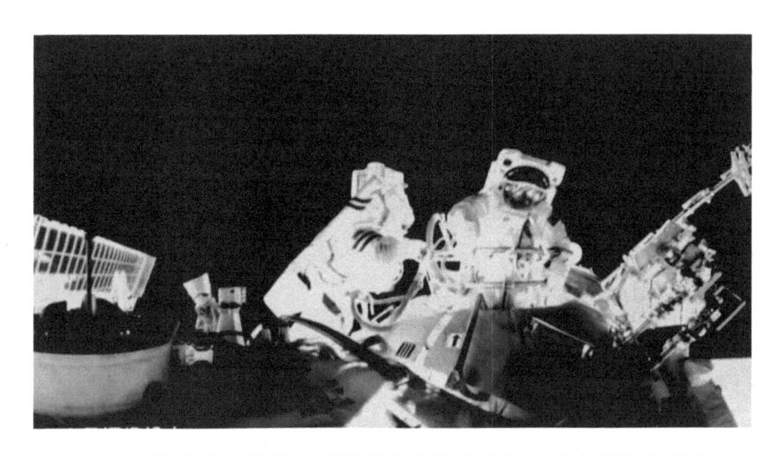

图 1-3 神舟十三号航天员圆满完成首次出舱活动全部既定任务

返回地面首次采用了快速返回方案，是为了减少航天员在飞船内的停留时间，主要是通过减少绕地飞行的圈数实现。在减少绕地飞行进入返回模式过程中，北斗卫星导航系统担任了重要角色，帮助飞船快速精准确定自身位置。飞船上的计算机根据北斗卫星导航系统提供的位置和自身传感器姿态数据来实时预测自己的落点，如果发生偏差，就会进行纠正，进而制定最合适的加速度和变轨方案，实现在指定位置完成精准制动控制，之后将飞船变轨到一个能够返回地球的轨道。进入大气层后，通过一系列姿态调整，巧妙利用空气动力产生的升力(图 1-4)，进行航向和横向运动的控制。同时，通过发射伽马光子，测量反射回来的这些光子的数量，就能精准算出当前的高度，在落地前大约一米的高度，启动反推火箭，控制下降速度为(1～2)m/s，以保证航天员安全着陆。

从功能、结构、设计以及实现的角度来看，以神舟十三号载人飞船等为代表的我国“飞天工程”是一个极为复杂的大系统，而它又由发射场系统、运载火箭系统、航天员系统、载人飞船系统、交会对接系统、飞船应用系统、测控通信系统和着陆场系统等子系统组成。这些子系统还有各自相应的子系统组成，它们有机地组合在一起就形成了展现在世人面前的具有特定功能的“飞天系统”。

2019 年 12 月 30 日 8 时 30 分，由北京北站开往张家口方向的智能动车组 G8811 次列

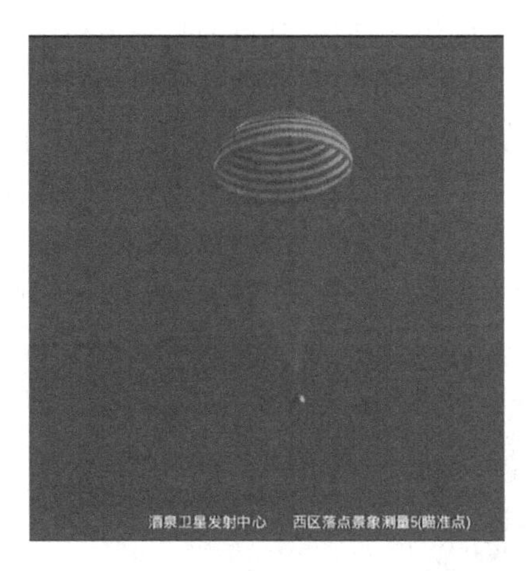

图 1-4 神舟十三号返回地面

车驶出北京北站，标志着世界第一条时速 350 公里智能化高速铁路——京张高速铁路正式开通运营(图 1-5)，张家口至北京最快运行时间由 3 小时 7 分钟压缩至 56 分钟。这条穿越万里长城、横跨官厅水库的智能铁路开启了中国智能高铁服务的新篇章，为助力京津冀一体化协同发展、北京冬奥会交通运营服务提供了充分保障。

图 1-5 京张高铁官厅水库特大桥上行驶中的列车组

京张高铁采用的动车组是“复兴号”的智能型升级版，以现有“复兴号”CR400BF 型动车组为基础，在智能化、安全舒适、绿色环保、综合节能等方面实现升级。智能动车组的运行调度指挥系统首次采用了中国自主研发的北斗卫星导航系统，实现了有人值守、无人驾驶。列车司机只需轻轻按下一个按钮，就能实现到点自动发车、区间自动运行、到站自动停车、开门和站台联动。同时，列车全车装有数千个传感器，能实时监测列车运行的所有状态，面对复杂的户外环境，列车的调度指挥系统能够根据不同的天气、地形自动地做出调节、做到精确控制，实现高速且平稳的自动驾驶，如遇故障也能自行诊断，以安全为导向作决策。

作为中国首条智能高速铁路，京张高速铁路每一条钢轨的质量监造、供应和设计打磨都运用了大数据并建立了“健康档案”。基于北斗卫星和地理信息系统技术，京张高铁部署起一张“定位”大网和线路实时“体检”系统，可以将全线每一处钢轨、每一座桥梁和每一个车站通过传感与监测网络连接至电脑中心。铁路沿线零件是否老化，照明是否损坏，路基是否沉降，都能一目了然。此外，高速铁路周界入侵报警系统、地震预警系统、自然灾害监测系统等也是动车组智能调度指挥系统的组成部分，其目的是全方位智能化地保障乘客的出行安全。

以上所描绘的实例中，无论是智能京张高铁动车组的自动驾驶，还是神舟十三号径向交会对接、出舱活动中机械臂协同协作和飞船返回，都集中突出了一个概念：控制。其实，除了这些非常复杂的应用之外，控制过程在日常生活中也是比比皆是，控制概念绝非仅仅只限于高科技方面，事实上，人们时时刻刻都在进行着有意识或者无意识的控制。

例如，在日常生活中，伸手去取一件物品的过程就是一个典型的控制过程(图 1-6)。

感知控制对象

图 1-6 人手取杯子的过程(实图)

大脑通过神经系统传递控制信息操控手移向目标物品，眼睛将手和物品的距离等信息传递给大脑并由大脑将此信息进行处理后决定前进方向和速率，再将此结果用于操作手(臂)的动作。整个过程虽简单迅速，但不失为一个完整的控制过程。该过程可借助图 1-7来描述。

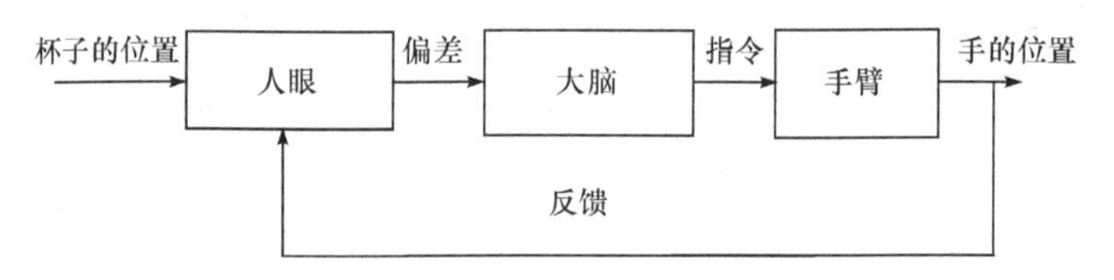

图 1-7 人手取杯子的过程(示意图)

与此类似，自然界中的捕杀行为也是一个控制过程。例如老鹰捕杀兔子的过程。老鹰通过眼睛等器官获取猎物的位置信息，将其传送到大脑，经加工处理后，操作翅膀以及爪子进行捕杀活动。兔子位置的变化会迅速反馈到老鹰的大脑，用来修正所要采取的行动。

工业生产中更常见到控制的“身影”，尤其是在信息化的现代社会，是否掌握先进的控制技术可以说是关乎企业成败甚至国家发展的一个关键因素。经过了长期的探索与技术研发之后，面向人造系统的自动控制技术在工业生产中的应用已经越来越普遍，自动化生产线也屡见不鲜，原来需要人来完成的许多工作或操作，如今借助机器就能够又快又好地完成。在解放人的双手的同时极大促进了生产力的提高，而且还可以使原来很多可能使人遭受危险的工作变得更加安全。

导弹跟踪和打击(图 1-8)是控制在军事领域的具体体现。可以将这个过程看作是老鹰捕杀兔子的另一个版本。在导弹防御系统中，雷达是导弹跟踪系统的“眼睛”，负责侦察“猎物”——敌机或来袭导弹的位置信息，并通过网络传递给系统的“大脑”——计算机。计算机根据一定的算法将雷达所获取的信息进行解读和处理，然后将控制指令传递给防御导弹上的驱动装置并操作导弹的飞行路线，最终对目标进行打击。

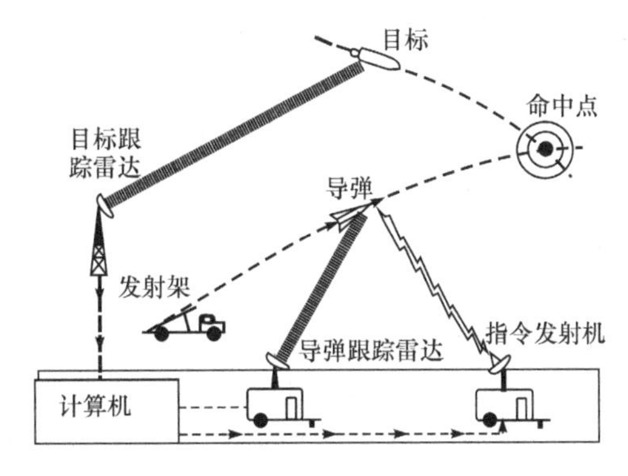

图 1-8　导弹跟踪与打击示意图

党的二十大报告指出，要“加快构建以国内大循环为主体、国内国际双循环相互促进的新发展格局”。国内生产总值(gross domestic product，GDP)是衡量国家经济状况的重要指标，经济学上通常会把投资、消费和出口比喻为拉动 GDP 增长的“三驾马车”。站在这个角度上，大致可以将消费和投资归为内循环范畴，将出口外贸归为外循环范畴，前者侧重于内需，后者侧重于外需。随着国内外形势的变化，国外市场变化莫测，影响因素众多。长远来看，为了拉动 GDP 增长，则需要刺激投资和消费，即扩大内需，同时加强国际合作，以内循环带动外循环，促进 GDP 快速增长。这属于国家层面上基于国内外形势做出的经济上的战略部署，也可以看作是一种控制行为，只是调控的是经济系统。在经济调控系统中，在中央统一协调下，通过银行、税务、物价等部门及地方相应机构，调控引导市场活动，同时将反映经济发展状况的统计数据反馈给决策部门，进而调节整体经济系统按照预期运行。

1.1.2　共同生活在自动化时代

整个人类社会的发展历史，也可以说是人类利用各种控制手段获取能量进而改造外界环境的历史。国内学者项国波教授二十多年前就提出，人类社会可划分为三个时代：人力时代、机械时代，以及自动化时代。这里时代划分的依据是人类开发、利用能量变换和信息变换的不同方式。由此可以进一步认为，我们现在不仅已生活在自动化时代，而且已在部分领域进入了智能自动化阶段。

人力时代又叫人工时代、手工时代。在蒸汽机、发电机等动力机械发明之前的漫长岁月中，人类只能利用自身的体力获取所需的能量，依靠自身的肌体和大脑来完成能量变换和信息变换，所以那个时代称为人力时代。后来，人类逐步懂得了钻木取火，炼铜炼铁，改善生产工具，开始有了人类文明。但是由于人类自身客观生理条件的限制，能量转换的功率和范围都极其有限，纵有九牛二虎之力，也不可能实现昼夜不停地工作。历时数万年的人工时代直到 1788 年才宣告结束，这一年英国人瓦特改进的蒸汽机在工业中得到应用，自此人类社会开始了机械化时代。

当蒸汽机、发电机出现之后，对几十吨、上百吨重的货物，人只要按一个电钮的“力气”，就可以把它移动到你所要达到的地方，而且这些机器可以不间断地保持着“精力充沛”的状态工作着；现代化的电网，可以瞬间输送几十万、几百万千瓦的电能到数千公里之外。这在机械化时代之前都是无法想象的事情，人类的“力气”不知被放大多少亿倍，人类的力臂不知不觉被延长到几千公里之外！

自动化时代的到来得益于电磁波的发现和电子管、半导体、集成电路、无线电以及电子计算机等的先后问世，这些技术几乎同步解决了信息变换的速度问题。伴随着这些技术的先后问世，控制这门科学也开始正式被确立起来，并且取得了长足的发展，客观上也为自动化时代的到来做好了理论准备。

在自动化时代中，不仅能量变换，而且信息变换都可由机器来完成。凡是需要能量变换的地方，都会有相应的信息变换机与之相匹配，即在人类活动所见的空间，只要需要用“力”的地方，一般都会给它配上一个小的“脑袋”——单片机或微处理器之类的小芯片。于是，不仅工业生产自动化了，甚至农业生产、家务劳动、交通运输、人居环境……凡是在已知规律的领域，都可以利用自动化技术来完成一些特定任务。

生活中，自动化技术每时每刻也都在发挥着巨大的作用。事实上，自动化并不是什么高深莫测的概念，而是我们可随处感受到的真实技术。小到抽水马桶，大到航天飞行器、现代化的大型制造企业都是自动化技术应用的具体体现。

说到抽水马桶，或许读者不禁要问，这么简单的东西与自动化有什么关系呢？使用完抽水马桶以后，按下后面的按钮，水箱内的水就会将马桶冲洗干净，水箱内的水位会自动恢复到原来的水位并停止进水。稍稍分析一下抽水马桶的工作原理就会发现，这个简单的生活用品体现了自动化技术中一个非常重要的原理，那就是负反馈控制。在下一节中会具体介绍负反馈。

除此之外，现在已经进入寻常百姓家的洗衣机也是个非常典型的自动化产品，并且也更能体现自动化技术在将人从繁重的体力劳动中解放出来所发挥的巨大作用。有人甚至认为，以洗衣机为代表的诸多自动化生活用品如吸尘器、微波炉、电饭煲等，不仅起到了解放人的双手的作用，而且也深刻改变了这个社会的结构。很多原来需要由家庭主妇完成的工作，如今只需要借助这些日用电器就可以轻而易举地实现，从而使得她们从中解放出来步入社会参与社会变革。这又是自动化技术发展对时代发展推动作用的一个体现。

空调是现代生活中常见的家用电器，很难想象在今天的百姓生活中少了空调会是怎样一种情景。这个用来调节小气候的装置，也是自动化技术发展的产物。当设定好温度之后，空调中的温度传感器会定时测量周围环境的温度并且与设定的温度做比较，并以此为根据判断下一步应该是制冷（热）还是暂停。而这也是反馈控制一个非常典型的案例。

除此之外，飞速发展的人工智能、云计算、物联网等技术，赋予了自动化产品更多的智能，陪伴着我们工作、生活的方方面面。当人们走出家门，无人驾驶的公交车、出租车在复杂的城市交通系统中平稳驾驶，地铁和高铁站的自助售票机、随处可见的自动销售机逐渐支持二维码、指纹、人脸支付，只需一扫，交易自动完成，钱货两清，乘车出行、零售购物等也越来越便利。数字化让我们走进了无纸化货币时代。此外，能感知人的到来而自动打开的自动门、实拍交通违章的自动摄像等应用也非常普遍。交通路口的摄像头配合大数据后台信息处理平台，可以准确无误地选中违章的行人或车辆信息并在路边的屏幕上滚动，时刻提醒着行人、车辆不要违章。事实上，我们在许多领域已经迈入了自动化与智能化深度融合的智能自动化阶段。

以上所有的实例表明，自动化技术在人们日常生活中可谓是大显身手，而且自动化技术有着远比上面描述广泛得多的应用范围。在现代社会，自动化技术已被广泛用于工业、农业、军事、科学研究、交通运输、商业、医疗、服务和家居等方面。

工业生产中的很多流水线装置就是自动化技术的产物，人只需要完成比较简单和轻松的那部分工作，如编排指令等，大部分工作则由机器来完成。工业自动化是自动化技术发展的起源和永恒使能的应用领域之一。

从红绿灯到智能交通控制系统，大规模的联合收割机、导弹跟踪和打击、"神舟"飞天成功等都是自动化技术广泛应用的实例。生产过程自动化和办公室自动化可极大地提高社会生产率与工作效率，节约能源和原材料消耗，保证产品质量，改善劳动条件，改进生产工艺和管理体制，加速社会产业结构的变革和社会信息化的进程。由此我们也可以切实地体会到自动化时代的红利，并且也能感受到自动化技术给时代带来的巨大变革。自动化是新技术革命的一个重要方面，它的研究、应用和推广，对人类的生产、生活等方式已产生深远影响，更是人类社会迈向信息化和智能化时代的基础。

现代生产和科学技术的发展，已对自动化技术提出了越来越高的要求，同时也为自动化技术的革新提供了必要条件。20世纪70年代以后，自动化开始向复杂的系统控制和高级的智能控制发展，并广泛地应用到国防、科学研究和经济等各个领域，实现更大规模的自动化，如大型企业的综合自动化系统、全国铁路自动调度系统、国家电网自动调度系统、空中交通管制系统、城市交通控制系统、军事指挥与控制系统、国民经济管理系统等。自动化的应用正从工程领域向非工程领域扩展，如医疗自动化、经济管理自动化等。此外，自动化正在更大程度上模仿人的智能，机器人已在工业生产、海洋开发和宇宙探测等领域得到应用，专家系统在医疗诊断、地质勘探等方面取得显著效果。工厂自动化、知识自动化、家居自动化和农业自动化、军事自动化、智慧城市等都已成为自动化新技术革命的重要内容，并正在得到迅速发展。

1.2 基本概念和术语

在介绍了一些常见的控制现象、自动化时代的特点以及自动化技术的诸多体现之后，本节将要对上节实例中所涉及的一些控制与自动化的基本概念作进一步解释。

1.2.1 系统

要讲"控制"，就离不开"系统"和"信息"，因为不依靠具体系统的控制是不存在的；而没有信息的系统则是一具空壳，控制便成为"无米之炊"。

什么是系统呢？系统(system)一词，来源于古希腊语，是"由部分构成整体"的意思。今天人们从各种角度来研究系统，对系统下的定义也不下几十种。例如"系统是诸元素及其顺常行为的给定集合"，"系统是有组织的和被组织化的全体"，"系统是有联系的物质和过程的集合"，"系统是许多要素保持有机的秩序，向同一目的行动的东西"等。一般系统论则试图给出一个能描述各种系统共同特征的一般的系统定义，把系统定义为由若干要素以一定结构形式联结而成的具有某种功能的有机整体。这个定义包括了系统、要素、结构、功能四个概念，隐含了要素与要素、要素与系统、系统与环境三方面的关系。

系统的定义告诉人们，系统具有一定的功能。系统的功能如图 1-9 所示。

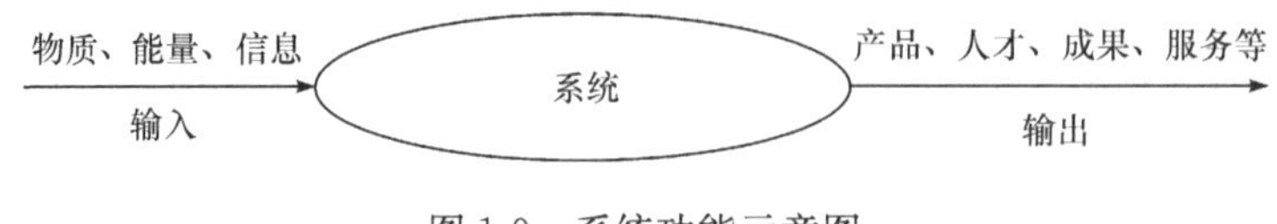

图 1-9　系统功能示意图

图 1-9 表明，系统具有一定的输入，这个输入一般都是某种物质、能量或者信息。这些输入经过系统的"变换"后就会产生一定的输出，如产品、人才、成果、服务等。也就是说正是因为系统有一定的功能才使得一定的输入经过系统之后产生相应的输出。而人们设计系统时，往往要求在给定输入的情况下尽可能得到好的输出，即尽可能使得系统的功能符合人们的需要。

例如，上节提到的京张智能化高铁就是一个系统。在前面还提到，"飞天工程"是一个功能复杂的大系统，且由若干个同样也复杂的子系统组成。除了这些科技系统以外，还存在着自然系统、社会系统、概念系统等许多系统。前面提到的"双循环"新发展格局则是一个经济系统。人本身就是一个系统，而由人组成的家庭也是一个系统，由家庭组成的社会是一个更大规模的系统。毫不夸张地说，系统是无处不在的。

系统是多种多样的，可以根据不同的原则和情况来划分系统的类型。按人类干预的情况可划分自然系统、人工系统；按学科领域就可分成自然系统、社会系统和思维系统；按范围划分则有宏观系统、微观系统；按与环境的关系划分就有开放系统、封闭系统、孤立系统；按状态划分就有平衡系统、非平衡系统、近平衡系统、远平衡系统；按系统规模划分还有巨系统、大系统、小系统；按功能和结构划分有分系统和子系统等。

1.2.2　信息

结合 1.1 节所讲述到的控制现象和图 1-9 对系统的解释，自然能发现信息的重要性。那么究竟什么是信息呢？同系统一样，信息也有很多种不同的定义。综合而言，信息(information)是感知主体在与环境相互作用过程中与环境相互交换的内容的总称。具体来说，信息是指符号、信号、消息等(可称为广义的数据)所包含的内容，用来消除主体对环境事物认识的不确定性。若用最简单的语言来说，信息是对数据的解释；从集合的角度来看，信息是抽象于物质的映射集合。

上节提到的京张高速铁路周界入侵报警、地震预警、自然灾害监测等所能提供的就是智能化高铁运行的环境信息；人手抓取物品的时候，眼睛所观察到的手与物品的距离、物品的大小等也是一种信息；老鹰捕杀兔子的时候所观察到的兔子的位置、奔跑方向也是信息；雷达探测到的敌方目标的距离、方位、动向是重要的军事信息。这些例子告诉我们，信息并不神秘且无处不在，在系统中信息具有非常重要的作用。试想如果人无法获取物品的位置信息，就难以顺利地拿取物品；而雷达无法探测到敌方目标的位置，防空导弹就无法有效打击目标。

由于信息是用来反映客观，消除不确定性的，因此信息具有事实性。而时间性、空间性、共享性、可转换性、保密性和可度量性等也都是信息所具有的特性。所谓时间性，是指信息具有一定的时间延迟和时效的不可避免性。空间性是指信息需要由一定的信源发出，并且需要一定的信道传递，最终由相应的信宿存储。共享性指信息是不可消耗的、非独占的。可转换性则指信息可以由一种形态转换成另外一种形态。保密性则是指有些特定的信息涉及安全问题，需要对其加以保密并且有一定的权限控制。例如银行卡的密码就是一种需要保密的信息。人们常常看到的信息量、数据量等词语就是用来描述信息的可度量性的。

既然已经提到了系统和信息这两个概念，那么自然可以引出一个"组合"概念：信息系统。所谓信息系统 (information system)，就是产生(含信息收集)并向环境用户提供有用的服务信息以便使用者做出决策的各种单元结合而成的有机整体。由此，一个完整的信息系统应由数据流通(或传输)分系统、数据处理分系统、信息服务分系统这三大功能(分)系统组成。

1.2.3 控制与自动化

1) 控制与自动控制

在感知了上述各种控制现象之后，自然会产生这样一个问题：究竟什么是控制呢？结合上面的实例加以抽象可知，所谓控制(control)，是指为了改善系统的性能或达到特定的目的，通过信息的采集和加工而施加到系统的作用。也就是说控制是主体为了达到某种目的(目标)而采用的一种约束手段。信息是控制的基础，发挥控制作用的功能系统被称为控制系统(control system)。控制系统一般不单独存在，而是复杂大系统的一个分系统。

与控制密切相关的另一个概念就是自动控制。自动控制(automatic control)是指在无人直接干预的情况下，利用外加的设备或装置(简称为控制装置或控制器)，使机器、设备或生产系统等(可广义地统称为被控对象)的某一工作状态或参数(称为被控量，如温度、pH值、产值等)或某过程自动、准确地按照预期的规律运行。实现自动控制功能的系统称为自动控制系统(automatic control system)，它是为了实现某(些)控制目标，由相互制约的各部分按一定规律组成的具有特定功能的有机整体。

结合上面提到的几个实例，可以看到这些自动控制系统的组成中都包含了：

(1) 检测比较装置。主要是获得被控量的实际值，并且计算该量值与主体要达到的目标之间的偏差，如人手取杯子过程中的"眼睛＋大脑"就一起组成一个检测比较装置。

(2) 控制器。主要是用来决定应该怎样做，如人手取杯子过程中的大脑相当于控制器，它向手臂发出运动方向和速率快慢的信号，该信号又称为控制量。

(3) 执行机构。主要完成控制器下达的决定(指令)，如取杯过程中的手臂。

(4) 被控对象与被控量。被控对象是受执行机构作用的东西，而被控量则是与主体期望目标关联的反映被控对象动态特征的某些物理量，如手的空间位置。

自动控制是相对人工控制概念而言的。自动控制技术的研究有利于将人类从复杂、危险、烦琐的劳动环境中解放出来，并大大提高劳动效率。自动控制是工程科学的一个分支，也是20世纪中叶产生的控制论的一个分支，其基础理论是由维纳(R. N. Winner)和卡尔曼(R. E. Kalman)等科学家提出的。它主要研究如何利用反馈原理对动态系统的行为产生影响，以使系统按人们期望的规律运行。从研究方法的角度看，它则以数学理论为基础。

需要注意并理解的是，控制的内涵非常广泛，并不仅仅限于对人造系统的控制。如"双循环”部署就是对经济系统的控制；通过一定方式改变气象就是对自然系统的控制；而人抓取物品的过程属于对生物系统的控制。从严格意义上来说，这些控制并不属自动控制的范畴。

2）反馈与前馈

所谓反馈(feedback)，就是把系统输出量(信号/信息)的部分或全部取出并回送到“输入”端，与输入信号相比较以产生偏差信号，再对系统以后的输出产生影响的过程。此即反馈原理。

前面讲到的抽水马桶、空调、取杯等都应用了反馈原理。

根据反馈信号和参考输入信号极性的不同，反馈可分为两种类型。

(1) 负反馈(negative feedback)。反馈信息的作用与控制信息的作用方向相反，对控制部分的活动起制约或纠正作用的，称为负反馈。负反馈的优点是可以维持系统的稳态，缺点是会引起系统输出的滞后、波动。

(2) 正反馈(positive feedback)。反馈信息的作用与控制信息的作用方向相同，对控制部分的活动起增强作用的，称为正反馈。正反馈的优点是加速控制过程，使被控对象的活动发挥最大效应，缺点是容易造成系统不稳定，甚至会造成系统崩溃。

与反馈相对应，前馈(feedforward)是使控制对象跟随据可测的扰动而形成的命令动作的控制方式。因为没有反馈控制中所必需的系统输出量检测器，即使出现误差，也无法修正。

自动控制系统主要是基于反馈原理建立起来并发挥作用的。

3）自动控制与自动化

前面既讲到了自动控制又提到了自动化。那么到底什么是自动化呢？自动化与自动控制有什么区别和联系呢？

“自动化(automation)”一词最早是由美国人哈德尔(D. S. Harder)于1946年提出的。他认为在一个生产过程中，机器之间的零件转移不用人去搬运就是“自动化”。作为一个动态发展的概念，如今，自动化早已超越了哈德尔当初的定义。自动化的本质是机器或设备在无人干预的情况下，按照预定的程序或指令进行操作和运行以达到预定的效果。或者说自动化是相对手工作业而言的一个名词，是指采用能自动开/停、检测、调节、控制和加工的机器/设备进行作业，以代替人的手工作业的措施。广义地讲，自动化包括了模拟或再现人的智能活动。

自动化主要研究的是人造系统的控制及实现问题；人们一般提到自动控制，通常是指工程系统的控制。在这个意义上，自动化和自动控制是相近的。在控制能发挥作用的社会、经济、生物、环境等系统中，是很难实现自动控制及自动化的！但可借助适当的自动化技术来辅助此类系统的正常、有效运行。

自动化技术是一门涉及学科众多、应用非常广泛的综合性科学技术，或者说，是一个技术群，如电力电子技术、通信与网络技术、计算与信息处理技术、微电子技术、控制与智能技术、传感与检测技术、执行与驱动技术、对象与建模技术、系统与工程技术等。而这些技术及依赖的基础理论则构成了自动化专业最基本的教与学的内容。

4）反馈与调节

所谓调节(regulation)是指通过系统的反馈信息自动校正系统的误差，使一些参数如温度、速度、压力和位置等,在一定的精度范围内按照要求的规律变化的过程。

调节必须以反馈为基础,而控制则可以有不包括反馈的控制。

1.2.4 自动化与人工智能

人工智能(artificial intelligence,AI)是研究、开发用于模拟、延伸和扩展人的智能的理论、方法、技术及应用系统的一门技术科学。自1956年人工智能的概念被提出以来,人工智能技术的研究经历了三起两落,发展为当下热门的技术之一。

其实,"人工智能"与控制论有着紧密的联系。从历史渊源上,"人工智能"原本是作为"机械大脑"和机械认知的"控制论"而出现的。1955年,年轻的麦卡锡(J. McCarthy)为了避免使用维纳的"控制论"一词,于是想出了新词"人工智能",进而有了1956年里程碑式的达特茅斯人工智能研讨会,从此人工智能作为一个独立的研究领域正式面世。麦卡锡和同事尼尔森(N. J. Nilsson)后来对人工智能做出了另一种解释:

AI=Automation of Intelligence(智能的自动化)

该见解与维纳的控制论思想一脉相承,也解释了从工程角度看,人工智能的实质就是关于智能的自动化。

另外,在人工智能研究的发展进程中,出现了三种比较有代表性的研究范式:符号主义、联结主义和行为主义。其中,行为主义又称为进化主义或控制论学派,着眼于控制论及感知-动作型控制系统研究,主要研究领域包括智能控制和智能机器人。

虽然对自动化和人工智能的界定并不明确,且随着时间推移而不断变化,但两者研究及应用的核心目标始终不变。人工智能的核心目标是使人的智能行为实现自动化或复制,而自动化的核心目标是减少和减轻人的体力和脑力劳动,提高工作效率、效益和效果。二者都是通过算法和系统的手段,建立相互之间的共同点,即通过机器延伸和增加人类的感知、认知、决策、执行的功能,增强人类认识世界和改造世界的能力,完成人类无法完成的特定任务或比人类更有效地完成特定任务。如图1-10所示,实线区域代表现有发展技术领域范围,虚线区域代表发展趋势及未来领域范围,自动化与人工智能逐渐深度融合,使得人工智能逐步向控制与决策等领域发展,而自动化也快速向人工智能擅长的感知、推理和模式识别领域延伸,极大促进了智能的自动化的发展。控制论对人工智能的诞生和发展起到了关键作用,而人工智能的发展为自动化注入了新活力,智能控制等新的自动控制方法和技术不断涌现,二者相互促进,相辅相成。模型驱动的自动化与数据驱动的人工智能技术融合发展,将推动传统制造向智能制造转型升级,助力第四次工业革命,加速智能化时代的到来。

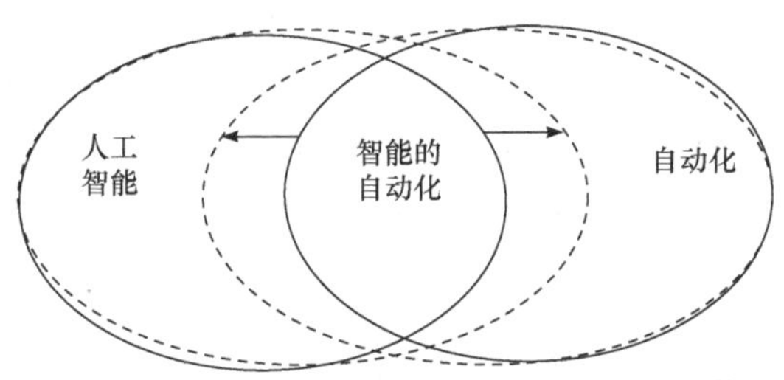

图1-10 自动化与人工智能的关系及发展趋势

1.2.5 管理与决策

管理(management)是指为了充分利用各种资源来达到一定的目的,而对社会或其组成部分施加的一种控制。

决策(decision)是指为了获得最优方案,对若干备选方案进行选择。在实际生活与生产中,如同一个问题面临几种自然情况或状态,且又有几种可选方案,此时就需要进行决策;而决策者为应付这些情况所采取的对策方案,就组成了决策方案或策略。在一个智能化的自动控制系统中,控制算法和控制策略的选择就是一个决策问题。

1.2.6* 系统论、信息论和控制论

既然已经提到了系统、信息和控制这三个概念,就不能不提由系统论、信息论和控制论组成的"三论"。20世纪40年代末,随着科技的发展,各个科学研究领域的分支日益细化,同时各学科之间相互渗透的现象越来越明显。适应这一趋势,系统论、信息论、控制论这三门边缘学科几乎同时产生。它们的出现对科学技术和思维的发展起到了巨大的推动作用,为现代多门新学科的出现奠定了坚实的基础。

1) 系统论

系统思想源远流长,但作为一门学科的系统论,人们公认是由美籍奥地利人、理论生物学家贝塔朗菲(L. Von. Bertalanffy)创立的。早在1937年,他就提出了一般系统论原理,但该理论到1948年他在美国再次讲授"一般系统论"时,才得到学术界的重视。确立这门学科学术地位的是1955年贝塔朗菲的专著《一般系统理论:基础、发展和应用》(*General System Theory:Foundations, Development,and Applications*),该书被公认为是这门学科的奠基作。

系统论

系统论的核心思想是系统的整体观念。贝塔朗菲强调,任何系统都是一个有机的整体,它不是各个部分的机械组合或简单相加,系统的整体功能是各要素在孤立状态下所没有的新质。他用亚里士多德(G. Aristotle)的"整体大于部分之和"的名言来说明系统的整体性,反对那种认为"要素性能好,整体性能一定好",以局部说明整体的机械论的观点。同时他认为,系统中各要素不是孤立地存在着,每个要素在系统中都处于一定位置上,起着特定的作用;要素之间相互关联,构成了一个不可分割的整体;要素是整体中的要素,如果将要素从系统整体中割离出来,它将失去要素的作用,正像人手在人体中它是劳动的器官,离开人体它将不再是劳动的器官了一样。

系统论的基本思想方法就是把所研究和处理的对象,当作一个系统,分析系统的结构和功能,研究系统、要素、环境三者的相互关系和变动的规律性,并优化系统。从系统观点看,世界上任何事物都可以看成是一个系统,系统是普遍存在的。大至渺茫的宇宙,小至微观的原子,一粒种子、一群蜜蜂、一台机器、一个工厂、一个学会团体……都是系统,整个世界就是系统的集合。

系统论反映了现代科学发展的趋势,反映了现代社会化大生产的特点,反映了现代社会生活的复杂性,所以它的理论和方法能够得到广泛应用。系统论不仅为现代科学的发展提供了一种理论和方法,而且也为解决现代社会中的政治、经济、军事、科学、文化等方面的各种复杂问题提供了方法论的基础,系统观念已渗透到每个领域。

2）信息论

信息论(information theory)是运用概率论与数理统计的方法研究信息、信息熵、通信系统、数据传输、密码学、数据压缩等问题的应用数学学科。

信息论

信息论将信息的传递作为一种统计现象来考虑，给出了估算通信信道容量的方法。信息传输和信息压缩是信息论研究中的两大领域，这两个方面又由信息传输定理、信源-信道隔离定理相互联系。

香农(C. E. Shanon)被称为是“信息论之父”。人们通常将香农于1948年10月发表于《贝尔系统技术学报》上的论文《通信的数学理论》(*The Mathematical Theory of Communication*)作为现代信息论研究的开端。这篇论文部分基于奈奎斯特(H. Nyquist)和哈利(R. V. H. Harley)先前的成果。

3）控制论

控制论

控制论(cybernetics)是研究动物(包括人类)和机器的控制与通信的一般规律的学科，着重研究过程中的数学关系。

自1948年维纳发表了著名的《控制论——关于在动物和机器中控制和通信的科学》(见附录A.1)一书以来，控制论的思想和方法已经渗透到了几乎所有的自然科学和社会科学领域。在这本书中，维纳把控制论看作是一门研究机器、生命社会中控制和通信的一般规律的科学，即是研究动态系统在变化的环境条件下如何保持平衡状态或稳定状态的科学，并特意创造“cybernetics”这个英语新词来命名这门科学。“控制论”一词最初来源希腊文“mberuhhtz”，原意为“操舵术”，就是掌舵的方法和技术。在古希腊哲学家柏拉图(Plato)的著作中，它经常用来表示管理人的艺术。

维纳

维纳发明“控制论”这个词主要是受到了安培(A. M. Ampere)等的启发。1834年，著名的法国物理学家安培写了一篇论述科学管理的文章，在进行科学分类时，他把管理国家的科学称为“控制论”，用希腊文译成“cybernetigue”。在这个意义下，“控制论”一词被编入19世纪许多词典中。

在控制论中，“控制”是这样定义的：为了改善某个或某些被控对象的功能或发展，需要获得并使用信息，以这种信息为基础而选出的、于该对象上的作用，就称为控制。由此可见，控制的基础是信息，一切信息的传递都是为了控制，任何控制都依赖于信息来实现。

系统论、信息论、控制论三门学科密切相关，它们的关系可以这样表述：系统论提出系统概念并揭示其一般规律；控制论研究系统演变过程中的规律性；信息论则研究控制的实现过程。因此，信息论是控制论的基础，二者共同成为系统论的研究方法。

1.3　控制理论与自动化技术发展简史

1.3.1　自动化技术的早期发展

在三千多年的科技发展过程中，人类利用反馈控制原理设计的系统数不胜数。从远古的漏壶和计时容器到公元前的都江堰水利枢纽工程，从中世纪的钟摆、天文望远镜到工业革命的蒸汽机、蒸汽机车和蒸汽轮船，从百年前的飞机、汽车和电话通信到半世纪前的电子放大器和模拟计算机，从第二次世界大战期间的雷达和火炮防空网到冷战时代的卫星、导弹和数字计算机，从20世纪60年代的登月飞船到现代的航天飞机、宇宙和星球探测器。这些著名的人类科技发明，同时也直接催生和发展了自动控制技术。

若从目前公认的第一篇理论论文，英国物理学家麦克斯韦(J. C. Maxwell)在1868年发表的《论调节器》算起，以反馈控制为其主要研究内容的自动控制理论的历史至今150余年。然而，控制思想与技术的存在至少已有数千年的历史了。“控制”这一概念本身就反映了人们对征服自然与利用自然的渴望，控制理论与技术也自然而然地在人们认识自然与改造自然的历史中发展起来。

具有反馈控制功能的装置早在古代就有了。这方面最有代表性的例子当属古代的计时器——水钟(在中国称为刻漏，或漏壶，其原理如图1-11(a)所示)。据古代楔形文字记载和从埃及古墓出土的实物可以看到，巴比伦和埃及在公元前1500年以前便已有很长的水钟使用历史了。

约在公元前三世纪中叶，亚历山大里亚城的斯提西比乌斯(Ctesibius)首先在受水壶中使用了一种圆锥形的浮子。这种浮子起着节制的作用，其节制方式已含有负反馈的思想。

据《周礼》记载，约在公元前500年，中国的军队中即已用漏壶作为计时的装置。约在公元120年，著名的科学家张衡(78～139年，东汉)又提出了用补偿壶解决随水头降低计时不准确问题的巧妙方法。在他的“漏水转浑天仪”中，不仅有浮子、漏箭，还有虹吸管和至少一个补偿壶。最有名的中国水钟——铜壶滴漏建造于公元1316年(元代)，如图1-11(b)所示，并一直连续使用到1900年，现保存在广州市博物馆中，而且仍能使用。

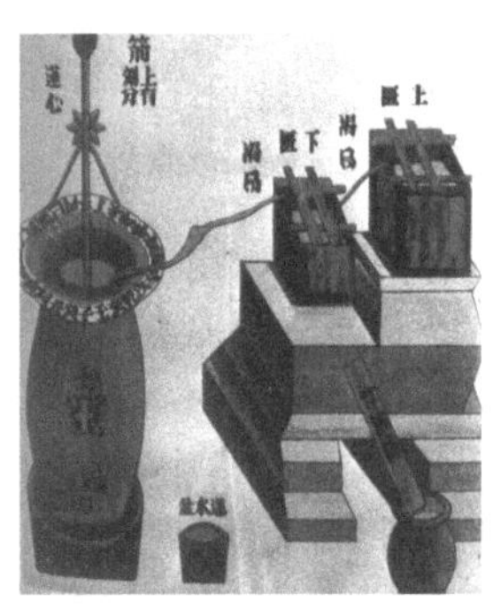

(a) 刻漏原理图

(b) 铜壶滴漏实物图

图1-11　中国古代水钟

公元235年(三国时期)的马均及公元477年(刘宋时期)的祖冲之等人还曾制造过具有开环控制(前馈控制)特点的指南车(图1-12)，并发明了齿轮及差动齿轮机。英国剑桥大学教授、中国科学院外籍院士李约瑟博士(Joseph Needham)在他极具世界影响力的著作《中国科学技术史》中评价中国古代的指南车是“人类历史上迈向控制论机器的第一步。……是人类第一架机内稳定机。”

18世纪，随着人们对动力的需求，各种动力装置也成为人们研究的重点。1750年，米克尔(A. Meikle)为风车(图1-13)引入了“扇尾”传动装置，使风车自动地面向风。随后，丘比特(W. Cubitt)对自动开合的百叶窗式翼板进行改进，使其能够自动地调整风车的传动速度。这种可调整的调节器在1807年取得专利权。18世纪的风车中还成功地使用了离心调速器，米德(T. Mead)和胡泊(S. Hooper)获得这种装置的专利权。

图 1-12　中国古代的指南车

在风车技术出现的同时，18 世纪也是蒸汽机（图1-14）取得突破性发展的时期，并且这一突破成为机械工程最瞩目的成就。纽可门（T. Newcomen）和卡利斯（Corliss）是史学界公认的蒸汽机之父。到 18 世纪中叶，已有好几百台纽可门式蒸汽机在英格兰北部和中部地区、康沃尔和其他国家服务，但由于其工作效率太低，难以得到推广应用。

图 1-13　以风车为主题的邮票

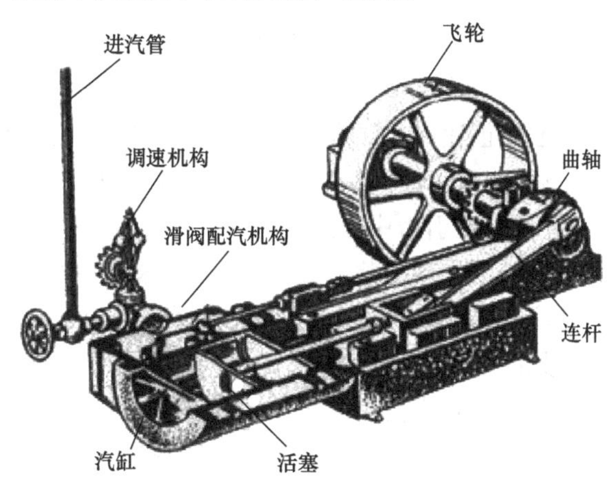

图 1-14　蒸汽机示意图

1765 年俄国的波尔祖诺夫（И. И. Полэунов）发明了蒸汽机锅炉的水位自动调节器（这在俄国被认为是世界上的第一个自动调节器）。1760～1800 年，瓦特（J. Watt）对蒸汽机进行了彻底改造，终于使其得到广泛的应用。1788 年，在瓦特的改良工作中，他给蒸汽机添加了一个“节流”控制器即节流阀，它由一个离心调节器操纵，类似于磨坊机工早已用来控制风力面粉机磨石松紧的装置。调节器或飞球调节器用于调节蒸汽流，以确保引擎工作时速度大致均匀，如图 1-15 所示。这是当时反馈调节器最成功的应用。

作为一名工程师，瓦特未能对调节器进行理论分析。后来，麦克斯韦从数学角度，使用微分方程讨论了调节器系统可能产生的不稳定现象，从而开始了对反馈控制动力学问题的理论研究。

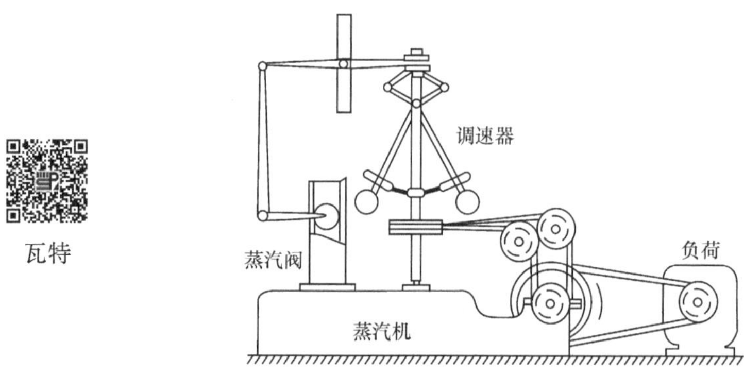

图 1-15　瓦特的蒸汽调节器

1.3.2　经典控制理论的发展

1）稳定性理论的早期发展

经典控制理论(classical control theory)可追溯到很早以前人们就开始的对稳定性问题的关注。牛顿(S. I. Newton)可能是第一个关注动态系统稳定性的人。1687 年，他在《数学原理》中，对围绕引力中心做圆周运动的质点进行了研究。他假设引力与质点到中心距离的 q 次方成正比。牛顿发现，如 $q>-3$ 则在小的扰动后，质点仍将保留在原来的圆周轨道附近运动；而当 $q\leqslant-3$ 时，质点将会偏离初始的轨道，按螺旋状的轨道离开中心趋向无穷远，或者将落在引力中心上。

在牛顿引力理论建立之后，天文学家曾不断努力以图证明太阳系的稳定性。特别地，拉格朗日(J. L. Lagrange)和拉普拉斯(P. S. Laplace)在这一问题上做了相当的努力。1773 年，24 岁的拉普拉斯证明了“行星到太阳的距离在一些微小的周期变化之内是不变的”，并因此成为法国科学院副院士。虽然他们的论证今天看来并不严格，但他们的工作对后来李雅普诺夫(A. M. Lyapunov)的稳定性理论有很大的影响。

麦克斯韦是第一个对反馈控制系统的稳定性进行系统分析并发表论文的科学家。1868 年，他在论文《论调节器》中，导出了调节器的微分方程，并在平衡点附近进行线性化处理，指出稳定性取决于特征方程的根是否具有负的实部。麦克斯韦在论文中对三阶微分方程描述的 Thomson's governor，Jenkin's governor 以及具有五阶微分方程的 Maxwell's governor 进行了研究，并给出了系统的稳定性条件。麦克斯韦的工作开创了稳定性问题控制理论研究的先河。

在同一时期的俄国，1872 年，维什聂格拉斯基(И. А. Вышнеградский)也对蒸汽机的稳定性问题进行了研究。1876 年，维什聂格拉斯基的论文《论调节器的一般原理》被发表在法国科学院院报上。在这篇论文中，他同样利用线性化方法简化问题，用线性微分方程描述由调节对象和调节器组成的系统，这使问题大大简化。1878 年，维什聂格拉斯基还对非线性继电器型调节器进行了研究。因此，在苏联，维什聂格拉斯基被视为自动调节理论的奠基人。

麦克斯韦在他的论文中还催促数学家们尽快地解决多项式系数同多项式的根之间的关系问题。由于五次以上的多项式没有直接的求根公式，这给判断高阶系统的稳定性带来了困难。

大约在1875年,麦克斯韦担任了剑桥 Adams Prize 的评奖委员。这项两年一次的奖,一般被授予在该委员会所选科学主题方面研究的最佳论文。1877年AdamsPrize的主题是"运动的稳定性",在这次竞赛中,劳斯(E. J. Routh)以根据多项式的系数决定多项式在右半平面根的数目的论文夺得桂冠。劳斯的这一成果后来被称为劳斯判据,它的意义在于将当时各种有关稳定性的孤立的结论和非系统的结果统一起来,开始建立有关动态稳定性的系统理论。

劳斯之后大约20年的1895年,瑞士数学家赫尔维茨(A. Hurwitz)在不了解劳斯工作的情况下,独立给出了根据多项式的系数决定多项式的根是否都具有负实部的另一种方法(*On the conditions under which an equation has only roots with negative real parts. Mathematische Annalen*, *vol*. 46:273-284,1895)。赫尔维茨的条件同劳斯的条件在本质上是一致的。因此,这一稳定性判据后来也被称为劳斯-赫尔维茨(Routh-Hurwitz)稳定性判据。

1892年,俄国伟大的数学力学家李雅普诺夫发表了具有深远历史意义的博士论文《运动稳定性的一般问题》(*The General Problem of the Stability of Motion*,1892)。在论文中,他提出了广为当今学术界应用且影响巨大的李雅普诺夫方法(即李雅普诺夫第二方法,亦被称为李雅普诺夫直接法)。这一方法不仅可用于线性系统,而且可用于非线性时变系统的稳定性分析,已成为当今自动控制理论课程讲授的主要内容之一。

2) 负反馈放大器及频域理论的建立

在控制系统稳定性的代数理论建立之后,1928～1945年以美国AT&T公司贝尔实验室(Bell Labs)的科学家们为核心,又建立了控制系统分析与设计的频域方法。

1928年8月2日,布莱克(H. Black)在前往曼哈顿西街的上班途中,在哈德逊河的渡船 Lackawanna Ferry 上灵光一闪,发明了在当今控制理论中占核心地位的负反馈放大器。由于手头没有合适的纸张,他将其发明记在了一份纽约时报上。现在,这份早报已成为一件珍贵的文物被珍藏在AT&T的档案馆中。

反馈放大器的振荡问题给其实用化带来了难以克服的麻烦。为此奈奎斯特和其他一些AT&T的通信工程师介入了这一工作。奈奎斯特1917年在耶鲁大学获物理学博士学位,有着极高的理论造诣。1932年奈奎斯特发表了包含著名的"奈奎斯特判据(Nyquist criterion)"的论文(附录B),并在1934年加入了贝尔实验室。布莱克关于负反馈放大器的论文发表在1934年(附录B),参考了奈奎斯特的论文和他的稳定性判据。

这一时期,贝尔实验室的另一位理论专家,波特(H. Bode)也和一些数学家开始对负反馈放大器的设计问题进行研究。1940年,波特引入了半对数坐标系,使频率特性的绘制工作更加适用于工程设计(附录B)。

1942年,哈里斯(H. Harris)引入了传递函数的概念。他用方框图、环节、输入和输出等信息传输的概念来描述系统的性能和关系,从而将原来由研究反馈放大器稳定性而建立起来的频率法,可以把对具体物理系统,如力学、电学等的描述,统一用传递函数、频率响应等抽象的概念来研究,更加抽象化,也更有普遍意义。1925年,英国电气工程师亥维赛(O. Heaviside)把拉普拉斯变换应用到求解电网络的问题上,提出了运算微积。不久,拉普拉斯变换就被应用到分析自动调节系统问题上,并取得了显著成效。在经典控制理论中,描述系统数学模型的传递函数就是在拉普拉斯变换的基础上建立的。

至 1945 年,控制系统设计的频域方法——“波特图(Bode plots)”方法,已基本建立了。在同一时期,苏联科学家也在控制系统稳定性的频域分析方面取得了进展。1938 年和 1939 年,苏联全苏电工研究所的米哈依洛夫(Михайлов)以柯西(A. L. Cauchy)辐角原理为基础,发表论文,给出了闭环控制系统稳定性的频域判别法。米哈依洛夫还提出了把自动调整系统环节按动态特性加以典型化来进行结构分析的问题。

米哈依洛夫的方法现被称为“米哈依洛夫稳定判据”。有些学者又将“奈奎斯特判据”称为“奈奎斯特-米哈依洛夫判据”。客观地讲,在频域稳定性判别研究中,奈奎斯特不仅在时间上领先,其工作也更完备。现在我们所使用的也主要是奈奎斯特的开环稳定判据。

除了偏差负反馈控制,扰动控制是另一种重要控制策略。第一个试图设计一个不反映被调量偏差而反应扰动作用的调节器的人是庞赛来(B. H. Понселев)。1829 年,他曾利用扰动控制的原理,提出一种有关蒸汽机轴转速自动调节器的线路。但由于当时蒸汽机本身不稳定,他的设计遭到了失败。真正采用扰动调节原理且能够实际工作的第一个自动调节器,是 1869 年由契可列夫所发明的弧光灯光度调节器。这种调节器同庞赛来利用纯扰动的调节不同,它实际上建立了闭环,所以这种调节器也影响和保证了系统的稳定性(纯扰动补偿控制不影响系统稳定性)。

3) 根轨迹法的建立

在经典控制理论中,根轨迹法占有十分重要的地位。它同时域法、频域法可谓三分天下。美国电信工程师埃文斯(W. R. Evans)的两篇论文(附录 B),基本上已建立起根轨迹法的完整理论。

埃文斯所从事的是飞机导航和控制研究工作,其中涉及许多动态系统的稳定问题。相比较 70 多年前麦克斯韦和劳斯曾取得的特征方程的研究成果,埃文斯用系统参数变化时特征方程的根变化轨迹来研究,开创了新的思维和研究方法。埃文斯方法一提出,立即受到人们的广泛重视,1954 年,钱学森即在他的名著《工程控制论》(附录 A. 2)中专用两小节介绍了这一方法,并将其称为“埃文斯方法”。

钱学森

4) 脉冲控制理论的建立与发展

随着计算机技术的诞生和发展,脉冲控制理论也迅速发展起来。在这方面首先作出重要贡献的是奈奎斯特和香农。奈奎斯特首先证明把正弦信号从它的采样值复现出来,每周期至少必须进行两次采样。香农于 1949 年完全解决了这个问题。香农由此被称为信息论的创始人。

线性脉冲控制理论以线性差分方程为基础。线性差分方程理论是在 20 世纪三四十年代中逐步发展起来的。随着拉普拉斯变换在微分方程中的应用,它在差分方程中也开始被应用。利用连续系统拉普拉斯变换同离散系统拉普拉斯变换的对应关系,奥尔登伯格(R. C. Oldenbourg)和萨托里厄斯(H. Sartorious)于 1944 年、崔普金(Tsypkin)于 1948 年分别提出了脉冲系统的稳定判据,即线性差分方程的所有特征根应位于单位圆内。由于离散拉普拉斯变换式是超越函数,且提供了用保角变换将 Z 平面的单位圆内部转换到新平面左半面的方法,这样既可以使用 Routh-Hurwitz 判据,又可将分析连续系统的频域方法引入离散系统分析。

求得离散型频率特性后，奈奎斯特稳定判据和其他一切研究线性系统的频率法都可应用于离散系统分析，但由于波特图的应用大受限制，频率法在离散系统研究中的应用也受到限制。

在变换理论的研究方面，霍尔维兹(W. Hurewicz)于1947年迈出了第一步，他首先引入了一个变换用于对离散序列的处理。在此基础上，崔普金于1949年、拉格兹尼(J. R. Ragazzini)和扎德(L. A. Zadeh)于1952年分别提出和定义了Z变换方法，大大简化了运算步骤，脉冲控制系统理论在此基础上发展起来。

由于Z变换只能反映脉冲系统在采样点的运动规律，崔普金、巴克尔(R. H. Barker)和朱利(E. I. Jury)又分别于1950年、1951年和1956年提出了广义Z变换或修正Z变换的方法。对同一问题，林威尔(W. K. Linvill)也于1951年采用描述函数的方法进行了有效的研究，不过这一方法目前已较少被使用。

回顾脉冲控制理论的发展，尽管苏联的崔普金及英国的巴克尔等都做出了不可磨灭的贡献，但建立脉冲理论的许多工作，都是由美国哥伦比亚大学的拉格兹尼和他的博士生们完成的。他们包括朱利(离散系统稳定的朱里判据，能观测性与能达性，分析与设计工具等)、卡尔曼(离散状态方法，能控性与能观性等，国际自动控制界第二位IEEE Model of Honor获得者(1974))和扎德(Z变换定义等，国际自动控制界第五位IEEE Model of Honor获得者(1995))。20世纪50年代末，脉冲系统的Z变换法已日臻成熟，好几种教科书同时出版。

经典控制理论尽管原则上只适宜于解决“单输入—单输出”系统中的分析与设计问题，但是，经典控制理论至今仍活跃在各种工业控制领域中。事实上，经典控制理论现在仍不失其价值和实用意义，更是进一步研究现代控制理论和智能控制理论的基础。

1.3.3 现代控制理论的发展

经典控制理论虽然具有很大的实用价值，但也有着明显的局限性。其局限性表现在下面两个方面：第一，经典控制理论建立在传递函数和频率特性的基础上，而传递函数和频率特性均属于系统的外部描述(只描述输入量和输出量之间的关系)，不能充分反映系统内部的状态；第二，无论是根轨迹法还是频率法，本质上是频域法(或称复域法)，都要通过积分变换(包括拉普拉斯变换、傅里叶变换、Z变换)，因此原则上只适宜于解决“单输入—单输出”线性定常系统的问题，对“多输入—多输出”系统，特别是对非线性、时变系统则显得无能为力。

现代控制理论(modern control theory)正是为了克服经典控制理论的局限性而在20世纪50～60年代逐步发展起来的。20世纪50年代中期，迅速兴起的空间技术迫切要求建立新的控制原理，以解决诸如把宇宙火箭和人造卫星用最少燃料或最短时间准确地发射到预定轨道一类的控制问题。这类控制问题十分复杂，采用经典控制理论难以解决。

1954年，美国学者贝尔曼(R. E. Bellman)创立了动态规划(附录A.3)，并在1956年将其应用于控制过程。他的研究成果开拓了控制理论中最优控制理论这一新的领域。在此基础上，苏联科学家庞特里亚金(Понтрягин)于1959年提出了后来被命名为“极大值原理”的综合控制系统新方法(附录B)。

1960～1961年，美国学者卡尔曼和布什(R. S. Bucy)建立了卡尔曼-布什滤波理论(附录B)，因而有可能有效地考虑控制问题中所存在的随机噪声的影响，把控制理论的研究范

卡尔曼

围扩大,涵盖了更为复杂的控制问题。

几乎在同一时期内,贝尔曼、卡尔曼等人把状态空间法系统地引入控制理论中。状态空间法对揭示和认识控制系统的许多重要特性具有关键的作用,其中能控性和能观测性尤为重要,成为控制理论两个最基本的概念。到20世纪60年代初,一套以状态空间法、极大值原理、动态规划、卡尔曼-布什滤波为基础的分析和设计控制系统的新的原理和方法已经被确立,这标志着现代控制理论基本形成。

现代控制理论本质上是一种"时域法"。它引入了"状态"的概念,用"状态变量(系统内部变量)"及状态方程来描述系统,因而更能反映出系统的内在本质与特性。从数学的观点看,现代控制理论中的状态变量法,就是将描述系统运动的高阶微分方程,改写成一阶联立微分方程组的形式,或者将系统的运动直接用一阶微分方程组表示,这个一阶微分方程组就叫作状态方程。采用状态方程后,最主要的优点是系统的运动方程采用向量、矩阵形式表示,因此形式简单、概念清晰、运算方便,尤其是对于多变量、时变系统更是明显。

现代控制理论所包含的学科内容十分广泛,主要的方面有线性系统理论、非线性系统理论、最优控制理论、随机控制理论和自适应控制理论。

线性系统理论:它是现代控制理论中最为基本和比较成熟的一个分支,着重研究线性系统基于状态空间的控制和观测问题。按所采用的数学工具,线性系统理论通常分成为三个学派:基于几何概念和方法的几何理论,代表人物是旺纳姆(W. M. Wonham);基于抽象代数方法的代数理论,代表人物是卡尔曼;基于复变量方法的频域理论,代表人物是罗森布罗克(H. H. Rosenbrock)。

非线性系统理论:非线性系统的分析和综合理论尚不完善,研究领域主要还限于系统的运动稳定性、双线性系统的控制和观测问题、非线性反馈问题等。更一般的非线性系统理论还有待建立。从20世纪70年代中期以来,由微分几何理论得出的某些方法对分析某些类型的非线性系统提供了有力的理论工具。

最优控制理论:最优控制理论是设计最优控制系统的理论基础,主要研究被控系统在指定性能指标实现最优时的控制规律及其综合方法。在最优控制理论中,用于综合最优控制系统的主要方法有极大值原理和动态规划。最优控制理论的研究范围正在不断扩大,诸如大系统的最优控制、分布参数系统的最优控制等。

随机控制理论:随机控制理论的目标是解决具有不确定性的系统的分析和综合问题。维纳滤波理论和卡尔曼-布什滤波理论是随机控制理论的基础。随机控制理论的一个主要组成部分是随机最优控制,这类随机控制问题的求解有赖于动态规划的概念和方法。

自适应控制理论:自适应控制系统是在模仿生物适应能力的思想基础上建立的一类可自动调整本身特性的控制系统。自适应控制系统的研究常可归结为如下的三个基本问题:①识别被控对象的动态特性;②在识别的基础上选择决策;③在决策的基础上做出反应或动作。

现代控制理论比经典控制理论所能处理的控制问题要广泛得多,包括线性系统和非线性系统,定常系统和时变系统,单变量系统和多变量系统。它所采用的方法和算法也更适合于在数字计算机上实现。现代控制理论还为设计和构造具有指定的性能指标的最优控制系统提供了可能性。目前，现代控制理论已在航空航天技术、军事技术、通信系统、生产过程等方面得到广泛应用；现代控制理论的某些概念和方法，还被应用于人口控制、交通管理、生态系统、经济系统等的研究中。

1.3.4　智能控制的发展

“智能控制(intelligent control)”这一概念是由美国普渡大学(Purdue University)电气工程系的美籍华人傅京孙(K. S. Fu)教授于20世纪70年代初提出来的。事实上，早在1965年，他就提出把人工智能领域中的启发式规则应用于学习系统，故这一时期可以看作是智能控制思想的萌芽阶段。智能控制是在当时的控制理论在实际应用中面临着严峻挑战的时期，自动控制工作者苦于为自动控制理论寻求新出路而提出来的，它是人工智能和自动控制交叉的产物，是当今自动控制科学的出路之一。1985年，在美国首次召开了智能控制学术讨论会。1987年又在美国召开了智能控制的首届国际学术会议，标志着智能控制作为一个新的学科分支得到承认。

智能控制理论及系统具有下面几个鲜明的特点：第一，在分析和设计智能控制系统时，重点不在传统控制器的分析和设计上，而在智能机模型上。也就是说，不把重点放在对数学公式的描述、计算和处理上(实际上，许多复杂大系统可能根本无法用精确的数学模型进行描述)，而放在对非数学模型的描述、符号和环境的识别、知识库和推理机设计与开发等上面来。第二，智能控制的核心是高层控制，其任务在于对实际环境或过程进行组织，即决策和规划，实现广义问题求解。第三，智能控制是一门边缘交叉学科，傅京孙教授于1971年首先提出了智能控制的二元交集理论(即人工智能和自动控制的交叉)，美国的塞利德斯(G. N. Saridls)于1977年把傅京孙的二元结构扩展为三元结构(即人工智能、自动控制和运筹学的交叉)，后来中南工业大学的蔡自兴教授又将三元结构扩展为四元结构(即人工智能、自动控制、运筹学和信息论的交叉)，从而进一步完善了智能控制的结构理论。第四，智能控制是一个新兴的研究和应用领域，有着极其诱人的发展前景。

智能控制是以控制理论、计算机科学、人工智能、运筹学等学科为基础，扩展了相关的理论和技术，具有交叉学科和定量与定性相结合的分析方法和特点。其中应用较多的有模糊逻辑、神经网络、专家系统、遗传算法等理论和自适应控制、自组织控制、自学习控制等技术。

1.4　自动化专业的使命与作用

1.4.1　与时代同步的自动化——中国自动化专业的发展历史

自动化专业高等教育始于20世纪40年代，美国、西欧和苏联的一些大学率先开设了伺服机构和自动调节的课程。随后，中国高等院校也开始开设此类课程。1952年，哈尔滨工业大学在苏联专家帮助下创办“工业企业电气化”专业，此后，一些高等院校的电机工程系也相继设置“工业企业电气化”专业，即现今自动化专业的前身。

如图1-16中所展现的自动化专业发展历史中有“工业自动化”专业和“自动控制”专业两条发展主线。其中，“工业自动化”专业最早源于“工业企业电气化”专业，面向国家工业建设中的自动化而建立，经过多次专业名称的演变后，逐步发展成为“偏重应用、偏重强电”的自动化专业，从“工业企业电气化”专业名称改为“工业电气化及自动化”，20 世纪 70 年代末恢复高考招生时又改为“工业电气自动化”专业。这不只是专业名称上的变化，它恰恰反映了中国工业从“电气化”一步一步向“自动化”迈进的真实历史与发展趋势，反映了中国自动化专业贴近国家需求、为国家经济建设服务的发展总方向。

而“自动控制”专业在早期也有称为“自动学与远动学”专业、“自动控制系统”专业，面向国防建设而建立，一度属于保密专业，保持其专业名称基本不变，逐步发展成为“偏重理论、偏重弱电”的自动化专业。1955 年，基于国防和军事建设中对自动控制人才的需求，由钱学森和郎世俊主持在清华大学举办全国自动化学习班，培养出第一代自动化人才。1956 年后，得益于中国第一个十二年科学规划，自动化技术作为六大核心任务写入了规划，自动化事业得到了极大地发展，自动控制专业和相关专业也在全国重点院校迅速铺开，1977 年到 1982 年，五年间有四十多所学校设立了自动化相关专业。

1993 年，历时 4 年完成自改革开放以来的第二次本科专业目录修订工作后，国家教委将“工业电气自动化”与“生产过程自动化”两个专业合并成隶属于电工类的“工业自动化”专业；与此同时，“自动控制”专业则被归属到电子信息类。经此次专业调整，进一步明确了“工业自动化”专业与“自动控制”专业的“强弱电并重、软硬件兼顾、控制理论和实际系统相结合，面向运动控制、过程控制和其他对象控制”的共同特点与培养目标，也基本确定了“工业自动化”专业偏重强电、偏重应用，“自动控制”专业偏重弱电、偏重理论的专业特点与分工格局。

1995 年，国家教委颁布了“工科本科引导性目录”，将电工类的“工业自动化”专业与原电子信息类的“自动控制”专业合并成为新电子信息类的“自动化”专业。这是首次将两者合并为自动化专业。但由于这是引导性目录不要求强制执行，且对于电工类合并到电子信息类这一分类方式存在争议，因而这一引导性专业并未得到有效实施。

1998 年，为适应国家经济建设对宽口径人才培养的需要，进一步合并专业，与国际“通才”教育接轨，教育部公布了经第三次修订的“普通高等学校本科专业目录”。在该目录中，专业种数由 504 种调减到 249 种，将原目录中属于强电专业的电工类与属于弱电专业的电子信息类合并为强弱电合一的电气信息类。同时，“工业自动化”专业与“自动控制”专业正式合并，再加上“液压传动与控制”专业部分、“电气技术”专业部分及“飞行器制导与控制”专业部分组建新的属于电气信息类的“自动化”。至此，自动化专业已经是一个跨越多个行业的宽口径专业，这既符合世界范围内拓宽专业面、打破“行业性的专业”设置的旧体系、实行“通识”教育的总发展趋势，也符合中国现阶段信息化带动工业化，走新兴工业化道路的国情。

2012 年，为适应国家和区域经济社会发展需求的变化，培养复合型、创新型人才，教育部不断优化学科专业结构的要求，公布了第四次修订后的“普通高等学校本科专业目录”。在该目录中，专业类由原来的 73 个增至 92 个，电气信息类拆分为电气类、电子信息类、自动化类、计算机类等多个专业类，自动化专业单独归为自动化类。

2020 年，在为增补近几年批准增设的目录外新专业而发布的最新专业目录中，自动化类目录下增补了轨道交通信号与控制、机器人工程、邮政工程、核电技术与控制工程、智能装备与系统、工业智能六个特设专业。如果加上以自动化为其专业一部分的专业，如“电气工程及其自动化”、“机械设计制造及其自动化”和“农业设计制造及其自动化”等专业，自动化专业无疑是极为庞大的专业了。

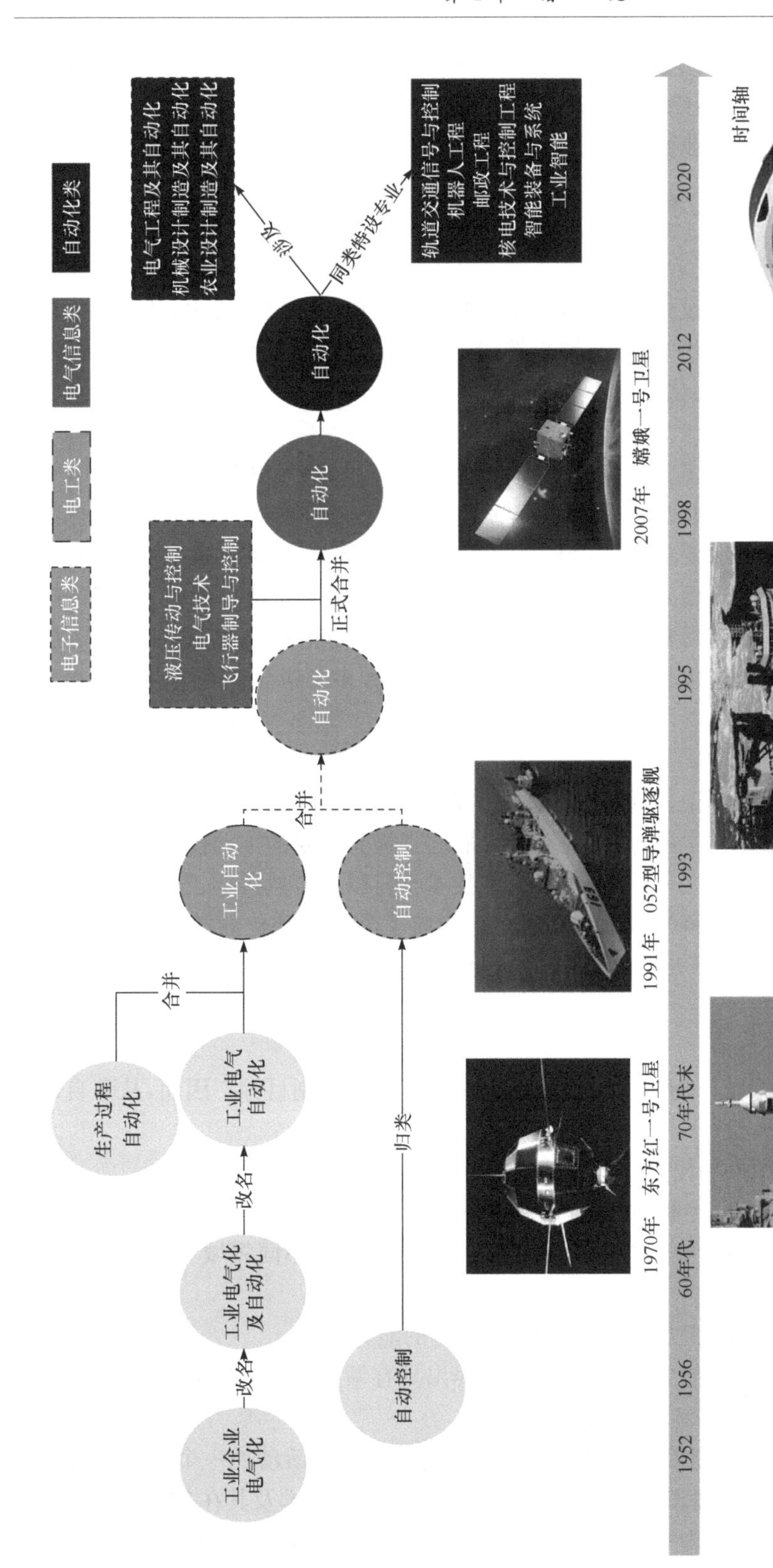

图1-16 自动化专业名称发展脉络图

中国自动化专业的发展史，实际上是新中国高等教育事业发展史的一个缩影，同时也是新中国工业发展史的一个缩影，绘制出中国由手工转为机械化、进而转为电气化，以及正在快速推进的数字化与智能化事业蓝图。

1.4.2　自动化专业的特点和人才培养目标

1）自动化专业的特点

伴随着中国经济与国防建设，中国的自动化专业是从最初的突出电气化、到电气化与自动化并重、再到突出自动化一步一步发展过来的，具有明显的中国特色、中国创新。在发展过程中，还逐步形成了中国自动化专业一些鲜明的特点，主要有：

（1）学科交叉性。

自动化是一门涉及学科众多、应用广泛的综合性科学技术，离不开计算机科学、电气技术、数学及自动化对象的相关领域知识，且需要与更多学科交叉和融合。为适应自动化内涵丰富、综合交叉性的专业特点，要求自动化专业的基础和知识面要宽、要扎实，这无疑有利于培养宽口径、多面手、综合复合型人才，符合当前淡化专业、开展通才教育的教育改革方向，同时也使得自动化专业的学生需要学习的知识明显增多。自动化专业学生知识面广，从而就业面宽，工作易取得成功，这也是长期以来该专业招生人数多和毕业生受用人单位欢迎的原因之一。

（2）方法指导性。

自动化理论与技术以控制论、系统论、信息论为基础，在自动化的产生与发展过程中，出现了许多重要的科学方法与科学思想，不仅对其发展起了极其重要的推动作用，使自动化专业成为最具方法论性质的专业之一，而且也对其他技术学科以及自然科学、管理科学乃至哲学的发展都做出了贡献。这些科学方法与科学思想影响了学习自动化的学生，使他们潜移默化地接收方法论的熏陶，思想更开阔、更活跃，也更有深度，非常利于培养具有创新能力的人才。

（3）系统性。

自动化专业强调从“系统”的角度来分析、研究和实现各种控制目标。因而，从事自动化的工作者特别需要具备：

① 从工程实际问题中抽象出系统问题的分析与综合能力；

② 综合集成（分析、建模、控制和优化）解决系统问题的能力；

③ 理解许多其他学科与专业的技术细节的能力、与其他许多不同领域专家有效地沟通的能力；

④ 组织管理、系统协调的能力、担当“系统集成者”的能力。

对自动化专业学生的这些能力培养，有利于培养出具有领导能力的综合复合型人才。

2）自动化专业的人才培养目标

自动化（automation）专业是实施自动化类人才综合能力培养活动的一个教学与实践系统，主要传授自动化的基本原理和方法、自动化单元技术和集成技术及其在各类控制系统中的应用。它是以自动控制原理为专业基础，以电力电子技术、传感器与检测技术、计算机技术、网络与通信技术、计算机控制技术等为主要工具，利用各种相关理论和方法分析与设计各类控制系统，为人类生产生活服务的一门专业。本专业追求计算机硬件与软件结合、机械与电子结合、元件与系统结合、运行与制造结合，具有“控(制)管(理)结合，强(电)弱(电)并重，软(件)硬(件)兼施”鲜明的特点，是理、工、文、管多学科交叉的宽口径工科专业。

当前，自动化与人工智能的深度融合正在形成对整个国民经济产生重大推动力的引擎，最大的作用将会是以智能制造为切入点推动第四次工业革命，其重点是问题导向、落实应用。自动化专业将持续聚焦交叉学科领域的控制理论研究以及智能技术的具体应用，推进智能自动化的发展及行业应用。

该专业培养德、智、体全面发展，具有扎实的自然科学基础，具有良好的计算机、外语、经济、管理等方面的应用基础，具备电工电子技术、控制理论、自动检测与仪表、信息处理、系统工程、计算机技术与应用等专业知识，面向国民经济各行业、各部门服务的高素质、复合型自动化工程科技人才。

1.4.3 自动化专业毕业生的舞台

现今自动化已由单纯对人造物理系统的控制发展到管控一体化，数字化、网络化、集成化、信息化、智能化成为自动化的发展趋势。自动化专业学生毕业后能从事有关运动控制、过程控制、制造系统自动化、自动化仪表和设备、机器人控制、智能监控系统、智能交通、智能建筑、物联网等方面的工程设计、技术开发、系统运行管理与维护、企业管理与决策、科学研究和教学等工作。就业领域也非常宽广，包括高科技公司、科研院所、大专院校、金融、通信、税务、外贸、工商、铁道、民航、海关、工矿企业、现代农业、国防及政府和科技部门等。

从全国自动化类专业就业行业分布(图 1-17)情况来看，主要集中在机械/设备/重工、计算机软件、仪器仪表/工业自动化、新能源、电子技术/半导体/集成电路行业。近几年正是在人工智能技术的发展下，很多传统行业和新兴产业不得不在竞争中快速谋求顺应时代发展的新技术手段和人才，以获得转型和长远发展，这也促使更多的自动化专业优秀人才被吸引到这些领域。

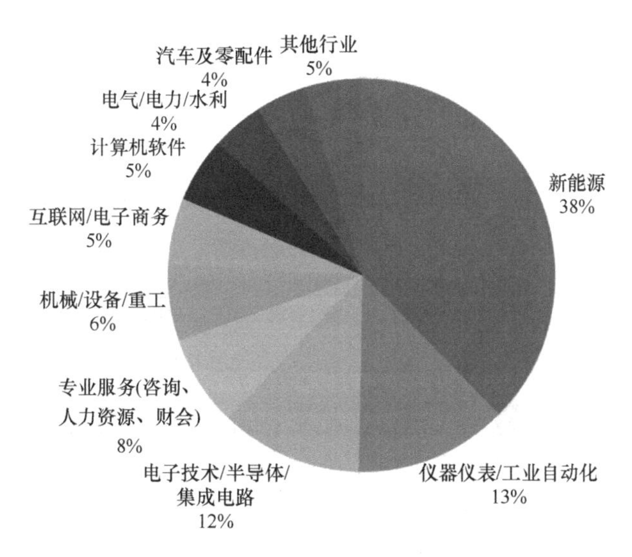

图 1-17 自动化专业就业行业分布情况图

就业单位区域则主要分布在一线城市及新一线城市(图 1-18)。上海、深圳两城市职位数量占比之和超过 37%,一线城市北上广深合计占比高达 60%。这表示一线城市仍然是自动化专业毕业生就业的主舞台,能提供更多的就业机会。

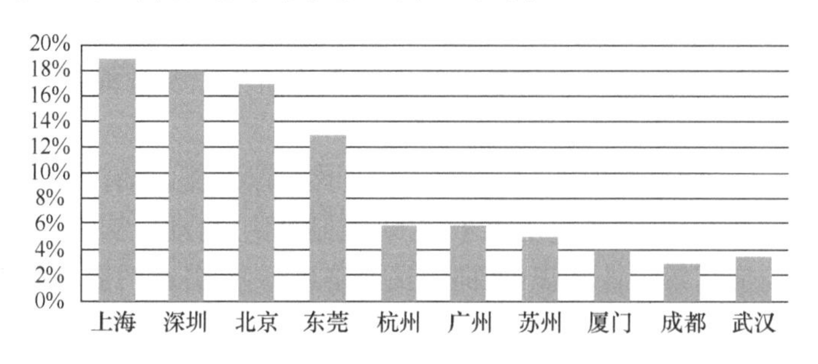

图 1-18　自动化类专业就业地区分布图

自动化人才作为国防建设的主干力量,自动化专业毕业生也是国防单位重点吸纳的对象。自 2018 年全军第一次面向社会公开招考文职人员,军队面向自动化学科招募人数逐年上升(图 1-19),为高精尖人才提供了技术报国的发展机会。军事自动化研究和国防现代化建设仍是自动化人践行使命、发挥所长、创造价值的重要方向。

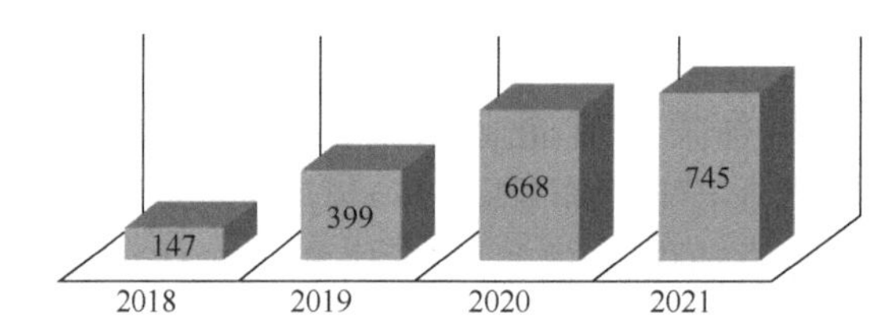

图 1-19　2018～2021 年全军面向社会公开招考文职人员岗位计划——自动化学科招募人员统计

从近几年本科生毕业就业数据来看(图 1-20),2017～2019 届自动化类下的自动化专业本科生毕业半年后的就业率始终高于全国本科生毕业半年后的平均就业率,且在 2019 届本科生毕业半年后就业量最大的前 50 位专业之中,自动化专业、电气工程及其自动化专业和机械设计制造及其自动化专业都排在前列。

彩图 1-20

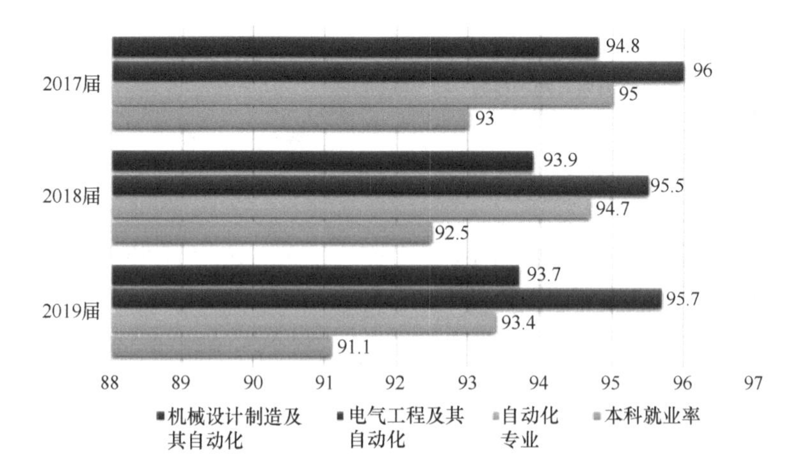

图 1-20　2017～2019 届全国自动化相关本科生毕业半年后的就业率统计图

近年来信息化与工业化的深度融合，互联网与传统工业的融合，驱动中国制造向中国智造加速转变，对自动化人才的培养及储备都有了更高的要求。越来越多的毕业生想通过提高自身的知识水平和综合能力来增加未来在就业市场中的择业资本和竞争力，近五年毕业生升学深造的比例也持续上升。

民营企业是雇用本科毕业生的主力军，其次国有企业、政府机构/科研或其他事业单位也积极招贤纳才。图1-21显示了某校自动化学院2019年就业质量，整体上，该学院毕业生就业行业与专业吻合度较高。其中本科和硕士毕业生就业行业比例最高为信息传输、软件和信息技术服务业，博士毕业生就业行业比例最高为教育业。就业单位性质以民营企业/个体、三资企业、国有企业为主。

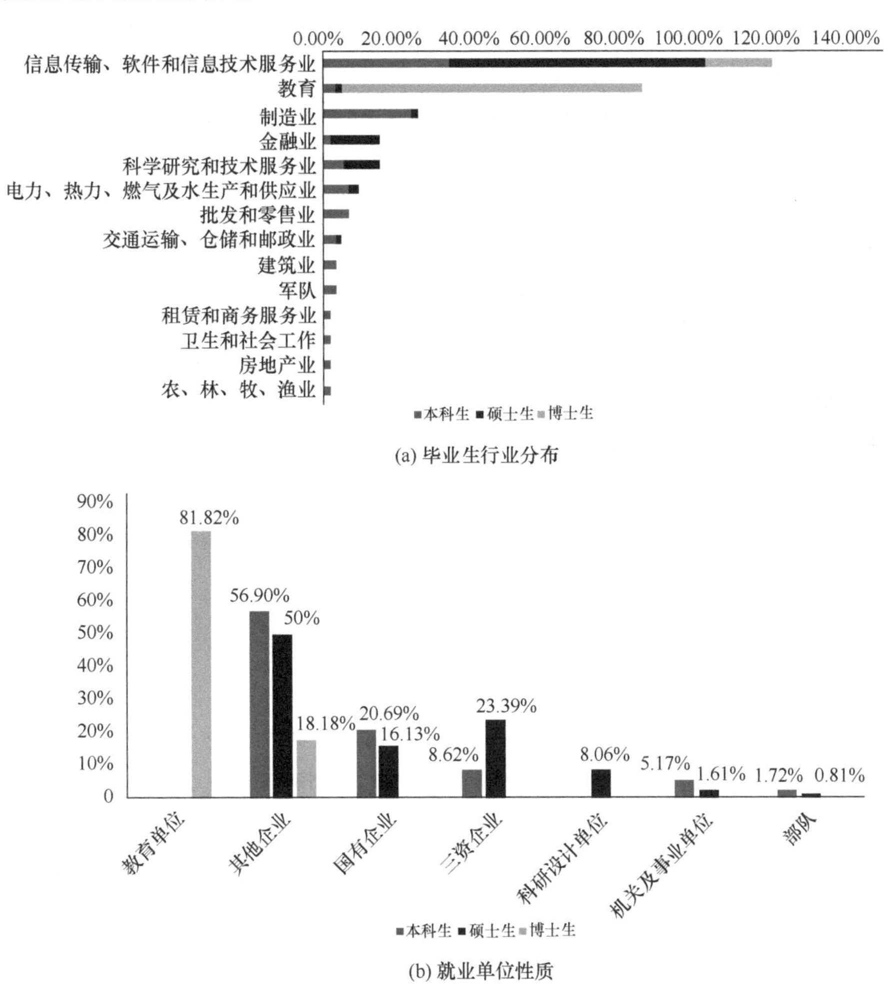

图1-21　2019年某校自动化学院就业质量统计

“十四五”规划提到，加快培养“理工农医”类专业紧缺人才，党的二十大报告中更明确了要“全面提高人才自主培养质量，着力造就拔尖创新人才”。从建设制造强国、质量强国、网络强国、数字中国，加快壮大新一代信息技术、生物技术、新能源、新材料、高端装备、新能源汽车、绿色环保以及航空航天、海洋装备等战略新兴产业，到全面推进乡村振兴，加快农业农村现代化，自动化技术都是积极的推进者，自动化专业持续大有可为。

1.5 本章小结

本章首先介绍了一些现实生活中耳熟能详的事例，如“神舟十三号”宇宙飞船、京张铁路智能高铁以及人手取杯子等实例，然后从这些实例中引出控制和自动化技术的概念，并指出控制不仅仅体现在那些复杂的高科技应用中，在我们的日常生活中也能随处看到控制的身影。同时指出人类社会正生活在自动化时代，自动化不仅在现在已经发挥了巨大的作用，而且在未来也大有可为。

随后通过对一些事例的具体分析，阐述了控制的基本思想，对与之相关的一些重要概念和术语——系统、信息、控制、反馈、自动化、管理与决策等——作了必要的定义和解释，并介绍了这几个概念之间的联系和区别。严格地说，控制强调的是科学思想和方法，而自动化强调的是技术实现；同时，自动化主要研究人造系统的控制问题，但控制研究的范围更广泛，可涉及社会、经济、生物、环境等非人造系统的控制问题，如生物控制、经济控制、社会控制以及生态控制等。不过人们一般提到自动控制，通常是指工程系统的控制，在这个意义上，自动化和自动控制是相近的。

接着，依据时间顺序简要介绍了控制理论与自动化技术的发展历史，并初步引入了一些控制理论中非常重要的理论成果。一般地，可以把控制理论与自动化技术的发展历史分为四个阶段：早期发展阶段、经典控制理论阶段、现代控制理论阶段以及智能控制阶段。本章对每个发展阶段进行了简单的回顾，并介绍了相关的具有代表性和历史意义的应用、理论和做出卓越贡献的科学家与工程师。

最后，从自动化专业人才培养的视角，梳理了我国自动化专业及名称的发展脉络，阐述了自动化专业的特点和人才培养目标，分析了自动化专业毕业生的就业分布态势，展现了自动化专业人才与时代同命运、共呼吸的情怀和担当。

思考题

1. 你还能列出生活中哪些事例(活动)体现了控制的思想?
2. 除了书中所提到的，还有哪些常见的仪器/设备是自动化技术的具体体现?
3. 查阅相关资料，描述一下“神舟十三号”宇宙飞船采用了哪些技术和手段。
4. 除了工程领域，你还见过哪些控制思想的应用?
5. 什么是系统? 结合事例谈谈对系统功能的认识。
6. 试查阅资料，给出对“信息”的不同定义，并谈谈你对“信息”的理解。
7. 从你身边举出两个信息系统例子，并正确划分出数据流通分系统、数据处理分系统、信息服务分系统这三大分系统。
8. 试解释控制、自动控制、自动控制系统三个概念的区别和联系。
9. 反馈的作用是什么? 试比较正反馈、负反馈的利弊。
10. 试解释“自动化包括了模拟或再现人的智能活动”这句话的内涵。
11. 试利用所学的概念和术语，对存在于社会、经济、生物、环境等系统中的控制问题举例进行描述。
12. 近年来，有学者建议把维纳的《Cybernetics》(现译为《控制论》)改译为《赛博论》或《赛博学》，谈谈你对此建议的理解和观点。
13. 试比较香农《信息论》中的“信息”与维纳《控制论》中的“信息”在概念内涵中的不同之处(提示：请通过

阅读原著来找出解答线索)。

14. 你还能找出哪些中国古代的自动化装置和自动控制系统实例?
15. 试简述现代控制理论较之经典控制理论有哪些不同之处。
16. 为什么说自动化专业具有内在的多学科交叉性?
17. 谈谈你对“从工程角度看,人工智能的实质就是关于智能的自动化”的理解和认识。
18. 对自动化专业的可作为领域进行展望,谈谈你的预期,以及为达到预期拟采用的方案和实施计划。

扩展案例——六足机器人简介

机器人在现代社会中发挥着越来越大的作用,从日常出行到生产作业均可见到其踪影。根据机器人的运动形式,可以大致分为轮式机器人、履带式机器人、足式机器人三种。除此之外还有一些具有特定运动形式的机器人,如轮腿式机器人、空间机械臂等。

为解决传统重型机械难以进入到林区作业的问题,Plustech Oy 公司在 20 世纪 90 年代推出了一款六足伐木机器人,如图 K1-1 所示,该机器人整体结构模仿了自然界中的六足昆虫,作业部分采用液压机械臂,并配备了一个可容纳一名操作员的驾驶舱。根据外部环境的不同特点,操作员可对机器人的行进速度、步距、步态以及离地间隙进行实时调整,使得机器人能够在森林环境中稳定作业。

作为足式机器人中的一员,六足机器人具有冗余的腿部自由度、丰富的行走步态以及高静态稳定性等特点,不仅在林区作业,而且在抢险救灾、野外巡检、军事行动、星球探索等领域也有着广泛的应用前景。近二十年来,国内外对六足机器人的结构设计及人机交互优化等方面一直在进行不断的探索与实践。

图 K1-1 伐木机器人

图 K1-2 ATHLETE 机器人

图 K1-2 是美国国家航空航天局(National Aeronautics and Space Administration,NASA)喷气推进实验室在 2009 年开发的 ATHLETE 轮腿式六足机器人,其研发目的是支持探月作业。机器人利用足端的轮式机构能确保在相对平坦的环境中快速运动,当遇到相对复杂的非结构环境时,足端轮式机构可以通过装置锁死,机器人通过驱动额外腿部自由度完成越障作业;同时,冗余的自由度可以支持机器人肢体操作不同的外部工具(如挖掘工具、钻孔工具等)。该机器人具有 450kg 的负重能力(以地球重力加速度为准),足式运动时可达到 2km/h 的最大行走速度,轮式运动时,最大运动速度可达到 10km/h。

相对于国外对足式机器人控制尤其是六足机器人运动控制的研究,国内的研究起步较晚,但是也获得了较多的研究成果。Octopus 六足机器人是由上海交通大学高峰教授团队于 2013 年研制的一款并联式六足步行救援机器人,如图 K1-3 所示。该六足机器人在腿部展开后其整体尺寸约为 2m 长,2m 宽,1m 高,能够在负载 150kg 的情况下以 0.5m 的步幅行走,移动速度可达 1.2km/h。单腿采用并联机构的方式进行设计,每条腿具有三个运动自由度,包含一个 UP(万向铰-移动副)支链和两个 UPS(万向铰-移动副-球面副)支链。机身搭载立体相机与激光雷达,使其具有识别地形、主动避障、自主开门等功能,具备深入各种恶劣危险环境的能力,可在核辐射、水底、火灾等人力难以达到的环境下完成搬运、搜索、探测和救援等任务。

“龙骑战神”大型重载液压驱动六足机器人,如图 K1-4 所示,由成都理工大学和西南科技大学蒋刚教授带领的科研团队研制，采用液压伺服驱动和动态平衡控制技术，增强非结构复杂地面条件下机器人运动平稳性，满足特定作业需求。另外，北京理工大学、哈尔滨工业大学、大连理工大学、南京大学等高校也对六足机器人进行了深入的研究。

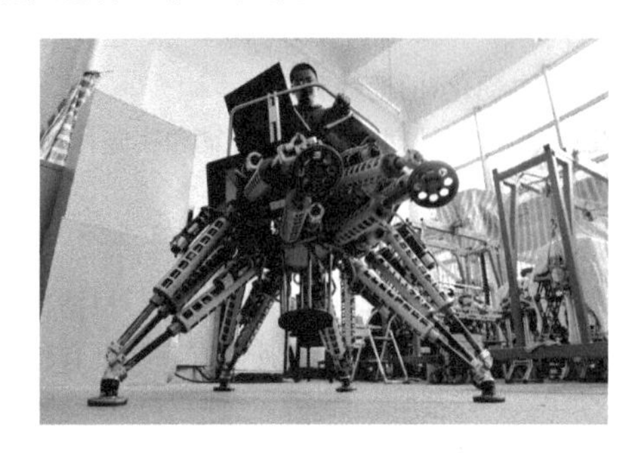

图 K1-3　Octopus 六足机器人

图 K1-4　“龙骑战神”六足机器人

第 2 章　自动控制系统的描述原理

2.1　自动控制系统的组成

实际工程中的自动控制系统因控制形式的不同、输入/输出信号的不同、被控对象的不同等而形形色色、多种多样，但它们最基本的组成部分是相似的。下面通过对五个例子的认识，来感知自动控制系统的组成。

2.1.1　五个自动控制系统实例

例 2.1　数控机床的刀具控制系统。

由数字计算机控制的机床刀具进给系统的工作过程如图 2-1 所示。该系统要求将工件的加工流程和操作编制成程序预先存入数字计算机，对加工工件进行加工时，切削刀具由步进电机进行控制，计算机按照编制的程序调节输出脉冲频率，通过脉冲分配与功率放大装置控制步进电机的转动，从而带动刀具按照预先设定的轨迹进刀，实现对加工工件的切削。

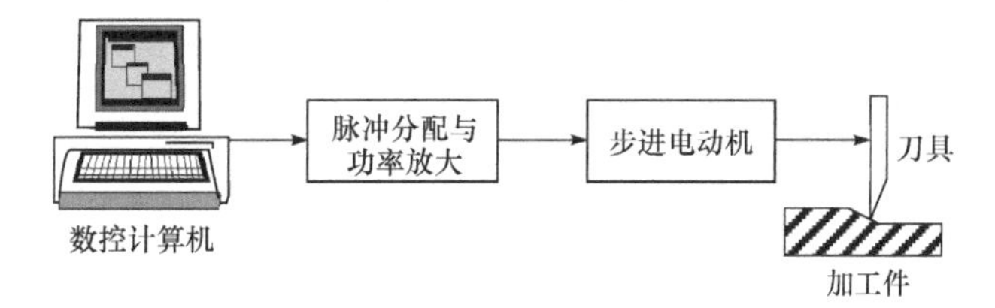

图 2-1　数控机床刀具控制系统示意图

该系统中期望刀具行走的轨迹是以程序的形式预先编制在计算机中，控制信号由计算机发出，被控对象是机床的刀具，而推动刀具运动的步进电机则称为执行装置。由于该系统输入信号与刀具的当前位置之间只有顺向的作用，而没有反向的联系，这样的控制系统称为开环控制系统。

例 2.2　火炮随动控制系统。

火炮随动控制系统是军事领域中一类较为典型的自动控制系统，其工作过程如图 2-2 所示。在该系统中，目标探测设备(如雷达、目标坐标测定仪等)探测到敌方目标，并确定目标的方位与距离，同时角度传感器测量火炮身管的当前指向，与目标的角度信息相对比，根据两者的偏差，火控计算机发出控制信号，并通过放大电路放大，传给伺服系统，驱动由齿轮组成的角度回转机构，控制火炮身管对准目标(严格地说，是指向提前点)。该系统中，输入信号为目标的位置，输出信号即被控对象——火炮身管的指向，控制装置为火控计算机，伺服机构及齿轮为执行装置。可见该控制系统的输入信号与输出信号之间是通过一个比较电路联系在一起的，是一个典型的具有单反馈回路的闭环控制系统。

反馈控制系统最常采用的是负反馈形式。例如本例中，比较电路将测量信息与火炮的跟踪信息取差，当该差值不为零时，即火炮的指向与目标跟踪设备所探测的目标方向不同时，则

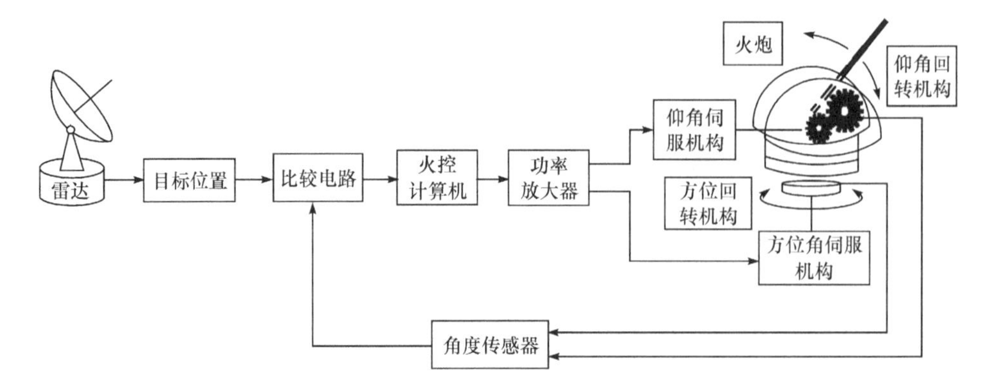

图 2-2　火炮随动控制系统示意图

启动伺服系统，调动火炮身管瞄准目标，因此该系统是一个具有负反馈的闭环控制系统。

例 2.3　电加热炉温度控制系统。

图 2-3 描述了一种电炉炉温控制系统的基本工作过程，其中输入信号为操作人员输入嵌入式计算机中的或已经预置在计算机中的期望温度。系统启动后，通过控制继电器接通电炉的电阻丝电源给电炉加热，热电偶测得炉温，通过滤波装置和 A/D 转换器传送回计算机，并与预先设定的温度相比较。当温度低于设定温度时，继续给电炉加热；当炉温高于设定值时，则断开继电器，停止加热。该系统中，比较电路和控制装置集中在嵌入式计算机中，而继电器为执行元件，热电偶、滤波装置和 A/D 转换器构成了测量元件，被控量为电炉炉膛的温度。该系统也是一个闭环控制系统。

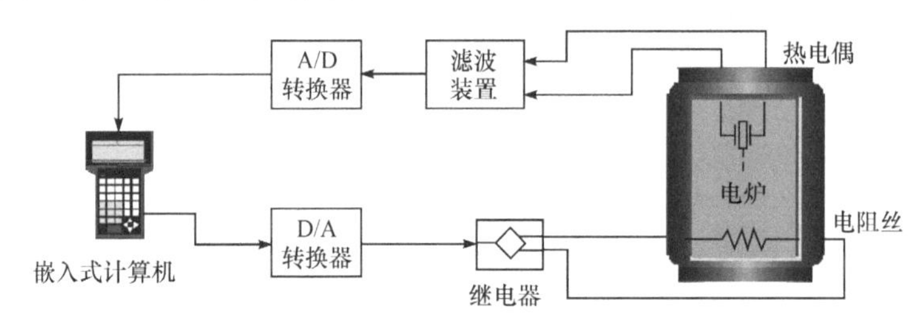

图 2-3　基本电加热炉温度控制系统示意图

用微型计算机控制电炉温度的计算机控制系统具有安全可靠、精度高、功能强、经济性好、无噪声、显示醒目、读数直观、操作简单等优点。用微型计算机或嵌入式计算机系统代替以往的模拟式控制系统已成为现代工业生产的普遍现象。

例 2.4　机器人控制系统。

一种类人型机器人的控制系统工作过程如图 2-4 所示。这种机器人每个关节都配有直流伺服电机和角度传感器，直流电机可以驱动每个关节的自由运动，角度传感器可以感知每个关节的转动角度。机器人内部还配有陀螺仪、重力计等传感器，用于感知机器人是否站立或倒下。通过计算机设计控制指令，操纵各关节电机的协调转动，可以使机器人完成各种各样的动作，如站立、行走、弯腰、侧身等。

该系统中被控对象是机器人，被控量为机器人各关节的角度或者说是机器人的姿态，控制量是计算机发往各电机的控制信号，执行元件是各关节上的伺服电机，角度传感器、陀螺仪、重力计等是该系统的测量元件，控制元件和比较元件集成于机器人内部的控制计算机中。该系统是一个具有多输入、多输出的自动控制系统，且其功能和能力与伺服电机技术、计算机技术、现代控制技术、传感器技术、人工智能技术等密切相关。

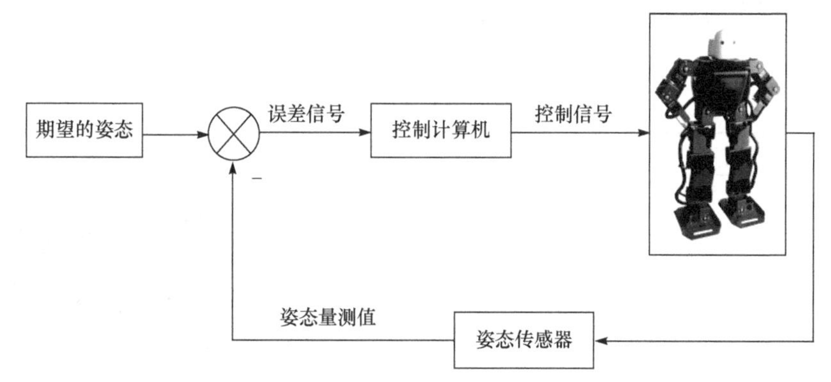

图 2-4　类人型机器人控制系统示意图

例 2.5　航天器控制系统。

航天器要完成一定的任务(如自动交会对接)，就需要不断将姿态角(一般包括偏航角、俯仰角、横滚角)控制到期望的数值，而调整姿态角的动力装置最常采用的便是姿态调整火箭。如要实现航天器三个姿态的自动调整，更需要很多小型的姿态调整火箭共同作用方可达到目的。

航天器姿态控制系统的工作过程如图 2-5 所示。该系统利用姿态角传感器获得航天器姿态角的量测值，与期望的航天器姿态角相比较，控制计算机对误差信号进行处理，生成航天器姿态调整控制信号，驱动航天器上的姿态调整火箭工作，使得航天器逐步运动到期望的姿态位置。

该系统中被控对象是航天器本体，被控量为航天器的姿态角，执行元件是航天器上的姿态调整火箭，比较器和控制器一般集成于控制计算机中。常用的姿态角测量元件包括陀螺仪、加速度计等惯性元件。由图 2-5 可见，该系统是一个闭环控制系统，也是一个具有多个输入量、多个输出量的控制系统。

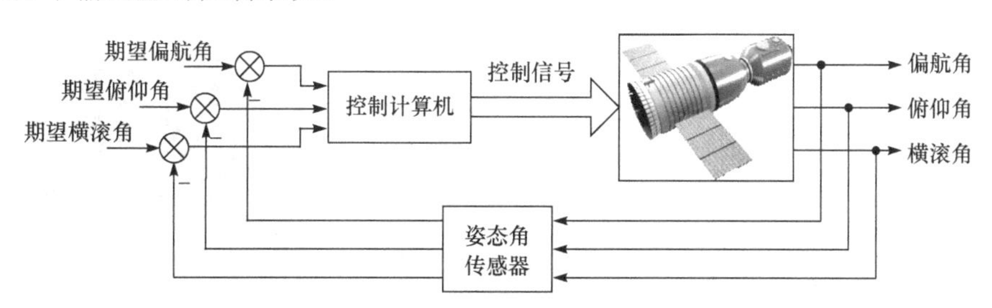

图 2-5　航天器姿态控制系统示意图

2.1.2　自动控制系统中的主要元件与作用

通过上面的五个例子可以看出，各种自动控制系统都有多少不等的基本组成要素构成。在对系统不同的描述方式中，这些组成要素有不同的名称。在原理描述时称为部件、装置或器件；在功能描述时，视其在系统中的作用一般称为元件，并统称为控制装置，一般用方块表示；在用结构图描述时称为环节，常用函数方框表示。

由此可知，在开环控制系统例子中的基本组成是给定元件、控制元件、放大元件、执行元件以及被控对象；而闭环控制系统的除需要以上元件外，还包括反馈回路的测量元件和比较电路元件。在现实的自动控制系统中，常用的典型元件如表 2-1 所示。这些元件的作用如下所述。

表 2-1　自动控制系统常用典型元件

类型	实例名称	实例图片
测量元件	红外线传感器	
	轴角编码器	
	热电偶	
比较元件	差动放大器	 AD 830ANZ 0904Δ A74654
	双电压比较器	 DN711 LM393

续表

类型	实例名称	实例图片
控制元件	单片机(微控制器)	
	可编程逻辑控制器	
放大元件	电压放大电路	
	功率放大电路	
执行元件	直流电机	
	舵机	

(1) 给定元件。其作用是给出与期望的被控量相对应的系统参考输入信息(即要求的控制目标),如例 2.1 中发出刀具期望轨迹的数字计算机,例 2.2 中探测到目标位置的雷达,例 2.3 中存储有电炉期望温度的嵌入式计算机。由给定元件提供给系统的输入量又称为参据量。

(2) 测量元件。又可称为传感器,其作用是测量被控对象的状态(值),如位置、速度、电压、温度等,并将测量到的信息转换为适当的信号如电信号。例 2.2 中,通常利用的是一种称为轴角编码器的测量装置;而例 2.3 中则是热电偶。

(3) 比较元件。其作用是将由测量装置测得的被控量与系统输入信息(参据量)相对比,并将所产生的偏差信号送往控制元件。常用的比较元件有差动放大器和信号比较器等。自动控制系统的主要目标就是使被控输出与期望输入的偏差尽可能小。

(4) 控制元件。又称控制器,是自动控制系统实现控制的核心部件,其功能是根据比较元件所给出的偏差信号按照一定的规律(即控制规则或控制算法),产生相应的控制信号。例 2.1 中的工业控制计算机、例 2.2 中的火控计算机以及例 2.3 中的嵌入式计算机都是控制元件。

(5) 放大元件。其作用是将控制信号进行功率放大,以提供执行元件所需要的能量。例如电信号的放大,可利用电子管、晶体管、集成电路、晶闸管等组成的电压放大电路和功率放大电路等。

(6) 执行元件。又称为执行机构或执行器,其作用是直接驱动控制量,使被控对象如刀具轨迹、炮管指向、炉内温度向减小偏差的方向变化。工程中典型的执行元件有气动或液动阀门、交流或直流电动机、液压马达、电磁继电器等。

(7) 被控对象。广义的被控对象是指能生成期望的被控量信号的实体,如机器人、航天器;狭义的被控对象则是指能直接表征期望被控量实际状态的某种物理量,故也称被控量,或控制量,如例 2.1 中的刀具运动轨迹、例 2.2 中的火炮身管方向、例 2.3 中的炉膛温度、图 1-6中的手指与杯之间的距离。

通过以上分析和说明,上述各过程可分别用图 2-6 和图 2-7 的系统方块图进行描述。它们清楚地描述了信号在不同方块之间的流动过程。

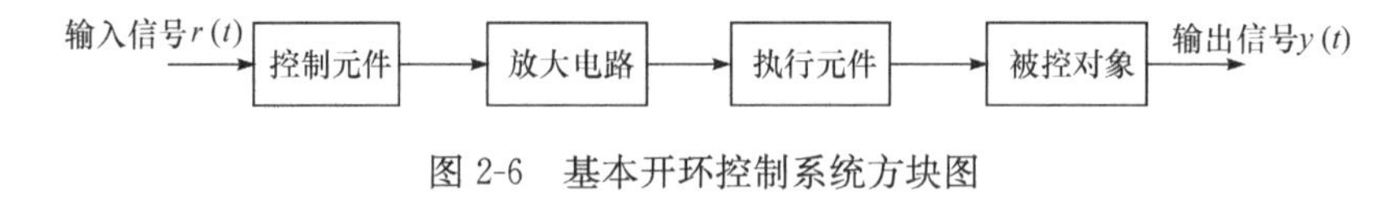

图 2-6　基本开环控制系统方块图

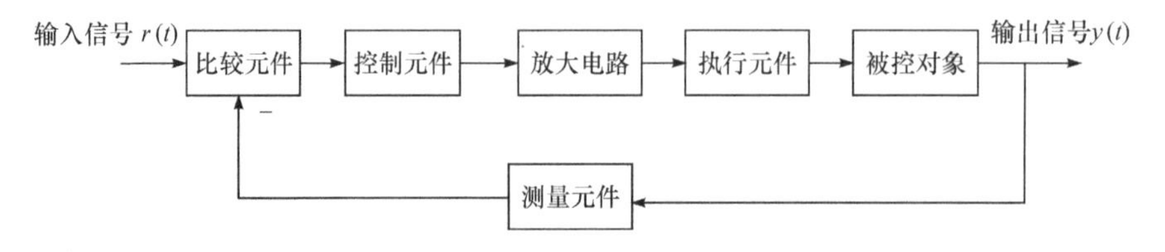

图 2-7　基本反馈闭环控制系统方块图

2.1.3　各元件关联的知识领域

1）测量元件

测量元件的基本功能就是检测和转换，该类元件所产生的信号一般是电信号，因为只有电信号容易进行放大、加减、积分、微分、滤波、存储和传输等。测量元件一般包括敏感元件、转换元件、转换电路，其中敏感元件直接感受被探测量，转换元件把输入量转换成电路参数量，而转换电路将电路参数转换成所期望的电量输出。有些测量元件很简单，最简单的测量元件是由一个敏感元件组成，如电位器、热电偶，它们感受被测量时直接输出电量。有些测量元件由敏感元件和转换元件组成，如压片式加速度传感器等。

测量元件存在于人们生产生活的各个领域，如人们通过自己的感觉器官与外界接触，从而获取信息。当人类自身的感觉器官受到局限时，人们就制造出了新的感觉器官，这就是测量元件或传感器。

2）比较元件

在反馈系统中，比较元件常与测量元件或线路组合在一起，通常情况下比较元件由运算放大器和相关电路组成。

随着计算机控制系统的不断发展，控制计算机往往代替了以往模拟电路，而利用软硬件实现了系统信号参数比较的功能，成为一类新的比较元件。

3）放大元件

实际的控制系统中，要使被控对象达到期望的控制目标，往往需要较大的能量，如例 2.1 所使用的刀具和例 2.2 中待控制的火炮都可能具有较大的惯性，控制元件所输出的信号往往无法满足带动被控装置运动所需的能量，因此需要将控制元件的输出信号进行能量的放大。

控制系统中的放大元件能够把具有固定的电压或电流，变成由信号控制的能源，即电压或电流随信号变化的电源，功率放大元件包括直流伺服功率放大器和交流伺服功率放大器等。

4）控制元件

由图 2-6、图 2-7 可以看出，控制元件的作用是根据输入信号或经过反馈后与输入信号相比较产生的偏差信号，按照一定的规律，产生相应的控制信号，使得被控对象达到期望的目标。早期的控制元件往往使用机械装置、电磁装置处理输入信号，如瓦特发明的改良蒸汽机利用的就是一个飞球调速器(图 1-15)。

随着计算机技术的发展，现代控制系统往往采用可编程控制器(PLC)或是工业控制计算机等电子设备，通过预先设定好的控制程序实现控制功能。例 2.1 就是利用计算机控制带动刀具运动的电动机输出位置，例 2.2 是利用火控计算机控制带动火炮身管转动的电动机输出位置及输出速度等，例 2.3 则是利用 PLC，根据当前炉温与设定的炉温差异值控制对电阻丝进行通断电的切换。

5）执行元件

执行元件究其能源性质，可分为电气元件、液压元件和气动元件三类。系统对执行元件的要求是:具有良好的静特性、调节特性、接卸特性以及快速响应的动态特性等。

应用最广的执行元件就是电动机，包括直流电动机、异步电动机、步进电动机和小功率同步电动机等。此外还包括液压马达、电磁阀门等。这些设备涉及机械、电磁等领域的知识。

有关这些元件更详细的解释请见第 5 章。

2.2 自动控制系统的模型体系

模型是对所要研究的系统在某种特定方面的抽象。通过模型对系统进行研究，具有更深刻、更集中的特点。模型分为物理模型和数学模型两种，由于计算机发展迅速，应用广泛，人们更为重视数学模型。数学模型是描述系统动态特性的数学表达式，它可反映系统运动过程中各变量之间的关系，是分析、综合系统的依据。

自动控制理论研究的问题是：对控制系统进行分析和设计。为设计好一个性能优良的控制系统，必须充分了解系统的特性，包括被控对象、执行机构以及系统内部各个元件的动态规律。所谓动态规律除了包括研究对象位置的移动和旋转外，还包括物理量随时间的变化情况，如电流电压的改变、温度的升降、压力的大小变化等。而描述这些物理量相互作用关系和各自变化规律的数学工具统称为数学模型。

系统的数学模型就是描述系统各个变量之间相互关系和系统动态规律的数学表达式。尽管系统的种类繁多，如电气系统、机械系统、液压系统、生物系统甚至是社会经济系统等，但描述和研究这些系统行为的手段却可以统一到数学模型上。通过数学模型，就可以屏蔽各种不同类型系统的外部特征，获得它们内部的共同运动规律。所以，建立系统数学模型，是研究和解决实际问题的第一步，也是控制理论的基础。

在自动控制理论中，描述系统内部物理量之间关系的数学模型有多种形式，如按模型的表现形式可分为数学表达式模型和图模型；按系统的性能可以分为连续系统的微分方程模型和离散系统的差分方程模型；按变量的论域可分为时域模型和频域模型等。实际系统的分析和设计中究竟采用何种模型，应根据具体情况，以便于对系统分析和研究为基本准则选取。下面就自动控制理论中常见的数学模型进行简要的介绍。

2.2.1 数学模型

1) 控制系统的微分方程模型

一个系统某些参量的描述在时间上如果是连续的，那么常用参量对时间的导数来描述其变化情况。例 2.1 中，设系统中 $y(t)$ 为刀具当前的位置，$\dot{y}(t)=\mathrm{d}y(t)/\mathrm{d}t$ 即为刀具运动的速度（称为位置对时间的一次导数），而 $\ddot{y}(t)=\mathrm{d}^2y(t)/\mathrm{d}t^2$ 即为刀具运动的加速度（称为位置对时间的二次导数）。如果系统中的某些参量对时间的导数不为零时，说明系统处于运动状态，相应的系统称为动态系统或动力学系统。对例 2.1，当连接刀具的步进电机输入随时间变化的脉冲信号时，刀具就会随着电机的转动而移动，即存在运动速度；对例 2.2 当目标在运动时，火炮就必须跟随目标的运动，火炮身管即存在转动速度。

控制系统中任何一个中间环节都有输入量与输出量，很多常见的元件输入量和输出量之间都可以用微分方程表示，这些方程中含有输入量、输出量以及它们对时间的导数或积分。

例 2.6 图 2-8 给出了一辆轿车的车轮及其悬挂系统的示意图。假设车体用一个质量

为 M 的质量块进行简化，如图 2-8 (b)所示，当有一个作用力 F 施加到车体上时，该作用力会通过悬挂系统上的支撑轴引起弹簧的形变，并受到内部阻尼器的反作用力。设弹簧的形变系数为 k，阻尼器的阻尼比为 f，该系统的输入即为力 F，输出为车体的上下位移 x，试分析输出 x 的动态变化规律。

解　如图 2-8(c)所示。

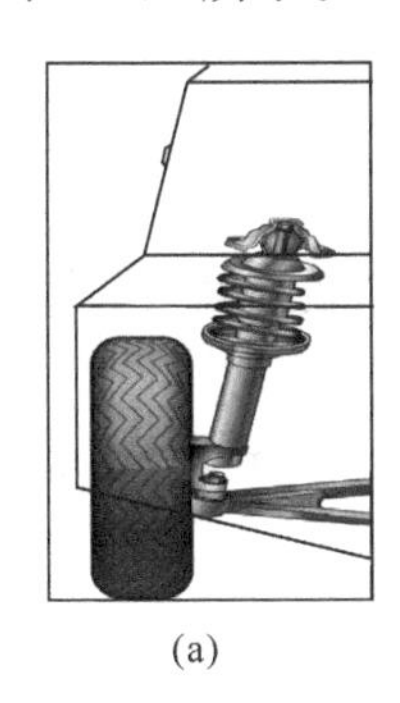

(a)

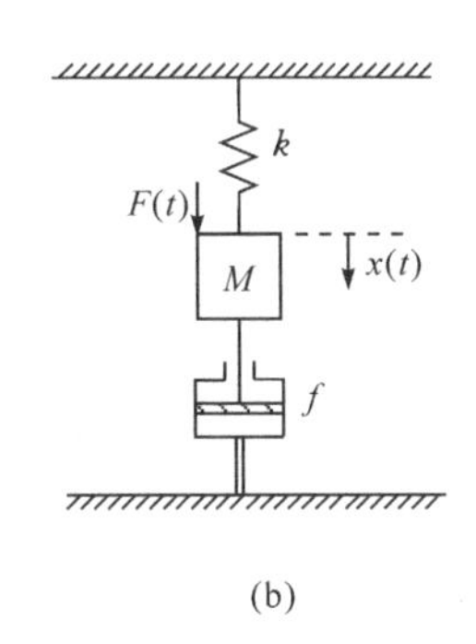

(b)

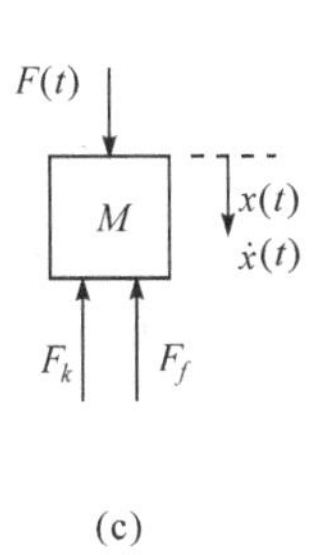

(c)

图 2-8　汽车悬挂系统示意图

作用在车体 M 上的作用力包括：

(1) 作用力 F(注：有关随时间变化的变量完整描述形式应为 $F(t)$，这里为书写方便省略时间变量 t，对系统的分析没有影响)，与 x 的变化方向相同。

(2) 弹簧形变产生的力 $F_k=kx$，大小与弹簧形变成正比，方向与 x 的变化方向相反。

(3) 阻尼器的反作用力 $F_f=f\dot{x}$，大小与质量块 M 的运动速度成正比，方向与质量块 M 的运动方向相反。

在上述作用力共同作用下，车体 M 会产生一个加速运动，体现为 x 对时间的二阶导数 $\ddot{x}$，于是该车体的受力方程为

$$M\ddot{x}=-F_k-F_f+F$$

即

$$M\ddot{x}=-kx-f\dot{x}+F$$

于是输出 x 的动态变化描述方程为

$$M\ddot{x}+f\dot{x}+kx=F \tag{2-1}$$

例 2.7　如图 2-9 所示的由电阻 R、电感 L、电容 C 串联组成的无源网络，其中 $u_i(t)$为输入电压，电容两端电压 $u_o(t)$为输出电压，试分析电容两端电压的动态变化规律。

解　设该网络中电流瞬时值为 $i(t)$，由电学中的基尔霍夫定律可知，电阻两端电压为 $u_R(t)=R\cdot i(t)$，电感两端电压为 $u_L(t)=L\dfrac{\mathrm{d}i(t)}{\mathrm{d}t}$，电流 $i(t)$与电容两端电压满足

图 2-9　RLC 无源网络

$$i(t)=\frac{\mathrm{d}u_o(t)}{\mathrm{d}t}C \tag{2-2}$$

由电压平衡方程

$$u_R(t)+u_L(t)+u_o(t)=u_i(t)$$

可写出回路的方程为

$$Ri(t)+L\frac{\mathrm{d}i(t)}{\mathrm{d}t}+u_{\mathrm{o}}(t)=u_{\mathrm{i}}(t) \tag{2-3}$$

消去中间变量 $i(t)$，得到描述输入 $u_{\mathrm{i}}(t)$ 与输出 $u_{\mathrm{o}}(t)$ 关系的微分方程为

$$LC\frac{\mathrm{d}^2u_{\mathrm{o}}(t)}{\mathrm{d}t^2}+RC\frac{\mathrm{d}u_{\mathrm{o}}(t)}{\mathrm{d}t}+u_{\mathrm{o}}(t)=u_{\mathrm{i}}(t)$$

即

$$LC\ddot{u}_{\mathrm{o}}(t)+RC\dot{u}_{\mathrm{o}}(t)+u_{\mathrm{o}}(t)=u_{\mathrm{i}}(t) \tag{2-4}$$

由以上两例可见，尽管两个系统的物理组成和作用不同，但系统输入与输出的关系都可用上述(二阶)微分方程描述。

对于更为一般的系统，设输入量用 $r(t)$ 表示，输出量用 $y(t)$ 表示，则表示线性系统输入与输出之间关系的微分方程一般形式为

$$\begin{aligned}&y^{(n)}(t)+a_1y^{(n-1)}(t)+a_2y^{(n-2)}(t)+\cdots+a_{n-1}\dot{y}(t)+a_ny(t)\\&=b_0r^{(m)}(t)+b_1r^{(m-1)}(t)+b_2r^{(m-2)}(t)+\cdots+b_{m-1}\dot{r}(t)+b_mr(t)\end{aligned} \tag{2-5}$$

其中，$y^{(i)}(t),i=0,1,\cdots,n$ 为输出信号对时间的各阶导数；$r^{(j)}(t),j=0,1,\cdots,m$ 为输入信号的各阶导数；$a_i,i=0,1,\cdots,n$ 为输出信号各阶导数的系数，且 $a_0=1$；$b_j,j=0,1,\cdots,m$ 为输入信号各阶导数的系数。式(2-5)即为控制系统的微分多项式模型，对于物理可实现的系统，均有 $m\leqslant n$。当 a_i 和 b_j 均为常数时，称该系统为具有单输入单输出的线性连续定常系统。对于例 2.6 有

$$y(t)=x(t),\quad r(t)=F(t)$$

对于例 2.7 有

$$y(t)=u_{\mathrm{o}}(t),\quad r(t)=u_{\mathrm{i}}(t)$$

可见只要获得系统的微分方程描述，就可利用相关的数学知识对微分方程进行求解(简单情况下，高等数学知识即足够)，进而可以获得输出随时间变化的动态特性，这种动态特性或规律称为系统在输入信号 $r(t)$ 作用下输出(一般为被控量)的时域特性。

以上两个例子描述的是连续系统的数学模型建立过程，对系统变量的动态描述采用的是微分方程形式。在大多数现代控制系统中，基本都采用计算机作为控制装置，系统对信号的采样和控制变量的生成，都是按节拍一步一步进行的，这些采样数据和生成的控制量在时间上是不连续的(称为离散量)，基于此类离散信号的控制系统称之为离散控制系统。对于离散控制系统，常用的数学工具是差分方程，即利用变量当前时刻状态与下一时刻状态之间的关系，描述其动态规律。限于本书篇幅和理论深度问题，有关离散系统建模过程这里不再赘述，感兴趣的读者可参阅其他相关书籍。

2) 控制系统的传递函数模型

控制系统的微分方程，是在时间域内描述系统的数学模型，是以时间 t 为自变量的。为了获得系统在一定输入作用下输出量的变化规律，最直接的方法就是求解系统的微分方程，获得输出量随时间的变化曲线，即系统的输出响应。例如对式(2-1)、式(2-4)进行求解，总能解得输出 $y(t)$ 随 $r(t)$ 的变化规律。该方法比较直观，对于较简单的系统(式(2-5)左右两侧变量导数的最高阶数较小，而输出 $y(t)$ 导数的最高阶数又称为系统的阶数)，利用高等数

学的知识可以很快且准确地求得系统输出 $y(t)$ 随时间变化的解析形式。但当系统阶次较高时，对微分方程的求解会随着阶次的增加而越来越复杂；并且，如果系统的结构发生改变，或某个参数发生变化时，就需要重新列写微分方程，或重新求解。因此使用微分方程这一数学模型对高阶系统的动态响应进行分析时就显得十分不便。

幸运的是，通过对时域变量进行某种数值变换，可将复杂的微分方程简化成输入与输出的显函数形式。这里所提到的数值变换就是在分析控制系统时常用的拉普拉斯变换（Laplace 变换，简称拉氏变换）。例如在零初始条件假设下，对式(2-5)两边同时进行拉普拉斯变换，就可得到

$$[s^n+a_1s^{n-1}+a_2s^{n-2}+\cdots+a_{n-1}s+a_n]Y(s)$$
$$=[b_0s^m+b_1s^{m-1}+b_2s^{m-2}+\cdots+b_{m-1}s+b_m]R(s)$$

其中 $Y(s)$ 和 $R(s)$ 分别是输出 $y(t)$ 与输入 $r(t)$ 的拉普拉斯变换，将 s 视为一种算子，则上式可整理成

$$\frac{Y(s)}{R(s)}=\frac{b_0s^m+b_1s^{m-1}+b_2s^{m-2}+\cdots+b_{m-1}s+b_m}{s^n+a_1s^{n-1}+a_2s^{n-2}(t)+\cdots+a_{n-1}s+a_n}$$

并令

$$G(s)=\frac{b_0s^m+b_1s^{m-1}+b_2s^{m-2}+\cdots+b_{m-1}s+b_m}{s^n+a_1s^{n-1}+a_2s^{n-2}(t)+\cdots+a_{n-1}s+a_n} \tag{2-6}$$

于是就在新的论域中建立起了输入量 $R(s)$ 与输出量 $Y(s)$ 之间的函数传递关系，这种由线性定常系统输出量 $y(t)$ 的拉普拉斯变换 $Y(s)$ 与输入量 $r(t)$ 的拉普拉斯变换 $R(s)$ 之比，而得到的关于变量 s 的函数 $G(s)$ 就称为控制系统输入量到输出量的传递函数，即

$$G(s)=\frac{Y(s)}{R(s)} \tag{2-7}$$

而输入与输出的函数关系可写为

$$Y(s)=G(s)R(s) \tag{2-8}$$

可见输出 $Y(s)$ 变成了输入 $R(s)$ 与一个函数 $G(s)$ 相乘的形式，这无疑为人们研究控制系统提供了极大的方便。

以例 2.6 中式(2-1)为例，在零初始条件下，将该系统的微分方程描述形式转化为传递函数形式如下：

$F(t)$ 的拉普拉斯变换为 $F(s)$

$x(t)$ 的拉普拉斯变换为 $X(s)$

$\dot{x}(t)$ 的拉普拉斯变换为 $sX(s)$

$\ddot{x}(t)$ 的拉普拉斯变换为 $s^2X(s)$

于是输入 $F(s)$ 到输出 $X(s)$ 的传递函数为

$$G(s)=\frac{X(s)}{F(s)}=\frac{1}{Ms^2+fs+k} \tag{2-9}$$

同理对于例 2.7 所示的 RLC 网络，系统输入 $U_i(s)$ 到输出 $U_o(s)$ 的传递函数为

$$G(s)=\frac{U_o(s)}{U_i(s)}=\frac{1}{LCs^2+RCs+1} \tag{2-10}$$

可见对例 2.6 及例 2.7 所示的线性系统只需引入一个微分算子 s，即可很容易地将系统微分

方程的描述形式转化为传递函数的描述形式。

由式(2-8)可见，只要能够获得系统的传递函数表达式 $G(s)$，和输入的拉普拉斯变换描述 $R(s)$，即可得到输出的拉普拉斯变换描述 $Y(s)$，再利用拉普拉斯逆变换的方法，即可获得输出随时间的变化规律 $y(t)$。输出的拉普拉斯变换描述 $Y(s)$ 又称为输出的频域描述。

例 2.6、例 2.7 分别说明了机械系统、电学系统数学模型的建立步骤。注意到式(2-1)、式(2-4)的形式是很相似的，所以可用如下统一形式的传递函数(也称二阶系统标准型)来描述这两种不同的系统。

$$G(s)=\frac{\omega_n^2}{s^2+2\xi\omega_n s+\omega_n^2} \tag{2-11}$$

3) 控制系统的状态空间模型

从控制系统传递函数的定义可以发现，传递函数这一数学工具主要针对的单一输入、单一输出的系统，并且所处理的系统其内部元器件的动态特性必须不能随时间发生变化，称这样的系统为线性时不变系统。但是在某些系统中可能需要考虑其中多个参量的动态特性，系统的控制输入也不止一个，每一个参数可能对一个状态产生作用，也可能对多个状态产生作用。如例 2.4 中就遇到了这样的问题，对于该类人型机器人，我们需要控制其各个关节的电机配合作用，使得机器人站立不倒。需要考虑的动态变量包括各个关节的垂直角度及角度变化率，这是一个典型的多输入、多输出系统。再如例 2.5 中的航天器姿态自动控制系统，需要众多的姿态调整火箭来实现期望的姿态角控制，这也是一个多输入、多输出系统。对于这样的系统，仅采用传递函数工具，就难以分析系统的输入对系统多个动态参量的作用特性。

随着计算机技术的不断发展，直接采用时域分析方法对控制系统进行研究和设计将更加便捷，而采用状态空间模型方法描述系统的动态规律，特别适合借助计算机进行分析，并实现对多输入、多输出系统的控制。状态空间模型是描述系统的状态变量动态变化的最有效工具，这些状态变量通常包括系统中的电压、电流、位置、压力、温度等类似的物理量，以及它们的各阶导数(速度、加速度等)。下面以例 2.6 为例，说明一般系统状态空间方程的描述形式。

已知如图 2-8 所示的弹簧-质量块-阻尼器系统，质量块位移的动态方程为

$$M\ddot{x}(t)=-kx(t)-f\dot{x}(t)+F(t) \tag{2-12}$$

定义系统状态变量为 x、$\dot{x}$，将其改写为向量的形式

$$X(t)=\begin{bmatrix}x_1(t)\\x_2(t)\end{bmatrix}=\begin{bmatrix}x(t)\\\dot{x}(t)\end{bmatrix} \tag{2-13}$$

即第一个状态变量为质量块的位置，第二个状态变量为质量块的运动速度。于是可得如下方程组

$$\begin{cases}\dot{x}_1(t)=x_2(t)\\\dot{x}_2(t)=-\dfrac{k}{M}x_1(t)-\dfrac{f}{M}x_2(t)+\dfrac{F(t)}{M}\end{cases} \tag{2-14}$$

将方程组改写为如下矩阵形式

$$\begin{bmatrix}\dot{x}_1(t)\\\dot{x}_2(t)\end{bmatrix}=\begin{bmatrix}0 & 1\\-\dfrac{k}{M} & -\dfrac{f}{M}\end{bmatrix}\begin{bmatrix}x_1(t)\\x_2(t)\end{bmatrix}+\begin{bmatrix}0\\\dfrac{1}{M}\end{bmatrix}F(t) \tag{2-15}$$

令

$$\dot{X}(t)=\begin{bmatrix}\dot{x}_1(t)\\ \dot{x}_2(t)\end{bmatrix},\quad A=\begin{bmatrix}0 & 1\\ -\dfrac{k}{M} & -\dfrac{f}{M}\end{bmatrix},\quad B=\begin{bmatrix}0\\ \dfrac{1}{M}\end{bmatrix}$$

则式(2-15)可改写为

$$\dot{X}(t)=A\cdot X(t)+B\cdot F(t) \tag{2-16}$$

方程(2-15)即为该弹簧-质量块-阻尼器系统的状态空间模型。由式(2-16)可见,一般状态空间模型都是关于状态向量的一阶微分方程形式,其中的 A 和 B 称为系统的系数矩阵。

状态空间模型可用来描述非线性系统,如某飞行器控制系统动力学特性采用状态空间模型描述为

$$\begin{bmatrix}\dot{\alpha}\\ \dot{\beta}\\ \dot{\omega}_x\\ \dot{\omega}_y\\ \dot{\omega}_z\end{bmatrix}=\begin{bmatrix}\omega_z-\omega_x\beta+a_1\alpha+a_2\delta_z\\ \omega_y+\omega_x\alpha+a_3\beta+a_4\delta_y\\ a_5\omega_x+a_6\delta_x\\ a_7\omega_y+a_8\omega_y\alpha+a_9\beta+a_{10}\delta_y+a_{11}\omega_x\omega_z\\ a_{12}\omega_z+a_{13}\alpha+a_{14}\omega_x\beta+a_{15}\delta_z+a_{16}\omega_x\omega_y\end{bmatrix} \tag{2-17}$$

式(2-17)中,α 为飞行器攻角(飞行器机体纵轴与水平面的夹角),β 为飞行器侧滑角(飞行器机体纵轴在水平面投影线与坐标轴 x 轴的夹角),ω_x、ω_y、ω_z 分别为飞行器绕机体各轴的转动角速度。δ_x、δ_y、δ_z 为输入量,分别表示副翼偏转角、方向舵偏转角和升降舵偏转角。

状态空间模型中的系数矩阵还可以是时变的,即它们的元素可以随时间 t 变化(如式(2-15)中的质量 M),此时的状态空间模型表达式可写为式(2-18)的形式

$$\dot{X}(t)=f[X(t),u(t),t] \tag{2-18}$$

其中 $u(t)$ 为系统输入量。可见,状态空间模型可以对更加一般而广泛的系统进行描述。

4) *建立自动控制系统数学模型的基本方法*

建立微分方程模型是建立控制系统数学模型的基础。通过前面的分析可以看出,要想得出系统的传递函数,必须要建立系统中各个基本环节的微分方程表达式,然后利用拉普拉斯变换的微分定理即可导出系统的传递函数。

列写微分方程的关键是元件或系统所涉学科领域的有关规律及定律,如电学中的基尔霍夫定律、力学中的牛顿运动定律、热学中的热力学定律等。建立元件和系统的微分方程一般步骤:

(1) 根据元件或系统的工作原理,确定其输入与输出量;

(2) 根据系统中元件的具体情况,按照它们所遵循的物理或化学定律,围绕输入量、输出量及有关中间变量,列写基本的微分方程关系式,并将它们构成微分方程组;

(3) 消去中间变量,得到只含有输出量和输入量,及它们各阶导数的时域模型。

可见系统基本元件动态特性数学描述,是建立系统数学模型的基础。

表 2-2 和表 2-3 分别给出了理想电学元器件和机械系统基本元件的动态特性。

表 2-2 理想 *R*、*L*、*C* 元件的电学特性

元件	基本电路	元件两端电压 u、流经电流 i 与电阻 R 的关系
电阻(R)	$u_R(t)$ $i(t)$ R	$u_R(t)=R\cdot i(t)$
电感(L)	$u_L(t)$ $i(t)$ L	$u_L(t)=\frac{\mathrm{d}i(t)}{\mathrm{d}t}L$
电容(C)	$u_C(t)$ $i(t)$ C	$i(t)=\frac{\mathrm{d}u_C(t)}{\mathrm{d}t}C$

表 2-3 机械系统基本元件动力学特性

元件	原理图	运动方程
质量装置(m)	$x(t)$ $v(t)$ $F(t)$ m	$F(t)=m\cdot\frac{\mathrm{d}v(t)}{\mathrm{d}t}=m\cdot\frac{\mathrm{d}^2x(t)}{\mathrm{d}t^2}$
弹簧装置(k)	$x(t)$ $F(t)$ k	$F(t)=k\cdot x(t)$
阻尼器装置(f)	$x(t)$ $v(t)$ f $F(t)$	$F(t)=f\cdot v(t)$ f 为阻尼器黏滞系数
旋转惯性装置(J)	ω,θ J 转矩 T	$T(t)=J\cdot\frac{\mathrm{d}\omega(t)}{\mathrm{d}t}=J\cdot\frac{\mathrm{d}^2\theta(t)}{\mathrm{d}t^2}$ J 为转动惯量;ω 为转动角速度; θ 为转动角度

2.2.2 图模型

在求取控制系统传递函数时,先要写出各元部件的微分方程和拉普拉斯变换算子式,然后消去各算子式中的中间变量。当系统较为复杂时,中间变量和拉普拉斯算子式都很多,消元比较麻烦;而且消元后,由于系统方程仅剩下输入和输出两个变量,信号在系统内部的中间传递过程则无法得到反映。如果能用图形的形式描述控制系统各元件的拉普拉斯变换算子式,并根据它们的输入输出关系连接成一个系统的信号传递图形,就能直观地表明系统的构成和各中间变量的传递过程,这便是自动控制系统的图模型。

控制系统的图模型也是一种数学模型,它包括系统结构图和信号流图两种形式。它们通过描述系统各元部件之间信号的传递关系,表示了系统中各内、外部变量之间的因果关系以及对各变量所进行的运算。控制系统图模型是控制理论中描述复杂控制系统的一种简便直观的方法,在控制理论研究中得到了广泛的应用,特别是结构图。

1) 结构图的概念

结构图是由多个对信号进行单向运算的函数方框和一些信号线组成的图形,也是系统中每个元部件功能和信号流向的图形表示。结构图表明了系统中各元部件之间的因果关系,也可以说明系统中信息的传递关系。结构图通常包含如下四个基本元素。

(1) 信号线。

信号线是带有箭头的线段,如图 2-10(a)所示。箭头指向表示信号的传输方向,所流经的信号标在线段旁。

(2) 函数方框。

函数方框又称为环节,是对流入方框的信号的一种数学变换,如图 2-10(b)所示。

(3) 引出点。

引出点从信号线上引出,又称为分支点或测量点,如图 2-10(c)所示。从同一点引出的分支点在数值或性质上是完全相同的。

(4) 比较点。

比较点又称为相加点或综合点,是对两个或两个以上的信号进行加、减运算的图形,用圆圈表示,如图 2-10(d)所示。参与运算的信号线段箭头指向圆圈,如果信号参与“加”运算,则在代表该信号的线段箭头旁标注“+”符号;如果信号参与“减”运算,则在代表该信号的线段箭头旁标注“-”符号。要注意的是,进行相加或相减操作的信号必须具有相同的因次和相同的单位。

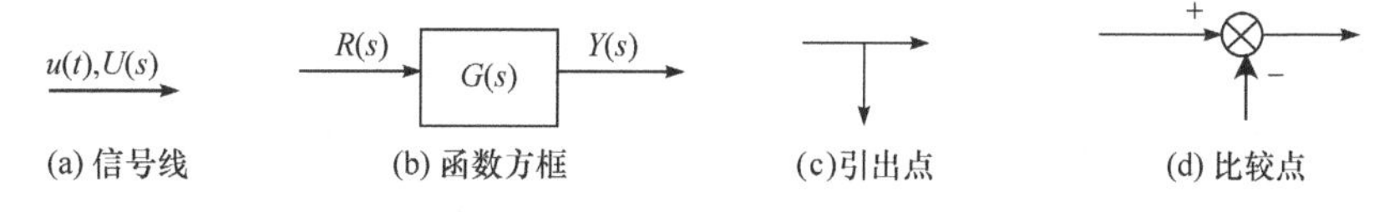

图 2-10　结构图的基本组成单元

由图 2-10 可见,结构图反映了系统各环节信号的传递关系,每一个基本环节之后的输出信号,都是该基本环节之前的输入信号,在该基本环节所描述的数学函数作用下得到的结果。结构图中,通过上述四个基本元素的组合,可以将所有的系统变量相互联系起来,信号只能沿着箭头的方向传输,所以,控制系统的结构图清楚地表示了它的信号单向传输特性。

2)* 结构图的建立

建立控制系统结构图,一般应按照如下步骤进行。

(1) 先绘制控制系统的工作原理图,以描述该系统的实体组成及它们之间的相互作用关系。对来自不同领域的控制系统,其原理图可反映该系统工作时所依赖的领域知识和相应的科学原理。

(2) 在系统原理图的基础上,分别用信号线和方块表示系统中感兴趣的信号名称与流向,以及该控制系统中承担不同职能的元部件或功能部件(一般以名称标出),再在左右两端分别加上输入量和输出量,由此构成了系统的方块图。它是对原理图的简化和一次抽象。

(3) 在方块图的基础上,根据各元部件或功能部件的工作原理,分别写出它们的微分方程或传递函数,并替换原方块中的名称,由此便形成了方框(或函数方框)。在建立微分方程或传递函数时，应分清每个元部件的输入、输出量。

(4) 按照系统中信号在各元部件中的流向，即系统各个变量的传递顺序，用信号线将各个函数方框用信号线连接起来，使系统的输入量在结构图的最左端，输出量在最右端，继而可得到控制系统的结构图。

可见，控制系统结构图是对实际控制系统的抽象描述，比实际系统更容易体现系统的函数功能。结构图包含了与系统动态特性有关的信息，因此结构图是系统原理图与系统动态方程的结合，它要比系统原理图更能有效地描述系统的动态过程，同时又避免了微分方程和传递函数对实际系统单纯的整体数学抽象。

为便于理解上述概念，图 2-11 给出了一个永磁同步电机控制系统的方框/结构图。

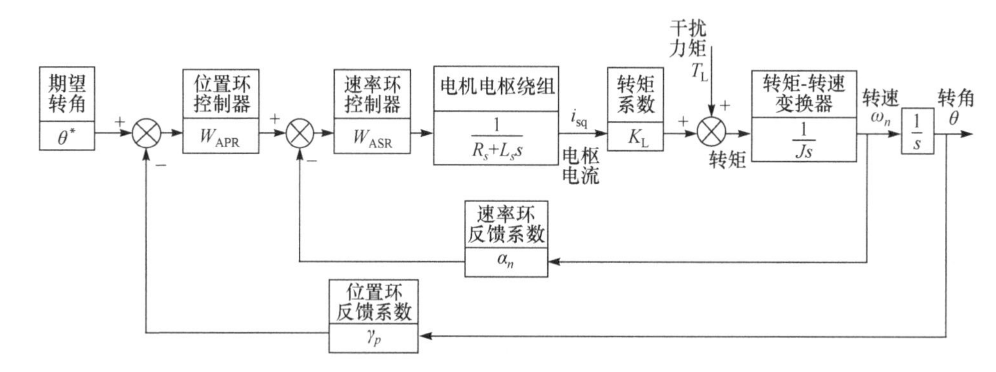

图 2-11　永磁同步电机控制系统方框/结构图

从图 2-11 中可清楚地看到控制器、控制对象的数学模型表示，并能清楚地了解系统中信号的传递过程。

2.2.3　对控制系统模型的几点要求

通过上面两节的内容可知，对控制系统的数学建模，就是将控制系统抽象成数学方程的过程。建模的主要工作包括确定代表控制系统运行状态的变量和环境条件、确定描述各状态变量之间的数学表达式、确定数学表达式中的系数。由于系统元部件的物理特性往往十分复杂，要建立起完全精确的数学模型是不可能的，只能根据研究目的，用合适的数学模型进行表示，因此对系统建模有以下几点要求。

1) 相似性

用数学模型代替系统的物理模型，要求两者动态过程相似，即两个动态过程的状态变量和时间对应保持比例不变。要达到两者动态过程相似需要做到数学模型的类型与控制系统的类型相对应，如常微分方程与连续控制系统相对应，差分方程与采样系统相对应等；数学模型的阶次要与系统中动态参数的模态相匹配；控制系统工作环境条件数学模型要与环境条件的类型相对应，如随机模型要对应不确定类型的外界扰动，常值或某种函数形式的扰动对应确定型的外界扰动等。

2) 精确性

在系统模型与控制系统相似的条件下，还要做到精确。即数学模型所描述的控制系统中状态数据的变化，必须尽可能精确地反映实际物理系统中状态量的变化情况，如此才能使数学模型和控制系统的动态过程相一致。

3) 简洁性

所建立的数学模型必须便于理论分析和研究,因此要在满足相似性和精确性的前提下,对控制系统实际模型中可以省略的部分进行合理的简化,使系统的数学模型只保留与研究目的相关的部分。

2.3　自动控制系统的性能描述

自动控制系统的目的就是希望被控对象能够稳定、准确、快速地响应控制输入,并在系统运行过程中尽可能抑制外来扰动的影响。例如对于火炮炮管的随动控制系统,人们总是希望当雷达发现目标后,火炮能够尽快、准确并且稳定地跟踪目标,从而能够缩短对抗来袭目标的反应时间,提高对目标的射击准确度。此外还要保证在射击过程中抑制由于火炮齿轮中的齿隙空回、射击振动等扰动因素所造成的电路不稳定,从而保证火炮射击的可靠性。所以对自动控制系统的性能要求可归纳为稳定性、快速性、准确性和鲁棒性。

对各种不同的控制系统,性能要求的侧重点是有差异的,如空间站对接的控制,更多地强调其稳定性和准确性;而电动汽车的电机控制,则强调其稳定性、准确性和快速性都尽量好。

2.3.1　稳定性

自动控制系统的种类很多,完成的功能也千差万别,有的用来控制温度的变化,有的却要跟踪飞机的飞行轨迹,但是所有系统都有一个共同的特点,也就是要满足稳定性的要求。当一个实际系统处于一个平衡的状态时,如果受到外来作用的影响而偏离该平衡态后,当外力撤销时,系统经过有限的一段时间仍然能够回到原来的平衡状态,称这个系统就是稳定的(stable),否则称系统不稳定(unstable)。或者说当系统持续受到有限外力作用时,系统经过有限的一段时间后将稳定在一个新的平衡态,也称该系统是稳定的。所以稳定性是针对系统的平衡点来讨论的。

如图 2-12 所示,当小球位于图中 A 点和 B 点时,都有可能保持不动,或者说小球的速度、加速度均为 0,因此小球在图示的 B—C 区域,有两个平衡点,即 A 点和 B 点。

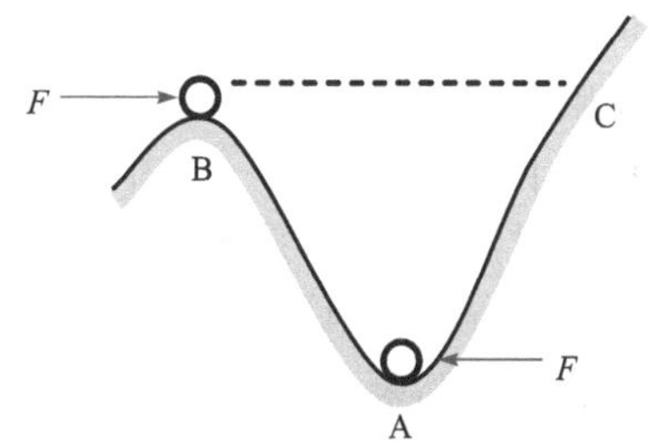

图 2-12　平衡点示意图

先对 A 点进行讨论,当给小球施加一个力 F,使小球动起来,只要 F 的大小不致使小球运动到 B 点,则当外力 F 撤销后,小球将在凹槽内往复运动。在与接触面间摩擦力的作用下,小球运动的幅度将不断减小,当时间足够长时,小球终将停止在 A 点,而保持不动,因此对小球来说,平衡点 A 是稳定的。

再对 B 点进行讨论,当给小球施加一个力 F,只要 F 的大小不致使小球运动到 C 点,则当外力 F 撤销后,小球将在凹槽内往复运动,但永远也回不到 B 点,因此对小球来说,平衡点 B 是不稳定的。

在实际的应用系统中,一般都存在储能元件,并且每个元件都存在惯性,这样当给系统一个输入激励时，输出量一般会在期望的输出量附近摆动。稳定系统的振荡是减幅的，而不稳定系统的振荡是增幅的。前者最后会平衡于一个状态，后者却会不断增大直到系统被损坏。图 2-13为三种系统对输入信号为 $r(t)=1$（此信号称为单位阶跃函数，见 3.3.1 节）的响应曲线。图 2-13(a)所示系统输出信号$y(t)$振荡过程逐渐减弱，最终停留在 1 附近，说明该系统是一个稳定的系统；图 2-13(b)所示的系统输出信号离期望的输出值 1 越来越远，振荡过程逐步增强，说明该系统是一个不稳定的系统；图 2-13(c)所示的系统在 1 附近做等幅振荡，说明该系统介于稳定与不稳定之间，此类系统称为临界稳定系统，在经典控制理论中，一般将该类系统归为不稳定系统。

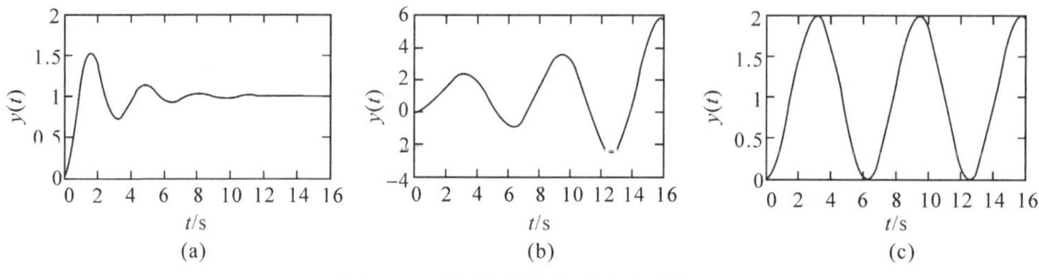

图 2-13　控制系统阶跃响应曲线

稳定是系统工作的首要条件。如果系统不稳定，则当系统失控时，被控对象的输出量不会趋于期望值，而是远离期望值，或产生剧烈的振荡。所以若系统不稳定，则不能正常工作，从而无法达到预定的控制要求，甚至造成系统的崩溃和引起重大事故。

对于例 2.2 中的火炮随动控制系统，当目标位置发生变化时，火炮炮管如果能跟随目标的运动，且稳定瞄准目标而不产生剧烈的摆动，则说明对炮管的控制是稳定的。另外对于例 2.3 中的电炉炉温控制系统，该控制系统稳定的目标是使得炉膛温度控制在期望的范围内。

2.3.2　准确性

自动控制系统中一般含有储能元件（如电容、电感等）或惯性元件（电动机、齿轮等），这些元件的能量和状态不可能突变，因此被控对象在响应控制输入信号时，不可能立刻达到期望的位置或状态，而是有一定的响应过程，这一过程又称为过渡过程。如图 2-13(a)所示，在输出响应最初的几秒内，$y(t)$的值在 1 附近振荡，但振荡的幅值不断缩小，直到第 8 秒左右，$y(t)$才十分接近 1，这一段由输出量远离期望值到不断接近期望值的过程即为过渡过程。

在过渡过程中，系统实际的输出与期望输出是有一定偏差的，对一个稳定系统而言，随着过渡过程的结束，这一偏差也将逐渐减小，甚至趋于零值。因此如果系统是稳定的，则过渡过程总会结束，而进入稳定工作阶段。控制系统的准确性即是指过渡过程结束后，实际输出量与给定输入量（一般为期望的输出量）之间的偏差大小，也称为系统的静态精度（static precision）或稳态精度（steady precision）。

由于系统存在过渡过程，因此要求被控对象的输出量在任何时刻、任何情况下都不超出规定的误差范围，对于自动控制系统来说是很难实现的。因此，控制的准确性总是用稳态精度来衡量。

如图 2-13(a)中 $y(t)$曲线所示，$y(t)$最终的稳态值等于期望的输出 $r(t)=1$，所以该系统不仅能稳定，而且是没有稳态误差的，说明该系统对输入信号为$r(t)=1$的响应非常准确。而如图2-14所示的曲线 $y(t)$所示，该曲线也是对输入信号为 $r(t)=1$ 的响应结果。虽然$y(t)$

的稳态值也趋于某一恒定值，即系统能够达到稳定，但与期望输出 $r(t)=1$ 之间具有一定的误差 e_{ss}，说明该系统对输入信号为 $r(t)=1$ 的响应准确性相对较差。

例如对于前面讲到的火炮随动系统，其准确性就是指控制系统对火炮身管指向的控制精度。精度高，则身管能够准确瞄准目标，从而可保证火炮准确地击中目标；否则，控制精度低，则火炮无法准确瞄准目标，从而射击时很难击中目标。

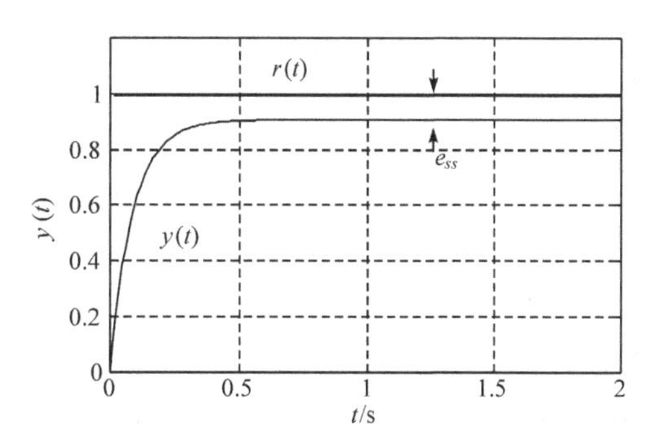

图 2-14　具有稳态误差的系统响应曲线

2.3.3　快速性

已经知道，自动控制系统被控对象对输入量的响应是存在一定的过渡过程的，实际工程中，人们总是希望这个过程能够尽快地结束，这就是对控制系统快速性的要求。

如图 2-15 所示，$y_1(t)$、$y_2(t)$ 为两系统对输入信号为 $r(t)=1$ 的响应结果。可见 $y_1(t)$ 虽然早于 $y_2(t)$ 上升到 ±5% 误差带，但直到 3 秒以后才稳定在 ±5% 误差带；而 $y_2(t)$ 则在 2 秒之前就已经稳定在 ±5% 误差带内，说明 $y_2(t)$ 所对应的系统对 $r(t)=1$ 的信号响应速度要比 $y_1(t)$ 对应的系统响应速度快。

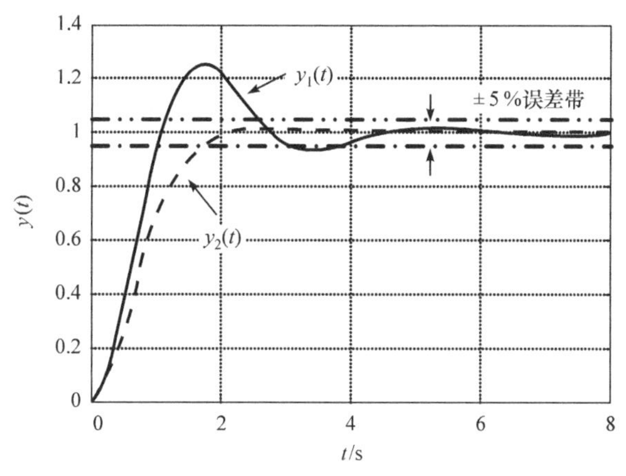

图 2-15　不同响应速度的系统输出曲线

再看例 2.2 对火炮身管指向的控制，总是希望除了炮管要准确瞄准目标外，还要能够快速地调动炮管使其指向目标，从而提高对来袭目标的反应速度。所以说快速性也是控制系统中一个非常重要的指标。

通过上面的分析，可见对控制系统快速性的要求，即是对系统动态响应过程的要求，即快速性属于系统的动态性能，而准确性则显然属于系统的稳态性能。

2.3.4*　鲁棒性

鲁棒性就是系统的健壮性。它是在异常和危险情况下系统生存的关键。例如，计算机软件在有输入错误、磁盘故障、网络过载或恶意攻击情况下，能否不死机、不崩溃，就是该软件的鲁棒性。所谓控制系统鲁棒性，是指在一定（结构、大小）的参数摄动下，维持某些性能的特性。根据对性能的不同定义,可分为稳定鲁棒性和性能鲁棒性。以闭环系统的鲁棒性作为目标设计得到的控制器称为鲁棒控制器。

鲁棒性原是统计学中的一个专门术语,20 世纪 70 年代初开始在控制理论的研究中流行起来,用以表征控制系统对系统特性或参数摄动的不敏感性。在实际问题中,系统特性或参数的摄动常常是不可避免的。产生摄动的原因主要有两个方面:一是由于测量的不精确使系统特性或参数的实际值会偏离它的设计值(标称值),另一是系统运行过程中受环境因素的影响而引起系统特性或参数的缓慢漂移。因此,鲁棒性已成为控制理论中的一个重要的研究课题,也是一切类型的控制系统设计中所必须考虑的一个基本问题。对鲁棒性的研究目前还主要限于线性定常控制系统,所涉及的领域包括稳定性、无静差性、适应控制等。鲁棒性问题与控制系统的相对稳定性(频率域内表征控制系统稳定性裕量的一种性能指标)和不变性原理(自动控制理论中研究扼制和消除扰动对控制系统影响的理论)有着密切的联系。内模原理(把外部作用信号的动力学模型植入控制器来构成高精度反馈控制系统的一种设计原理)的建立则对鲁棒性问题的研究起了重要的推动作用。当系统中存在模型摄动或随机干扰等不确定性因素时能保持其满意功能品质的控制理论和方法称为鲁棒控制。早期的鲁棒控制主要研究单回路系统频率特性的某些特征,或基于小摄动分析上的灵敏度问题。现代鲁棒控制则着重研究控制系统中非微有界摄动下的分析与设计的理论和方法。

2.4　自动控制理论

2.4.1　基本理论问题

尽管自动控制系统有多种多样,且每个系统又有不同的特殊要求,但对于各类系统分析而言,人们感兴趣的首先是获得系统的数学模型表达式,然后在已知系统结构和参数的情况下,研究系统在某种典型输入信号(如脉冲信号、阶跃信号、斜坡信号、高斯噪声信号等,见第 3 章)作用下,系统输出量是否能达到一个平衡态,对输入信号响应的过渡过程如何,以及在系统出现异常(如系统参数摄动、测量数据异常等)情况时能否继续正常工作,进而设计控制策略使得系统满足稳定性、准确性、快速性及鲁棒性等性能指标的要求。

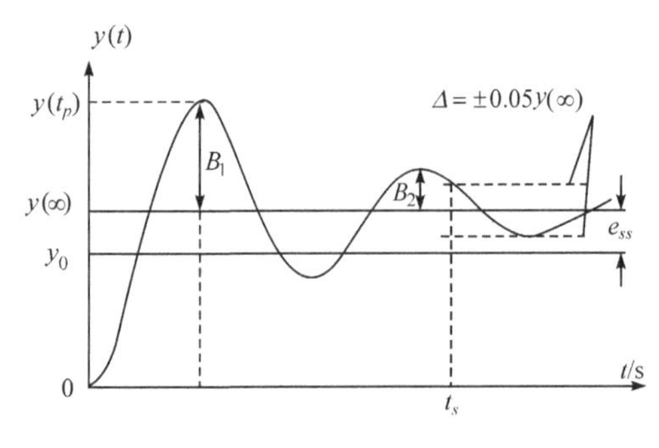

图 2-16　闭环控制系统在给定扰动值下的阶跃响应曲线

1) 单项性能指标

自动控制系统的单项性能指标是根据工业生产过程对自动控制系统的要求来指定的,如上述对系统响应的稳、准、快要求,则可体现为若干时域上的性能指标。如图 2-16 所示为一个闭环控制系统在设定值扰动下的被控量的典型阶跃响应曲线。该控制系统响应质量的好坏可用一系列指标衡量,如衰减比、最大偏差(超调量)、稳态误差(残余偏差或残差)和过渡时间(调节时间)等。

(1) 衰减比 η。

衰减比是衡量一个振荡过程衰减程度的指标,它等于两个相邻的同向波峰之比,即

$$\eta = B_1 / B_2 \tag{2-19}$$

为保证系统有一定的稳定裕度，在过程控制中一般要求衰减比为 4∶1～10∶1。

(2) 最大偏差和超调量。

最大偏差也称最大动态误差，是指给定值阶跃响应中，过渡过程开始后第一个波峰超过其稳态值的幅度，如图 2-16 中的 B_1。最大偏差占被控量稳态变化幅度的百分数称为超调量，即

$$\sigma = \frac{y(t_p) - y(\infty)}{y(\infty)} \times 100\% \tag{2-20}$$

B_1 或 σ 都是衡量控制系统动态准确性的质量指标。对于一些有危险的生产过程，都有允许的最大偏差条件。例如，对生产炸药的温度极限值要求极其严格，最大偏差必须控制在温度极限值以下，才能保证生产安全。

(3) 稳态误差 e_{ss}。

稳态误差是指过渡过程结束后，被控量的实际稳态值 $y(\infty)$ 与期望稳态值 y_0 之间的差值。它是一个静态指标，用来衡量控制系统的控制精度。按生产工艺过程的控制精度要求来确定稳态误差值，该值越小说明控制精度越高。

(4) 调节时间 t_s。

调节时间是过渡过程从开始到结束所需的时间，理论上它需要无限长的时间。但工程上定义的调节时间，是从扰动开始到被控量重新进入稳态值的 ±5% 范围内所经历的时间。在图 2-16 中，以 t_s 表示。t_s 值的大小反映了控制系统过渡过程的快慢，是衡量控制系统快速性的动态指标。通常要求 t_s 值小些好，但也有需要 t_s 较长的系统。例如飞机自动驾驶系统，如果飞机与预定航线有偏差，自动驾驶仪应缓慢调整飞行航向，而不是迅速调整，因为剧烈的航向变化会使乘客感到不适。

以上列举的性能指标从不同侧面评价了控制系统的品质，它们和系统参数之间都有一定的关系。系统的稳、准、快指标往往相互制约，提高响应过程的快速性，常会诱发系统的强烈振荡；改善平稳性，控制过程又可能很迟缓，甚至最终精度也可能下降。所以说，对系统性能指标的要求往往又是相互矛盾的，不能同时使所有指标达到最优时，就要折中考虑，兼顾系统各方面的要求。

2) 综合性能指标

现代控制中，如最优控制系统设计时，经常使用综合性能指标来衡量控制系统的控制质量。综合性能指标通常有以下三种类型。

(1) 积分型指标。

① 误差平方的积分(integral of squared error，ISE)。ISE 性能指标着重抑制过渡过程中的大初始误差，但这种指标的缺点是容易造成系统具有过大的超调量。

为减小大初始误差的加权，并着重权衡响应后期出现的小误差，提出了时间乘误差平方积分(integral of time multiplied by squared error，ITSE)性能指标。根据使 ITSE 为极小的条件求得的系统参数，将使系统阶跃响应的超调量不大，并且暂态响应衰减也快。

② 误差绝对值积分(integral absolute error，IAE)。为容易用仪器直观地研究超调量，可使用误差绝对值积分指标。

③ 时间乘误差绝对值的积分(integral of time multiplied by absolute error，ITAE)。为

减少系统阶跃响应的超调量,可使用时间乘误差绝对值的积分性能指标。

④ 加权二次型性能指标。对于多变量控制系统,应当采用误差平方的积分指标。

(2) 末值型指标。

设 J 是末值时刻 t_f 和 $x(t_f)$ 的函数,这种性能指标称为末值型性能指标。

$$J=\Phi[x(t_f),t_f] \tag{2-21}$$

当要求在末值时刻 t_f,系统具有最小稳态误差、最准确的定位或最大射程时,就可以用末值型性能指标。

(3) 复合型指标。

复合型指标是积分型指标和末值型指标的复合,是一个更普遍的性能指标。

2.4.2 研究方法

对自动控制系统进行理论研究的方法一般分为分析法和仿真法两种。分析法,又称为解析法,是通过对事理原因或结果的周密分析,从而证明论点的正确性和合理性的论证方法,也称为因果分析。事物都有自己的原因和结果,从结果来找原因,或从原因推导结果,就是找出事物产生、发展的来龙去脉和规律,这就起到了证明论点的合理性和正确性的作用。在控制理论中的分析法主要是根据系统的物理模型、数学模型等分析系统的特性。

仿真法是根据系统研究的目的,在分析系统各要素性质及其相互关系的基础上,建立能描述系统结构或行为过程的、具有一定逻辑关系或数量关系的仿真模型,据此进行试验或定量分析,以获得正确决策所需的各种信息。一般地说,仿真就是一种对系统问题求解的技术,尤其当系统行为无法通过建立数学模型用分析法求解时,仿真技术更能发挥其优势。仿真是一种人为的试验手段,它和在现实系统进行实验的差别在于:仿真实验不是依据实际环境,而是在作为实际系统映像的仿真模型以及相应的“人造”环境下进行的,这是仿真的主要特点。在系统的仿真模型与环境设定符合一定条件时,仿真可以比较真实地描述系统的运行、演变及其发展过程。

有关利用解析法进行系统建模的过程在 2.2 节已有详细的介绍,下面举例说明如何利用分析法和仿真法来研究系统的性能。

1) 分析法

对控制系统进行分析的方法有很多。对于线性系统有解析法、根轨迹法、频域分析法、状态空间描述法等,而对于非线性系统有相平面法、描述函数法、逆系统法等。下面就以利用解析法对线性定常系统进行稳定性分析为例,来说明分析法的含义。

仍以例 2.7 所示的 RLC 网络为例,来说明如何对系统进行理论分析。已知图 2-9 所示的 RLC 网络输入到输出的传递函数为式(2-10)。重写如下

$$G(s)=\frac{U_o(s)}{U_i(s)}=\frac{1}{LCs^2+RCs+1} \tag{2-22}$$

假设一:电感 $L=1$,电容 $C=1$,电阻 $R=1$。

于是式(2-22)变为

$$G(s)=\frac{U_o(s)}{U_i(s)}=\frac{1}{s^2+s+1}=\frac{1}{(s-s_1)(s-s_2)}$$

其中 $s_1=-\frac{1}{2}+\frac{\sqrt{3}}{2}\mathrm{j}$，$s_2=-\frac{1}{2}-\frac{\sqrt{3}}{2}\mathrm{j}$，j 为虚数符号。于是传递函数又可分解为

$$G(s)=\frac{U_{\mathrm{o}}(s)}{U_{\mathrm{i}}(s)}=\frac{1}{\sqrt{3}\mathrm{j}}\left(\frac{1}{s-s_1}-\frac{1}{s-s_2}\right)$$

显然如果输入 $U_{\mathrm{i}}(s)=1$ 时，系统输出

$$U_{\mathrm{o}}(s)=\frac{1}{\sqrt{3}\mathrm{j}}\left(\frac{1}{s-s_1}-\frac{1}{s-s_2}\right)$$

利用拉普拉斯逆变换的知识$\left(\text{注：}\frac{1}{s-a}\text{的拉普拉斯逆变换为 }\mathrm{e}^{at}\right)$，输出的时域解析形式为

$$u_{\mathrm{o}}(t)=\frac{1}{\sqrt{3}\mathrm{j}}(\mathrm{e}^{s_1t}-\mathrm{e}^{s_2t})=\frac{1}{\sqrt{3}\mathrm{j}}\left(\mathrm{e}^{-\frac{1}{2}t+\frac{\sqrt{3}}{2}\mathrm{j}t}-\mathrm{e}^{-\frac{1}{2}t-\frac{\sqrt{3}}{2}\mathrm{j}t}\right)$$

其中 $\mathrm{e}^{-\frac{1}{2}t+\frac{\sqrt{3}}{2}\mathrm{j}t}$、$\mathrm{e}^{-\frac{1}{2}t-\frac{\sqrt{3}}{2}\mathrm{j}t}$为复指数，可以分解为

$$\mathrm{e}^{-\frac{1}{2}t+\frac{\sqrt{3}}{2}\mathrm{j}t}=\mathrm{e}^{-\frac{1}{2}t}\mathrm{e}^{\frac{\sqrt{3}}{2}\mathrm{j}t}\qquad \mathrm{e}^{-\frac{1}{2}t-\frac{\sqrt{3}}{2}\mathrm{j}t}=\mathrm{e}^{-\frac{1}{2}t}\mathrm{e}^{-\frac{\sqrt{3}}{2}\mathrm{j}t}$$

而 $\mathrm{e}^{a\mathrm{j}}=\cos a+\mathrm{j}\sin a$，于是 RLC 网络输出 $u_{\mathrm{o}}(t)$的时域描述为

$$\begin{aligned}u_{\mathrm{o}}(t)&=\frac{1}{\sqrt{3}\mathrm{j}}\mathrm{e}^{-\frac{1}{2}t}\left[\left(\cos\frac{\sqrt{3}}{2}t+\mathrm{j}\sin\frac{\sqrt{3}}{2}t\right)-\left(\cos\frac{\sqrt{3}}{2}t-\mathrm{j}\sin\frac{\sqrt{3}}{2}t\right)\right]\\&=\frac{1}{\sqrt{3}\mathrm{j}}\mathrm{e}^{-\frac{1}{2}t}\cdot 2\mathrm{j}\sin\frac{\sqrt{3}}{2}t=\frac{2\sqrt{3}}{3}\mathrm{e}^{-\frac{1}{2}t}\cdot\sin\frac{\sqrt{3}}{2}t\end{aligned}\tag{2-23}$$

电容两端电压 $u_{\mathrm{o}}(t)$随时间的变化趋势如图 2-17 所示。

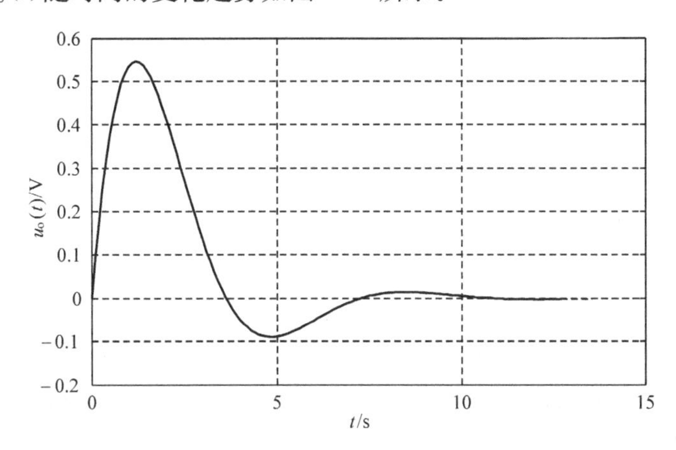

图 2-17　RLC 网络电容端电压变化曲线

由图可见，电容两端电压 $u_{\mathrm{o}}(t)$随时间呈振荡衰减变化趋势。即该 RLC 网络在输入为 $U_{\mathrm{i}}(s)=1$ 的信号作用下，系统输出 $u_{\mathrm{o}}(t)$最终渐趋于 0，是一个幅值振荡衰减的过程。

假定二：电感 $L=1$，电容 $C=1$，电阻 $R=0$。

于是，式(2-22)右端分母多项式的根为 $s_1=\mathrm{j}$，$s_2=-\mathrm{j}$，即

$$G(s)=\frac{U_{o}(s)}{U_{i}(s)}=\frac{1}{2j}\left(\frac{1}{s-j}-\frac{1}{s+j}\right)$$

显然如果输入 $U_{i}(s)=1$ 时，系统输出

$$U_{o}(s)=\frac{1}{2j}\left(\frac{1}{s-j}-\frac{1}{s+j}\right)$$

利用拉普拉斯逆变换，得输出的时域解析形式为

$$u_{o}(t)=\frac{1}{2j}(e^{s_1 t}-e^{s_2 t})=\frac{1}{2j}(e^{jt}-e^{-jt})=\sin t \tag{2-24}$$

电容两端电压 $u_{o}(t)$ 随时间的变化趋势如图 2-18 所示。

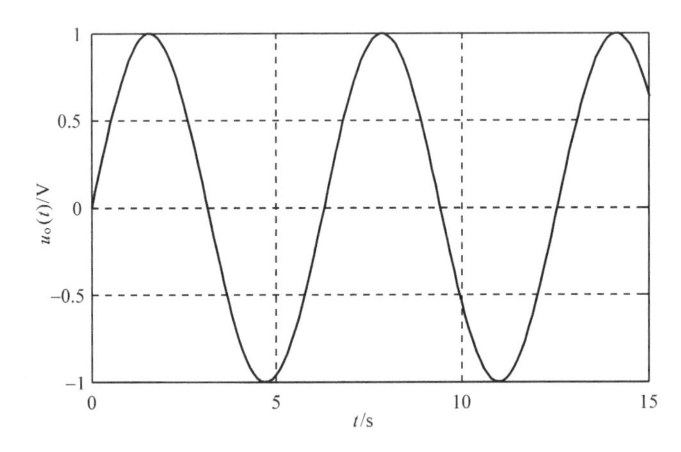

图 2-18 RLC 网络电容端电压变化曲线

此时电容两端电压 $u_{o}(t)$ 随时间呈等幅振荡变化趋势。

可见当电阻值 R 不为零时，在输入为 $U_{i}(s)=1$ 的情况下，电容两端电压 $u_{o}(t)$ 随着时间的变化，将不断趋于一个恒定的值 0，此时称系统是稳定的；而当电阻值 $R=0$ 时，电容两端电压 $u_{o}(t)$ 随着时间的变化呈等幅振荡的形式，此时称系统是不稳定的。

容易验证，当系统的传递函数为式(2-11)时，可得到如下的结论：

① 当 $\xi>0$ 时，系统是稳定的；

② 当 $\xi\leqslant 0$ 时，系统是不稳定的。

对于更为一般的、其传递函数为式(2-6)形式的线性定常系统（即式(2-6)中分子、分母多项式的系数都为实常数)，其稳定的充分必要条件是其传递函数的极点(即分母多项式的根)全部具有负实部。

对于阶次较低的系统，求解系统的极点较为容易；而当系统阶次较高时，求解系统的极点则十分麻烦。为解决此问题，劳斯和霍尔维茨分别于 1877 年和 1895 年提出了系统稳定性的代数判据。另外还有奈奎斯特稳定性判据和李雅普诺夫稳定性判据等，都可用于系统的稳定性分析。当然分析法除需要对系统进行稳定性分析外，更多的是要了解在一定的输入信号作用下，系统的输出响应是什么，以及如何设计控制策略使得系统的输出满足期望的要求。

2）仿真法

控制系统仿真是 20 世纪 60 年代发展起来的一门新兴技术学科，它已成为对控制系统进行分析、设计和综合研究的一种有效的手段。特别是在计算机技术高速发展的今天，所研究和设计的控制系统日益复杂化，控制任务多样化，而控制要求也越来越高，使用计算机进行仿真试验和研究，以及进一步实现计算机控制就成为从事控制及相关行业的工程技术人员所必须掌握的一门技术。

按仿真模型，控制系统仿真可以分为物理仿真、数学仿真和半数学-半物理仿真。物理仿真按照实际系统的物理性质制造系统的物理模型，并在物理模型上进行实验研究。物理仿真应用几何相似原理，仿制一个与实际系统工作原理相同、质地相同但是体积小得多的物理模型进行实验研究。物理仿真优点是直观、形象，但构造相应的物理系统模型及仿真环境投资大、周期长、成本高，且仿真系统难以根据需要修改结构。

数学仿真是按照实际系统的数学关系构造系统的数学模型，并在计算机上进行实验研究。数学仿真是应用性能相似原理，根据系统的数学模型在计算机上进行实验，因此数学仿真具有经济、方便、使用灵活、修改模型参数容易等特点。其缺点是不如物理仿真直观，且在计算容量、仿真实时性和精度方面存在不同的差别。

半数学-半物理仿真，是将系统的物理模型和数学模型以及部分实物有机地组合在一起进行实验研究。这种方法结合了物理仿真和数学仿真的优点，常被用于特定的场合，如汽车驾驶、电站控制操作、航天器试验、火炮射击瞄准训练等。

按系统随时间变化的状态分，控制系统仿真又可分为连续系统仿真、离散时间系统仿真。连续系统仿真的输入输出量均为时间的连续函数，仿真模型用一组微分方程来描述。离散时间系统仿真的状态变量变化只在离散的时刻上发生，如对通信系统、交通控制系统、飞机订票系统等的仿真，仿真模型一般使用一组差分方程来描述。

采用计算机实现对控制系统仿真的过程分如下几个步骤进行。

(1) 根据仿真的目的确定仿真方案。即确定相应的仿真模型的结构和仿真方法，规定仿真的边界与约束条件。

(2) 建立系统的数学模型。

(3) 建立系统的仿真模型。将对系统建立的数学模型，转换成能够在计算机中运行的程序语言模型。例如对连续系统，需先获得系统传递函数，进而转换为动态结构图模型进行仿真；对于离散系统，需将差分方程进行 Z 变换，转换为计算机可以处理的数据模型。

(4) 编制系统的仿真程序。利用编程语言，如 C、Fortran、汇编语言等，编制仿真程序，也可借助 Matlab 的 Toolbox 工具箱及 Simulink 仿真集成环境进行仿真。

(5) 在计算机上进行仿真实验并输出仿真结果。给定不同的仿真初始参数，在调试编制好的仿真程序上（反复）运行，直到仿真结果达到要求，给出数据、图形等仿真结果，进行仿真总结。

下面给出一个利用 Matlab 进行控制系统仿真的实例。

例 2.8　设一系统的传递函数如式(2-11)，试借助 Matlab 讨论 ξ 在取不同值时，系统的阶跃响应特性。

解　设 $\omega_n=1$，用 Matlab 软件编写如下系统仿真代码：

```
t=[0:0.1:12];num=[1];
%%%%%%%%%%%%%%%%%%%%%%%%%%%%%%%%%%%%
zeta1=0.1;den1=[1 2*zeta1 1];
zeta1=0.4;den2=[1 2*zeta1 1];
zeta1=1.0;den3=[1 2*zeta1 1];
zeta1=1.5;den4=[1 2*zeta1 1];
zeta1=0;den5=[1 2*zeta1 1];
zeta1=-0.1;den6=[1 2*zeta1 1];
%%%%%%%%%%%%%%%%%%%%%%%%%%%%%%%%%%%
[y1,x,t]=step(num,den1,t);[y2,x,t]=step(num,den2,t);
[y3,x,t]=step(num,den3,t);[y4,x,t]=step(num,den4,t);   ← 阶跃响应函数
[y5,x,t]=step(num,den5,t);[y6,x,t]=step(num,den6,t);
%%%%%%%%%%%%%%%%%%%%%%%%%%%%%%%%%%%%
plot(t,y1,t,y2,t,y3,t,y4,t,y5,t,y6);
xlabel('t/s'),ylabel('y(t)');
grid on;
```

相应的仿真结果如图 2-19 所示。

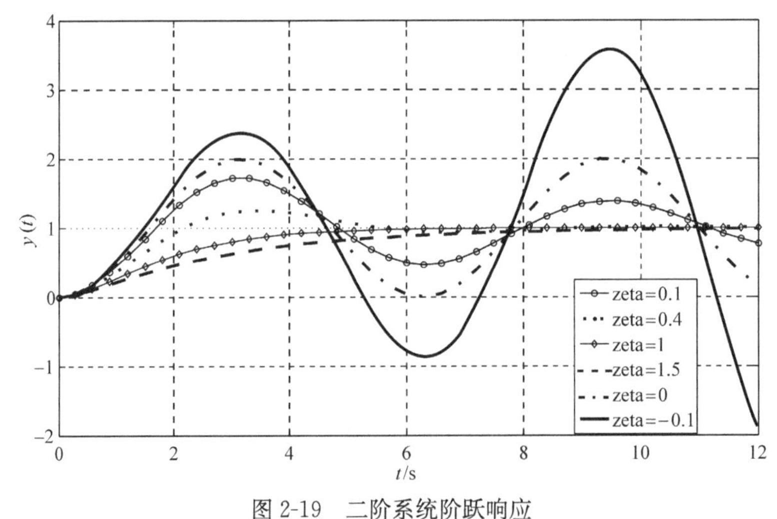

图 2-19　二阶系统阶跃响应

2.5　本章小结

自动控制系统一般是由测量元件、比较元件、控制元件、执行元件、控制对象等基本单元组成。要实现对被控对象的控制，必须了解被控对象的动态特性，即被控量随时间变化的规律，因此首先要对被控对象建立动力学模型。自动控制系统中的数学模型包括微分(差分)方程模型、传递函数模型、状态空间模型以及图模型等。有了系统的动力学模型，方可分析系统的动态性能，并设计相应的控制算法或控制律。而设计控制律的目标就是使被控量的变化规律满足稳定性、准确性、快速性及鲁棒性等期望的性能指标。分析系统性能的方法则有理论分析法和仿真法两种。

思 考 题

1. 试分别写出机器人控制系统和航天器控制系统中各控制装置对应的具体实物，并简述研发这些实物可能涉及的知识领域。
2. 当对社会经济系统建立控制模型时，你认为连续时间控制模型和离散时间控制模型哪个更合适？请说明理由。
3. 通过对自动控制系统主要环节关联知识的了解，谈谈你从中获得的对专业知识学习的启示。
4. 日常生活中有许多开环控制和闭环控制系统的例子，试举几个实例，并说明它们的工作原理。
5.* 试比较用于控制系统描述的原理图、方块图、方框图和结构图的关系和各自特点。
6. 题 6 图是一个水箱液位控制系统示意图，请说明该控制系统由哪些元件组成，工作原理如何，并绘出系统的方块图。

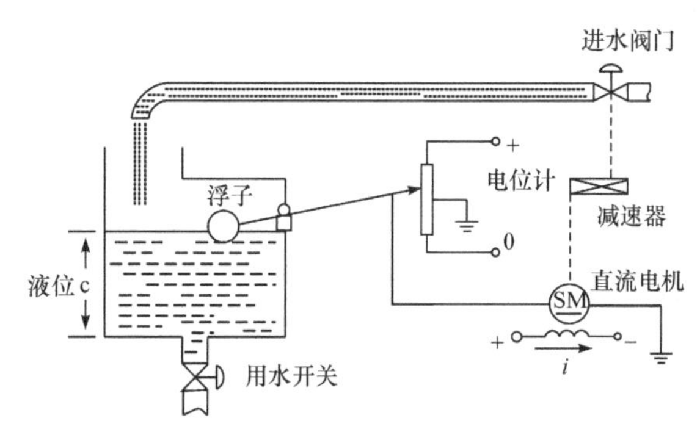

题 6 图

7. 某汽车自动驾驶仪利用一个控制系统来控制汽车以给定的速度行驶，试画出该反馈控制系统的原理图。说明所设计的系统中应由哪些元件组成，系统的基本工作原理如何？
8. 试根据 2.1.2 节所给基本环节(元件)的作用，画出图 1-6 所示人取杯活动的动态系统方块图，并具体说明各环节对应的人体器官及所起的作用。
9. 一个士兵每天早上 9 点路过一家钟表店，都与橱窗里的精密时钟对表。有一天这位士兵进入钟表店，恭维店主那只精密时钟的准确性。

   士兵：“请问您的钟表是怎样对时的呢？”

   店主：“我每天按照下午 5 点城内的礼炮声来调整时钟的。”

   士兵：“哎呀，我就是城内礼炮的炮手，每天我都是按我的手表时间准时开炮的！”

   通过这个故事，请问炮手对开炮时间的控制是正反馈占优势还是负反馈占优势？如果这个钟表店的“精密”时钟每 24 小时慢 0.3 分钟，而士兵的手表每 8 小时慢 1 分钟，且今天上午 9 点“精密”时钟是准确的，那么一周后城内鸣炮的时间比实际时间慢了多少？
10. 试用自己的语言描述要求自动控制系统“稳、准、快”的内涵。
11. 试简要描述评价自动控制系统控制质量的性能指标有哪些？
12. 试根据式(2-23)，解释产生图 2-17 动态变化现象的原因。
13. 通过对自动控制系统研究方法的了解和学习，谈谈你对学好大学数学(高等数学)和计算机知识的认识。

扩展描述——六足机器人结构及主要组成

图 K2-1 展示了六足机器人的基本结构，主要由六条并联腿以及机身构成，每一条腿包含了基节、大腿、小腿和足端四个连接机构，以及相应的根关节、髋关节和膝关节三个转动自由度。

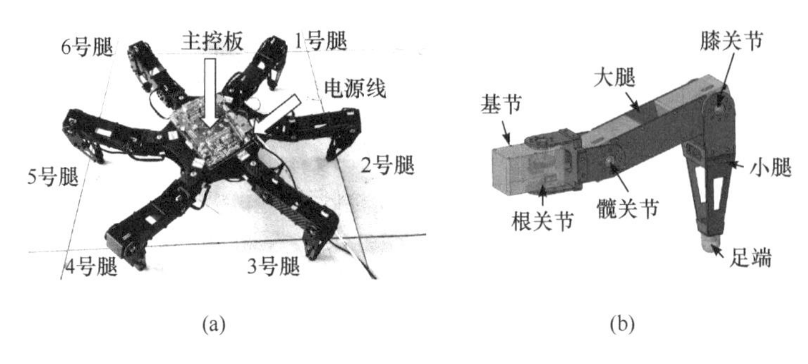

图 K2-1　六足机器人基本结构

六足机器人整体可以被看作是一个复杂的机电系统，主要由电系统、机械系统及软件组成。电系统主要由处理器、传感器、驱动机构和电源组成；机械系统主要由机器人机身以及提供机器人运动的传动机构组成；软件部分主要由处理器操作系统、信号处理算法、控制算法等可执行代码等组成，负责协调和总控机器人各功能模块的有序稳定工作。六足机器人的驱动机构一般分为液压驱动、电机驱动、混合驱动三种，其中液压驱动具备更强的承载能力与抗冲击能力，电机驱动具备更高的灵活性，混合驱动则分别结合了两者的优势。

图 K2-2(a)为一款名为 Mantis 的液压驱动六足机器人样机，其机体上配有承载平台，承载平台上主要放置驾驶舱、蓄电池、工控机、液压泵站和电磁比例换向阀等电系统硬件。样机的每条腿具有三个转动关节以及三个油缸(根关节油缸、髋关节油缸和膝关节油缸)。足端采用球铰机构，使机器人更好地适应非结构性环境。样机运行时，首先启动液压泵，液压油经电磁比例换向阀流入液压缸，实现流量的控制，从而控制油缸位移，再通过油缸的位移实现腿部各关节的摆动。图 K2-2(b)为一款名为 LAURON 的电机驱动六足机器人样机，样机的每条腿具有三个转动关节以及三个电机(根关节电机、髋关节电机和膝关节电机)。样机运行时，控制器通过通信接口发送控制指令到各个电机，电机收到目标指令后，经外部齿轮减速器带动各关节运动。

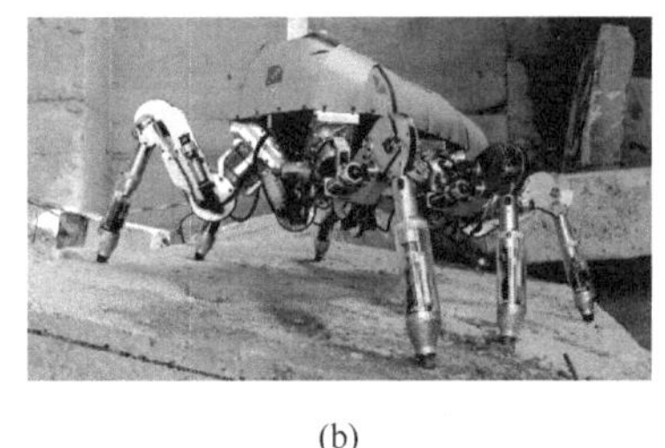

(a)　　(b)

图 K2-2　六足机器人样机

六足机器人要完成各种各样复杂的运动，首先需要有感知“器官”来感知自身的姿态，例如各关节当前的角度与速度、机身姿态角与角速度等。为了得到这些信息，需要选择一些合适的传感器如绝对编码器、压力传感器、陀螺仪等。传感器检测到信号，将信号发送到处理器并转换成有用的信息。处理器不仅需要处理来自传感器的信号，还要对来自不同模块的信息综合分析、进行运动规划，最终给出相应的运动控制指令。最后，由驱动器驱动机器人执行机构在控制周期内执行处理器发出的控制指令。由此可见，在六足机器人电系统的设计中，处理器、传感器以及执行机构的选择至关重要。此外，所有的电系统部件还需要有可靠的电源支持。以电机驱动六足机器人为例，机器人系统的系统框图大致如图 K2-3 所示，该图描述了机器人各部分的工作关系，其中 A/D 表示模拟信号转换为数字信号，D/A 表示数字信号转换为模拟信号。

为了在物理系统中实现相应的控制算法(体现设计者创新能力的亮点之一)，还需要设计运行在处理

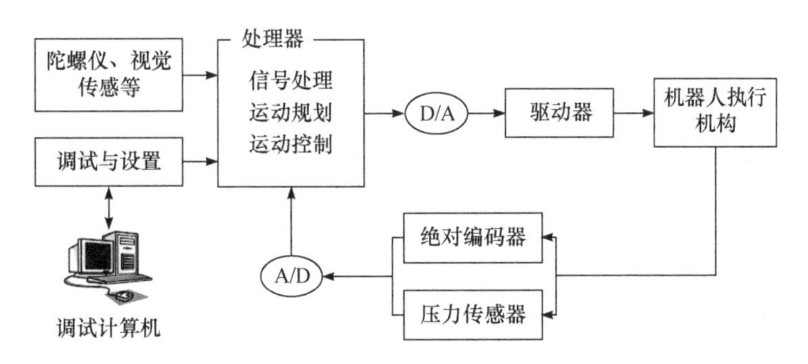

图 K2-3　六足机器人的电系统方块图

器上的软件(反映设计者的软件设计能力)。机器人软件编写与整机调试的主要任务包括：

(1) 建立软件工程,配置处理器资源；

(2) 编写所选芯片(MCS-51 系列处理器、STM32 系列处理器等)软件程序框架,编写上位机监控软件,建立软件编译、下载、调试环境；

(3) 实现并测试各个子模块的功能正确性；

(4) 逐步完成闭环控制,整定各个待定参数；

(5) 整机运行,并进行性能测试与改善。

第 3 章　自动控制系统的基本控制过程

3.1　人工控制与自动控制

3.1.1　一个实例

为加深对自动控制过程的理解，再来考察一个浴盆水位和温度控制的实例。这是有两个控制量的系统，系统的工作原理如图 3-1 所示。

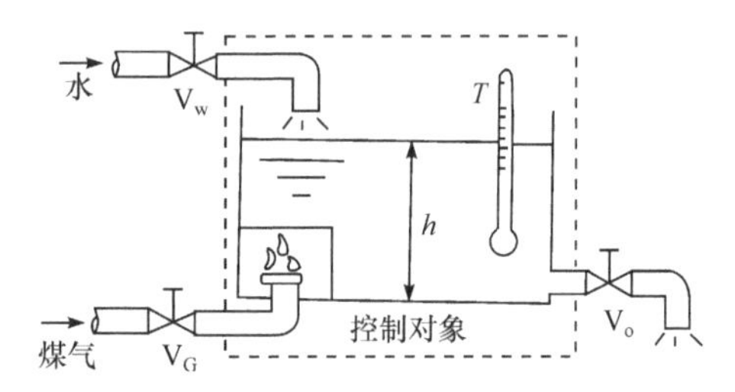

图 3-1　浴盆水位和温度调节原理图

水和燃气分别由阀门（V_w，V_o）和 V_G 来调节。人洗浴前，首先将浴盆的水位和水温调至最理想的状态（也称期望状态）：$T=42℃$，$h=60cm$，用$S_I(42,60)$表示。当人进入浴盆后，水位和水温都要发生变化，偏离了期望状态，这时的实际状态用 $S_O(t,h)$来表示。为了能在期望状态下洗浴，应该怎样操纵阀门（V_w，V_o）和 V_G 呢?

3.1.2　控制过程

为了便于分析，先将该系统用图 3-2 所示的系统方块图给予描述。

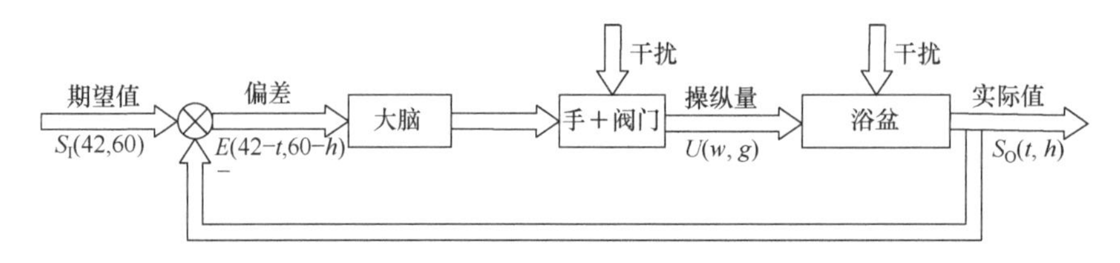

图 3-2　浴盆的水位和水温控制系统方块图

由图 3-2 可以看到，其工作过程是把实际状态——被控量——$S_O(t,h)$与期望状态——参据量——$S_I(42,60)$进行比较，得到偏差，用 $E(42-t,60-h)$表示，然后依此偏差，经大脑形成控制指令，通过手臂来操纵元件——执行器——阀门 V_w、V_o、V_G，产生必需的操纵量$U(w,g)$，并传递给被控对象——浴盆（精确地说，应该是浴盆里的水位和温度），使浴盆实际状态$S_O(t,h)$朝着期望状态$S_I(42,60)$转移，一旦达到，则会通过控制过程努力保持此状态稳定。

对任一（控制）系统来说，它总是运行在某种现实环境中，不可避免地要受到各种各样来自环境及系统内部干扰因素的影响，即扰动。参看图 3-3 所示单考虑浴盆温度控制的情形（其中的“干扰”是集总化的，未区分内扰和外扰），此时浴盆里的实际水温 $S_O(t)$是随着扰动的不断变化而变化着的，且扰动的规律一般未知。于是，构造一个由检测环节（测温）、控制环节（给出气门开关的规律）、被控对象（浴盆，被控量为水温）等组成的、能克服扰动因素的影响从而使实际水温达到并保持在 $S_I(42℃)$上下容许误差范围内（参考图 2-16）的控制系统就非常必要。

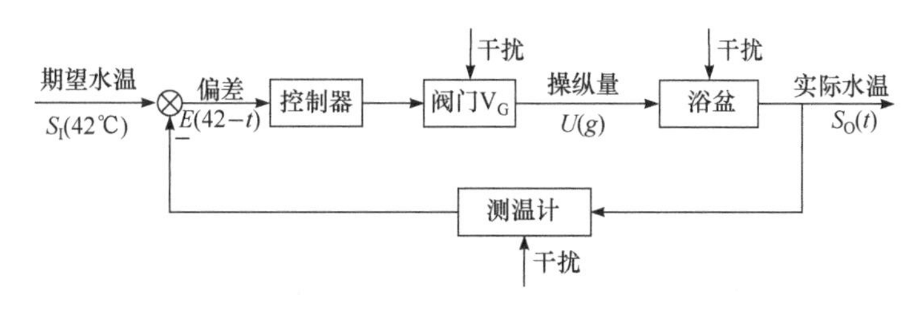

图 3-3　浴盆温度控制系统框图

在该系统中，若对温度感知和对阀门的操作完全由洗浴者自己完成时，就称为人工控制；若没有人直接参与，从测量到操作阀门等全部过程都用相关装置（或器件）代替人来完成时，就称为自动控制。

3.2　自动控制系统的基本控制方式

通过上面的分析可以看出，控制的目的是要求系统状态向期望状态转移，而要实现这种转移则必须利用适当的控制方式。但有哪些控制方式呢？最基本的控制方式有以下三种。

3.2.1　开环控制方式

对图 3-1 所示的系统，若仅考虑对液位进行控制，要求液位 h 保持恒定不变。它是根据期望液位 h_0 先调节阀门 V_w 和 V_o 的开度比例，调好后就不再改变，运行过程也无人直接参与，若没有干扰或干扰很小，液位同样会保持或接近期望液位，这个过程可用如图 3-4 所示的方块图表示。

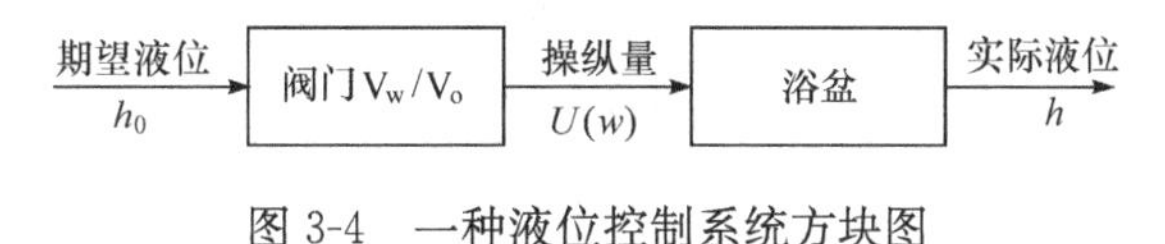

图 3-4　一种液位控制系统方块图

此系统根据期望液位 h_0，但未测量实际液位 h，其信号是沿箭头方向单方面流动，当进水压力等扰动存在时，液位将无法维持期望液位。这种控制方式称为开环控制，常忽略稳定问题，只适用于干扰较小的情况，且由于对干扰无能为力，系统会存在误差，控制精度低。但是开环控制系统结构简单、功耗小、动作快，故仍被广泛采用，如自动售货机、自动洗衣机、数控机床以及指挥交通的红绿灯的转换等，一般都是采用开环控制方式。

如果扰动是可以测量的，可以采用按扰动控制的开环控制方式，这种控制方式又称为顺馈控制，具体结构如图 3-5 所示。

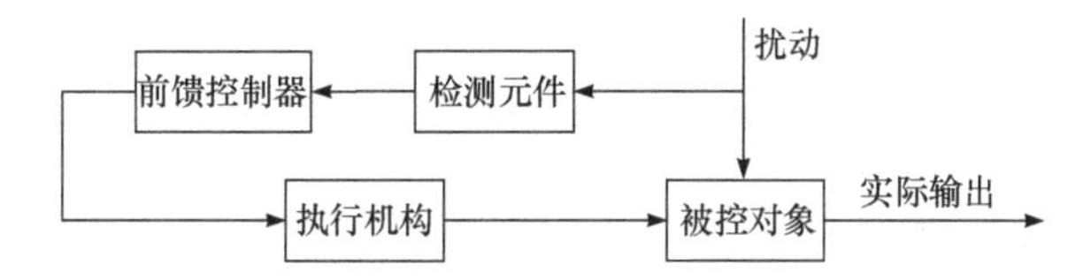

图 3-5　扰动控制的开环控制方式

图 3-5 所示开环控制方式，是利用可测量的扰动经测量变换后，作为补偿作用，用来消除或削弱扰动对被控量的影响。但当扰动作用较多时，将使得控制系统复杂化，很难协调地进行控制。

3.2.2　反馈控制方式

为有效抑制干扰的影响，在自动控制系统中，最常采用的控制方式是反馈控制。

其实，人的一切活动都体现出反馈控制的原理，如若对图 3-1 所示系统采用人工控制其液位，则当通过阀门 V_o 的流量或进水压力等扰动的影响引起液位 h 变化时，人用眼睛观察实际的液位，送入大脑与期望液位比较，经过思考（计算、判断、决策），确定对 V_w 的操作量，然后用手去操纵阀门 V_w，使液位保持在期望液位上，这个过程可用图 3-6 所示的方块图表示。

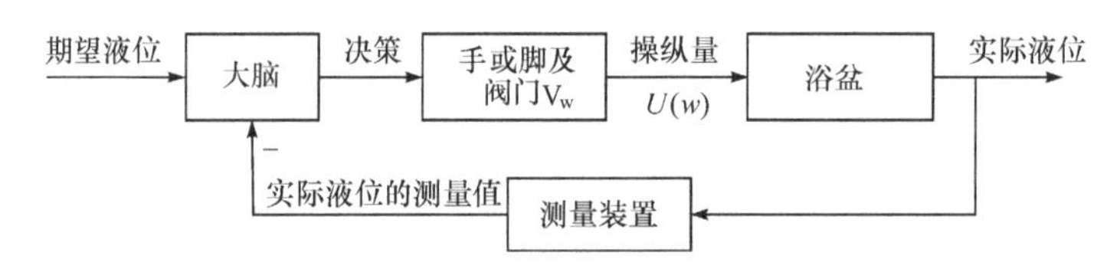

图 3-6　人工控制液位过程方块图

如果能用一些相应的元部件来代替人工控制时的各部分功能，就可以组成如图 3-7 所示的仿人液位控制系统。

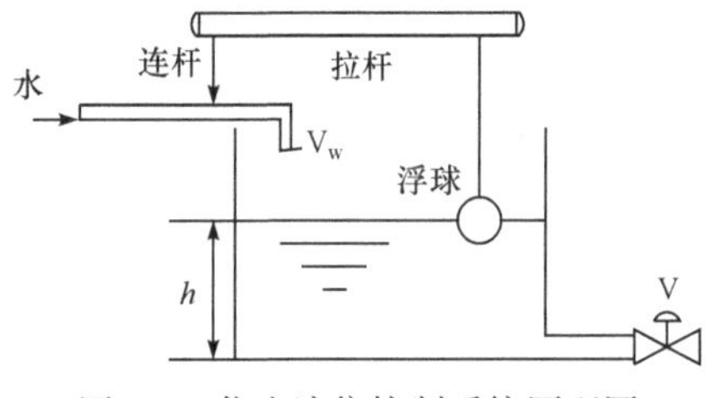

图 3-7　仿人液位控制系统原理图

在图 3-7 中用浮球代替人的眼睛，完成测量实际液位的作用；用杠杆代替人的大脑，完成比较、计算、决策的作用；用连杆和阀门代替人的手，完成调节阀门 V_w 的作用。其工作过程是：当进水量增加（或减小）时，浴盆（可看成是一种储液槽，在化工过程中常见）的液位将上升（或下降），浮球随之上升（或下降），带动杠杆使之倾斜，使连杆带动阀门下移（或上移），V_w 开度减小（或增大），进水量减小（或增加），液位降低（或上升），浮球下降（或上升），这个过程循环往复，直至液位回到期望值。整个过程是在无人直接参与的条件下，借助浮球杠杆连接机构自动地维持液位恒定不变。其控制过程可用图 3-8 表示。

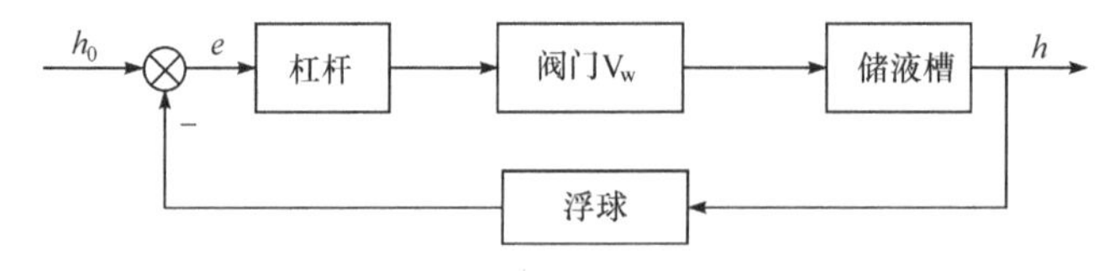

图 3-8　液位控制系统方块图

由图 3-8 可清晰地看到，这种控制的特点是：测量被控对象（液位）的实际值，并送回去与期望液位进行比较，得到实际液位相对于期望液位的差值（偏差），产生控制作用，去控制储液槽的实际液位，最终使实际液位与期望液位保持一致，直至消除偏差。而系统中的信息沿着箭头方向单方向流动，形成一个闭合的回路，循环往复完成控制过程，此即反馈控制方式(因此,反馈控制方式又称按偏差控制的方式),如图 3-9 所示。可见,反馈控制方式是一种闭环控制方式。

基于反馈控制方式设计的自动控制系统,虽然结构较复杂,但它不仅对扰动作用具有较强的抵抗能力,而且还考虑了实际运行的结果而构成控制作用,因此控制品质高,得到极为广泛的应用。

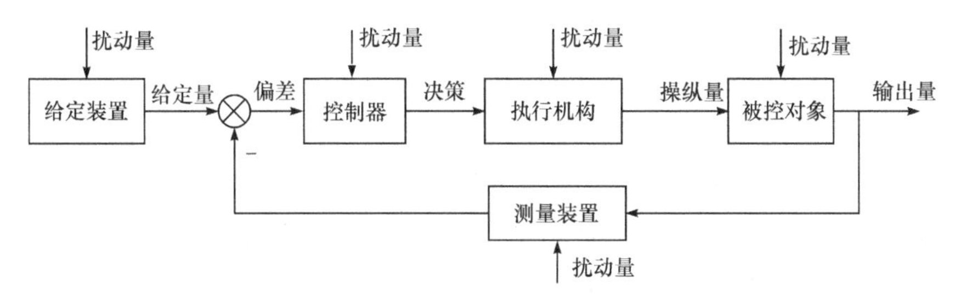

图 3-9　一般的反馈控制方式

3.2.3　复合控制方式

将上面所述的按扰动控制和按偏差控制相结合的控制方式称为复合控制方式,具体结构如图 3-10 所示。

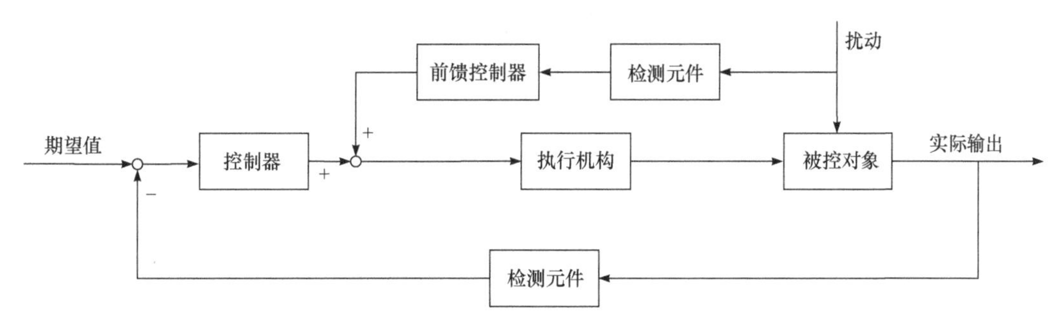

图 3-10　复合控制方式

扰动控制的开环控制方式较偏差控制方式结构简单,但只适用于扰动可测量而不可控的场合;而且一种补偿装置只能补偿一种扰动,对其余扰动均不起作用,因此控制难以稳定。比较合理的一种控制方式是把偏差控制和按主要扰动的开环控制结合起来,对于主要扰动采用适当的补偿装置实现按扰动控制,再按偏差组成反馈控制系统,以消除其余扰动产生的偏差。这样,系统的主要扰动被适当补偿,反馈控制系统就比较容易设计,控制效果也会更好。

复合控制系统中的补偿控制是一种根据原因的控制,能及时地抵消可测扰动量对被控量的不利影响,而反馈控制是一种根据结果的控制,能保证系统的高精度。故这也是一种得到广泛应用的控制方式。

3.2.4　复合控制方式实例

为了加深对复合控制方式的理解,考虑一个复合控制方式的实例——加热水箱。

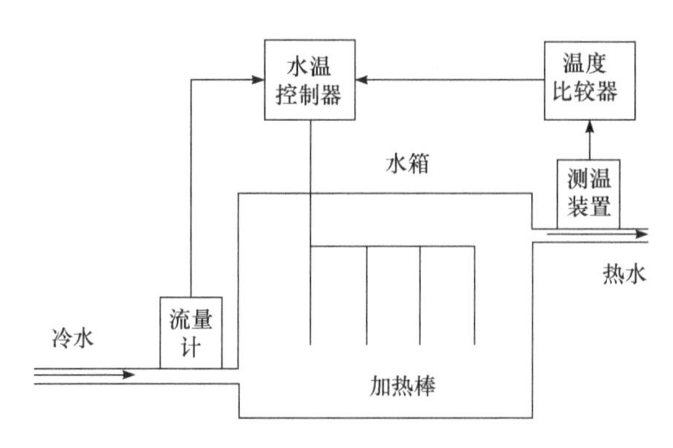

图 3-11 加热水箱控制系统原理图

如图 3-11 的加热水箱采用的就是复合控制方式。冷水注入水箱后由加热棒加热，得到一定温度的热水流出，通过调整加热棒的功率控制流出热水的水温。加热棒的功率由水温控制器控制，其接收冷水入口流量计信号和热水出口测温装置信号，综合计算后得到加热棒控制信号。具体来说相同情况下，流入冷水越多，流出热水水温越低于设定温度，加热棒的功率越高。这个加热水箱的控制系统方块图如图 3-12 所示。

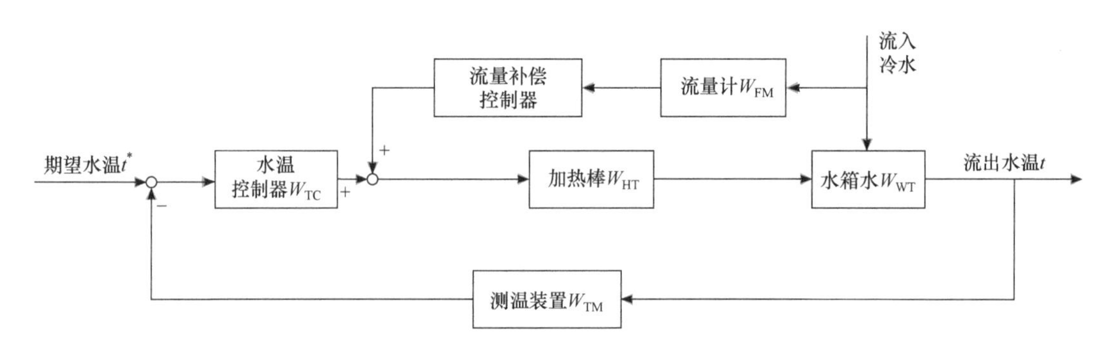

图 3-12 加热水箱控制系统方块图

在这个控制系统中，控制方式之一是根据流出水温的反馈控制，通过测温装置测量流出热水的温度，与设定值比较得到偏差信号由水温控制器控制加热棒功率，偏差信号越大，加热棒功率越大，其方块图如图 3-13 所示。

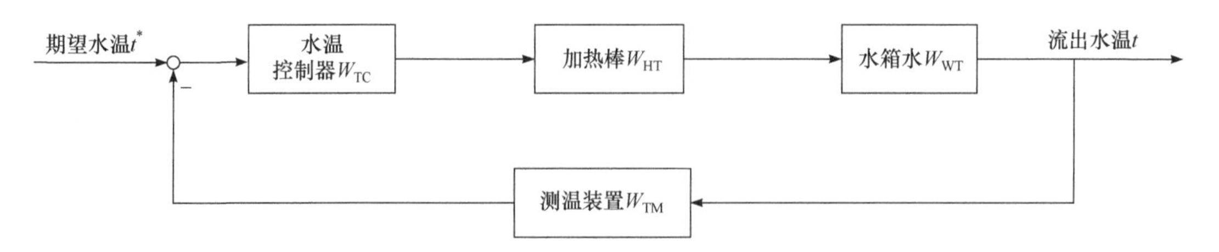

图 3-13 加热水箱控制系统反馈回路方块图

同时，在这个控制系统中，假定主要的扰动是来自入水管冷水的流量。当冷水流量较大时，需要更高的加热功率；当冷水流量小时，需要降低加热功率。对于该扰动进行按扰动的补偿控制,具体方法为在进水管处通过流量计测量流入冷水的流量,转化为控制电信号传递到水温控制器,进而控制加热棒功率。其方块图如图 3-14 所示。

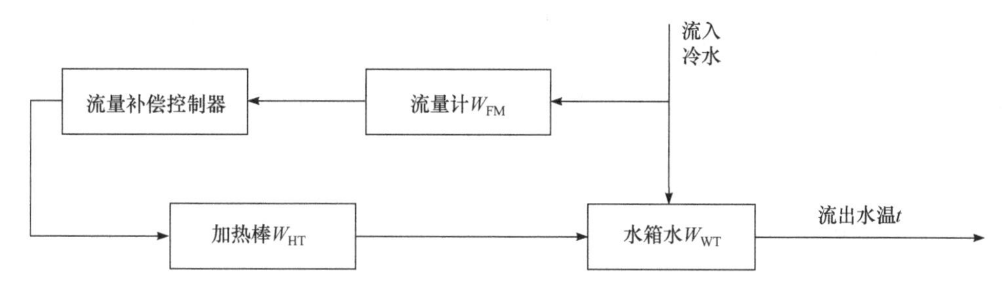

图 3-14　加热水箱控制系统补偿回路方块图

在这个复合控制案例中,结合了按偏差的反馈控制和按扰动的补偿控制,他们各有优缺点。反馈控制是一种针对结果的控制,具有抑制干扰的能力,不管出于什么原因(外部扰动或者系统内部变化),只要被控量偏离了规定值,就会产生相应的控制作用去消除误差,因此反馈控制对元件特性变化不敏感,比如该系统中加热棒部分损坏,反馈控制依然能发挥作用。反馈控制的缺点是时滞问题,即发现偏差到采取更正措施之间可能存在时间延时现象,在本系统中,反馈控制发生在加热过程后,热水温度已经发生了变化;时滞问题还使得反馈控制对偶然扰动控制效果不理想。另外,反馈回路增加了系统的复杂性,而且温度反馈系数选择不当时会引起系统的不稳定。比如在该系统中,温度反馈系数太大时温度控制器会过度调节,又会使得偏差信号反向增大,温度控制器反向进行更大的调节,如此不断往复,温度控制发散失控。

扰动补偿控制的优点是及时有效,在本系统中流量可测,所以在加热过程发生前就可将补偿信号发送到温度控制器。扰动补偿控制的缺点则是一种补偿装置只能补偿一种扰动,本系统中流量计只能对流量变化进行补偿,系统存在多种扰动时配置多个按扰动补偿控制会导致系统过于复杂。

这两种控制方式各有优缺点,复合控制将他们取长补短结合起来。一般来说主要控制采用按偏差的反馈控制,保证系统稳定;同时针对主要扰动进行按扰动的补偿控制。正如加热水箱复合控制实例中,主要控制方法是根据流出热水温度和设定温度的反馈控制,同时针对系统主要扰动入水流量进行了按扰动的补偿控制。

3.3　自动控制系统的典型输入信号

3.3.1　基本输入信号的数学模型

在工程实际中,自动控制系统承受的外作用形式多种多样,既有确定性外作用,又有随机性外作用。对不同形式的外作用,系统被控量的响应各不相同。为了便于用统一的方法研究和比较控制系统的性能,通常选用几种确定性函数作为典型外作用,在控制理论中被称为典型输入信号。

可选作典型输入信号的函数应具备以下条件：

(1) 这种函数在现场和实验中容易产生；

(2) 控制系统在这种函数作用下的性能应代表在实际工作条件下的性能；

(3) 这种函数的数学表达式简单，便于理论计算。

目前，在控制工程设计中常用的典型信号有阶跃信号、脉冲信号、斜坡信号以及正弦信号等。

1) 阶跃信号

其数学表达式为

$$f(t)=\begin{cases}0, & t<0\\ R, & t\geqslant 0\end{cases} \tag{3-1}$$

上式表示 $t=0$ 时出现幅值为 R 的阶跃变化，函数波形如图 3-15(a)所示。在控制系统中，这意味着一个大小不变的作用，在 $t=0$ 时突然加到系统上。

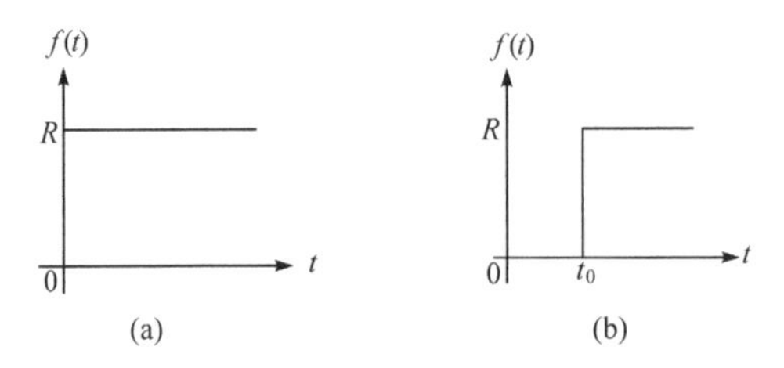

图 3-15　阶跃函数

幅值 $R=1$ 的阶跃函数称为单位阶跃函数，一般用 $1(t)$表示。于是幅值为 R 的阶跃函数也可写为 $f(t)=R1(t)$。

$f(t-t_0)$表示在 $t=t_0$ 时刻出现的阶跃函数，如图 3-15(b)所示，即

$$f(t-t_0)=\begin{cases}0, & t<t_0\\ R, & t\geqslant t_0\end{cases} \tag{3-2}$$

阶跃函数是自动控制系统在实际工作条件下经常遇到的一种外作用形式。例如，电源电压突然跳动、负载突然增大或减小、飞机在飞行中遇到常值阵风扰动等，都可视为阶跃函数形式的外作用。因此，在控制系统的分析设计中，阶跃函数是应用最多的一种评价系统动态性能的典型外作用。

2) 脉冲信号

其数学表达式为

$$f(t)=\lim_{t_0\to 0}\frac{R}{t_0}[1(t)-1(t-t_0)] \tag{3-3}$$

上式可表示为图 3-16 所示几种波形。

实际上，式(3-3)所定义的脉冲函数(称为狄拉克函数 $\delta(t)$)在现实中是不存在的，只有数学上的意义，但它在自动控制理论研究中却具有重要的作用。

3) 斜坡信号

其数学表达式为

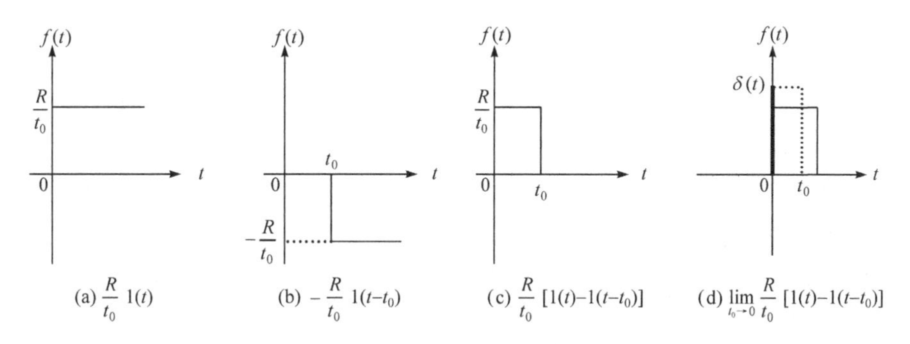

图 3-16　脉冲函数

$$f(t)=\begin{cases}0, & t<0\\ Rt, & t\geqslant 0\end{cases} \tag{3-4}$$

上式表示 $t=0$ 时刻开始，输出随时间以恒定速率变化的函数(如图 3-17 所示)。在实际系统中，这意味着一个随时间以恒定速率增长的外作用。在控制工程实践中，某些随动系统(见 3.3.2 节)就常常工作于此外作用下。

4) 正弦信号

其数学表达式为

$$f(t)=A\sin(\omega t-\varphi) \tag{3-5}$$

上式表示的函数波形如图 3-18 所示。

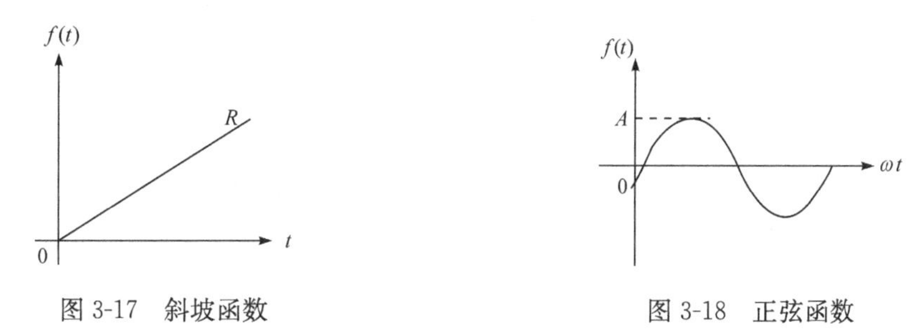

图 3-17　斜坡函数　　图 3-18　正弦函数

正弦函数是控制系统常用的一种外作用，更重要的是，它是自动控制理论中研究控制系统性能的重要依据。

3.3.2　不同控制系统的典型输入信号

1) 恒值控制系统

这类控制系统的参据量是一个常值，要求被控量也稳定在一个常值，这类控制器常称为调节器。由于扰动的影响，被控量会偏离参据量而出现偏差，控制系统便根据偏差产生调节作用，以克服扰动的影响，使被控量恢复到给定的常值。

因此，恒值控制系统分析和设计的重点是研究各种扰动对被控对象的影响以及抗扰动的措施。在恒值控制系统中，参据量可以随生产条件的变化而改变，但一经调整后，被控量就应与调整好的参据量保持一致。过程控制中的大多数控制系统都是恒值控制系统，如温度控制系统、压力控制系统、液位控制系统等。

在恒值控制系统中，一般采用阶跃信号作为此种控制系统的典型参考输入信号。

2）随动控制系统

这类控制系统的参据量是预先未知的随时间任意变化的函数，要求被控量以尽可能小的误差跟随参据量的变化。在随动控制系统中，系统分析设计的重点是研究被控量跟随预先未知的任意变化的量的快速性和准确性。

在随动控制系统中，如果被控量是机械位置或其导数时，这类系统又称为伺服系统。

典型的随动控制系统如火炮控制系统、函数记录仪等。

在随动控制系统中，常用斜坡信号作为此种控制系统的典型参考输入信号。

3）程序控制系统

这类控制系统的参据量是预先规定的依一定规律变化的函数，要求被控量快速、准确地加以复现。实际上，在计算机控制技术高度发展的今天，程序控制系统是将系统的动作过程编制成软件（程序）事先存入控制器（微处理器）中，在工作中系统就按照程序的规定严格执行。典型的程序控制系统如全自动洗衣机、数控机床等。

程序控制系统和随动控制系统的参据量都是随时间变化的函数，不同之处在于前者的参据量是事先已知的函数，后者是未知的任意函数。而恒值控制系统可视为程序控制系统的特例，即参据量为常数的程序控制。

在程序控制系统中，采用何种典型信号作为此种控制系统的参考输入信号取决于系统的特点。

3.4　不同时间特性信号作用下的控制

3.4.1　连续与离散控制

虽然控制系统的分类方法多种多样，但从控制信号的特性角度，可以简单地将所有控制系统分为连续控制系统和离散控制系统两大类。所谓连续控制系统是指系统中所有信号都是时间上的连续函数，而离散控制系统中传递的信号在系统的某些部分或全部是时间上的断续信号（即离散时间信号）。特别地，当采用计算机控制时，由于数字计算机字长有限，还将信号限制在一定的数值表示范围内，此时，信号称为空间离散信号。

1）连续与离散控制系统

实际工程中绝大多数控制系统的被控量是连续时间信号，因此多数系统本质是连续控制系统，但是由于计算机等数字运算装置作为控制器的广泛应用，且计算机等数字运算装置只能处理离散信号，实际工程中的很多连续控制系统被离散化而变成离散控制系统。典型的离散控制系统结构如图 3-19 所示。

由图 3-19 可以看出，离散控制系统是在连续反馈系统的基础上增加了连续信号的离散化部分组成的，A/D 转换（模拟/数字转换）部分是将测量装置测得的连续信号（模拟信号）转换为离散信号，而 D/A 转换（数字/模拟转换）是 A/D 转换的逆过程，它将数字控制器输出的数字控制信号转换成连续控制信号驱动执行器。

2）连续信号的离散化

连续信号的离散化一般要经过采样和保持两个环节，具体采样过程如图3-20所示。

连续信号的采样有定周期采样（单频率采样）和不定周期采样（多频率采样）两种。由上图可以看出，连续信号的定周期采样即是通过在固定时刻开关装置的控制得到原连续信号

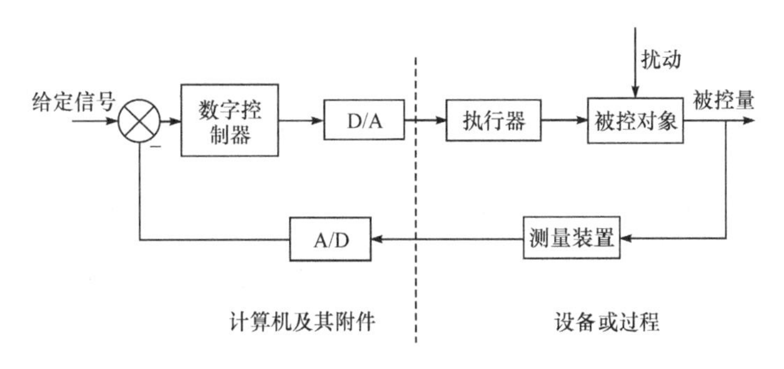

图 3-19　典型的离散控制系统结构

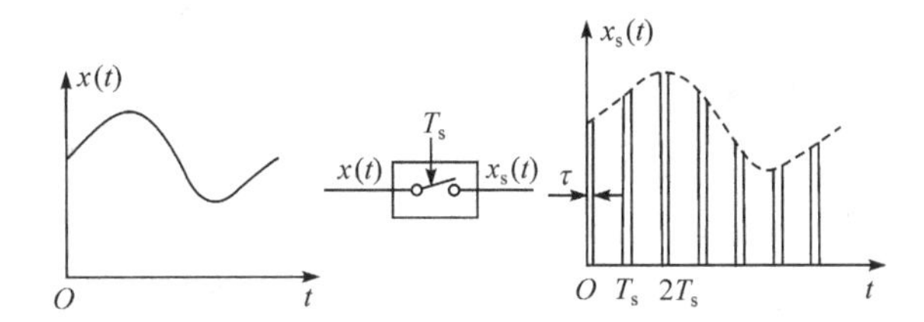

图 3-20　连续信号的固定周期采样

的一系列样本点，样本点的数量取决于采样周期的大小。为了保证变换后信号不失真，对采样周期有一基本要求，它由香农采样定理所表达。

将采样环节得到的采样点变成时间上分段连续的离散信号还需要经过保持过程，该过程由称为保持器的环节实现，具体保持过程如图 3-21 所示。

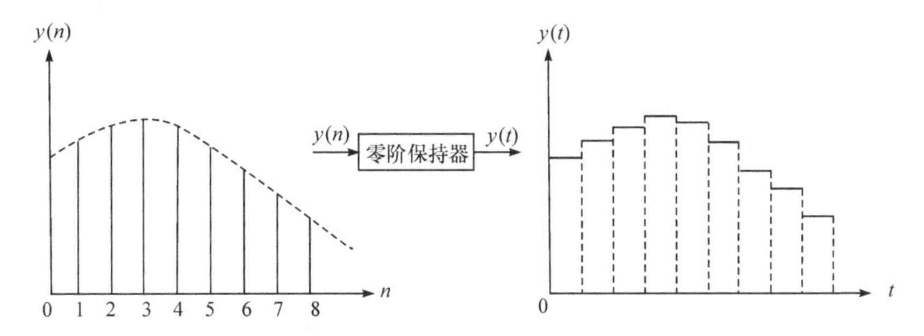

图 3-21　零阶保持器的信号保持过程

保持器有很多种。针对采样环节得到的一系列采样值，在一个采样周期内，保持值不变的过程，称为零阶保持，相应的环节称为零阶保持器。零阶保持器的输出值即是采样点的值。

3.4.2　数字计算机控制

1）数字计算机控制系统的结构

数字计算机控制系统是典型的离散控制系统，此类控制系统的主要信息是数字化的，且信息处理设备是数字计算机，故常称其为计算机控制系统。计算机控制系统的工作需要硬件和软件两大支撑条件，即必须包括硬件和软件两部分。

典型的计算机控制系统结构如图 3-22 所示。

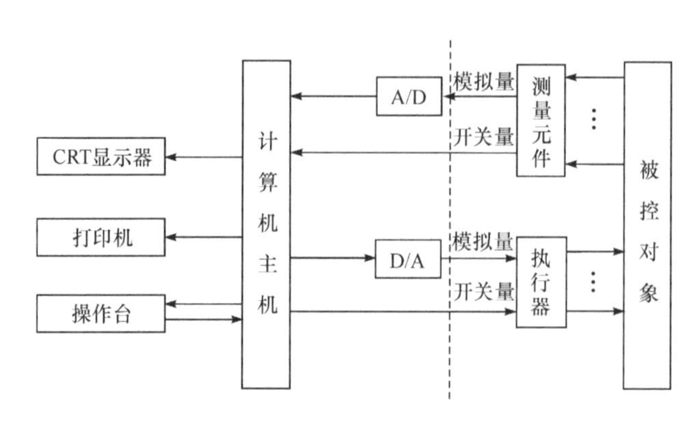

图 3-22　典型的计算机控制系统结构

2) 计算机控制系统的硬件组成

(1) 计算机主机。由中央处理器(CPU)、存储器和接口组成的主机是控制系统的核心，它根据输入设备送来的反映设备或过程工作状态的信息，以及既定的控制规则(算法)，进行运算处理，并将处理结果通过输出设备向被控设备或过程发送控制命令。另外，主机还要接受来自操作台的操作命令。

(2) 输入输出设备。A/D、D/A 是模拟量输入输出设备。除此之外，还有开关量输入输出设备，负责将设备或过程的开关、触点等开关量信号送入主机，将主机关于通/断的控制命令传至设备或过程。

(3) 人机接口设备。除了通用的显示器、键盘和打印机外，还包括专用的操作显示面板或操作显示台、LED、LCD、专用按钮、旋钮等，主要用于操作员发送操作命令、设置控制系统参数、显示工作状态等。

3) 计算机控制系统的软件组成

软件是计算机控制系统的神经中枢，负责指挥计算机控制系统的活动。软件主要有系统软件和应用软件两部分。

(1) 系统软件。是指为用户使用、管理、维护计算机正常工作所提供的计算机程序，一般包括操作系统、算法语言、数据库、诊断程序等。

(2) 应用软件。是指为完成对具体对象的控制任务而编制的专用软件，通常包括数据采集及处理程序、控制程序、过程监视程序、打印制表程序及分析报告生成程序等。

3.5* 控制系统中的非线性现象

人类认识客观世界和改造世界的历史进程，总是由低级到高级，由简单到复杂，由表及里的过程。在控制领域也是一样，最先研究的控制系统都认为是线性的。例如，瓦特蒸汽机调节器(图 1-15)、液面高度的调节(图 3-1)等。这是由于受到人类对自然现象认识的客观水平和解决实际问题的能力的限制，在对控制系统进行物理描述和数学分析时，利用线性特性是相对容易实现的，并由此形成了一套完善的线性系统理论和分析研究方法。

随着科学技术的不断发展，人们对实际物理过程的测量和分析日益精密，各种较为精确的分析和科学实验的结果表明，任何一个实际的物理系统都是非线性的。所谓线性只是对非线性的一种简化或近似，或者说是非线性的一种特例。如大家都熟悉的欧姆定理，数学表达式为 $U=IR$，这是一种简单的线性关系。但事实上，当电流通过电阻后会产生热量，电阻温度升高将会使其电阻率发生改变，从而阻值随温度的升高亦将发生变化，因此，线性形式的欧姆定理就不再成立。物理系统尚且如此，在社会、经济系统中，由于人的存在，非线性现象和非线性过程更是普遍存在。

3.5.1　控制系统中的非线性元件及其特性

实际的物理系统，由于其组成元件总是或多或少地带有非线性特性，可以说都是非线性系统。例如，在一些常见的测量装置中，当输入信号在零值附近的某一小范围之内时，没有输出，只有当输入信号大于此范围时，才有输出，即输入输出特性中总有一个不灵敏区（也称死区），如图 3-23(a)所示；放大元件的输入信号在一定范围内时，输入输出呈线性关系，当输入信号超过一定范围时，放大元件就会出现饱和现象，如图 3-23(b)所示；各种传动机构由于机械加工和装配上的缺陷，在传动过程中总存在着间隙，其输入输出特性为间隙特性，如图 3-23(c)所示；有时为了改善系统的性能或者简化系统的结构，还常常在系统中引入非线性部件或者更复杂的非线性控制器，在自动控制系统中，最简单和最普遍的就是继电特性，如图 3-23(d)所示。

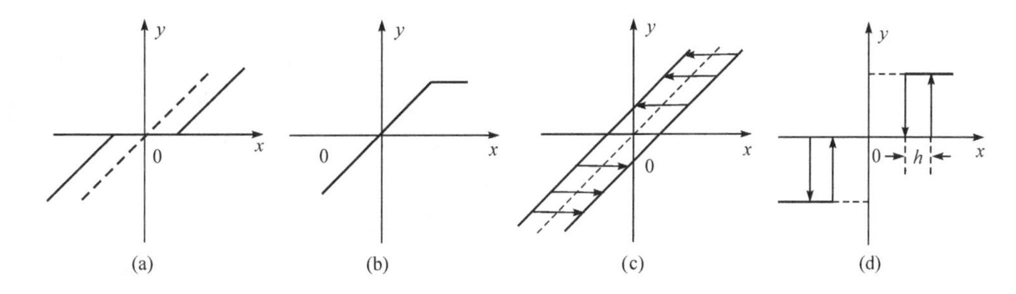

图 3-23　一些典型的非线性特性

以上情况说明，非线性特性在实际中是普遍存在的，只要系统中包含一个或一个以上具有非线性特性的元件，就称其为非线性系统。当实际系统的非线性程度不严重时，在某一范围内或某些条件下可以近似地视为线性系统，这时采用线性方法去进行研究具有实际意义，分析的结果比较符合实际系统的情况。但是，如果实际系统的非线性程度比较严重，则不能采用线性方法去研究，否则会产生较大的误差，甚至会导致错误的结论，故有必要对非线性系统作专门的研究。

3.5.2　非线性特性对控制系统的影响

在实际控制系统中，由于非线性特性元件的存在，在多数情况下，这些非线性特性元件都会对系统正常工作带来不利影响。

1）死区特性

死区特性如图 3-23(a)所示。对于线性无静差系统，系统进入稳态时，稳态误差为零。一方面，若控制器中包含有死区特性，则系统进入稳态时，稳态误差可以为死区范围内的某一值，因此死区对系统最直接的影响是造成稳态误差。当输入信号是斜坡函数时，死区的存在会造成系统输出量在时间上的滞后，从而降低了系统的跟踪速度。摩擦死区特性可能造成运动系统的低速不均匀。另一方面，死区的存在会造成系统等效开环增益下降，减弱过渡过程的振荡性，从而可提高系统的稳定性。死区也能滤除在输入端小幅度振荡的干扰信号，提高系统的抗干扰能力。

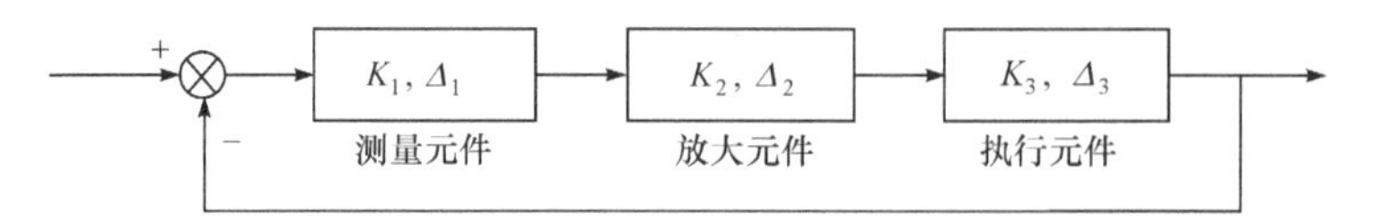

图 3-24　包含死区特性的非线性系统

在图 3-24 所示的非线性系统中，K_1，K_2，K_3 分别为测量元件、放大元件和执行元件的传递系数，Δ_1，Δ_2，Δ_3 分别为它们的死区。若把放大元件和执行元件的死区折算到测量元件的位置(此时放大元件和执行元件无死区)，则有下式成立

$$\Delta=\Delta_1+\frac{\Delta_2}{K_1}+\frac{\Delta_3}{K_1K_2} \tag{3-6}$$

显而易见，处于系统前向通路最前面的测量元件，其死区所造成的影响最大，而放大元件和执行元件死区的不良影响可以通过提高该元件前级的传递系数来减小。

2) 饱和特性

饱和特性如图 3-23(b)所示。饱和特性将使系统在大信号作用之下的等效增益降低。一般地讲，等效增益降低，会使系统超调量下降，振荡减弱，稳态误差增大，处于深度饱和的控制器对误差信号的变化失去反应，从而使系统丧失闭环控制作用。在一些系统中经常利用饱和特性作信号限幅，限制某些物理参量，保证系统安全工作。

若线性系统为振荡发散，当加入饱和限制后，系统就会出现自持振荡的现象。这是因为随着输出量幅值的增加，系统的等效增益在下降，系统的运动有收敛的趋势；而当输出量幅值减小时，等效增益增加，系统的运动有发散的趋势。可利用饱和限制特性，使系统出现自持振荡现象，并最终维持等幅振荡。各种频率发生器就是据此原理设计的。

3) 间隙特性

又称回环。间隙特性如图 3-23(c)所示。在齿轮传动中，由于间隙存在，当主动齿轮方向改变时，从动轮保持原位不动，直到间隙消失后才改变转动方向。铁磁元件中的磁滞现象也是一种回环特性。间隙特性对系统性能的影响：一是增大了系统的稳态误差，降低了控制精度，这相当于死区的影响；二是因为间隙特性使系统频率响应的相角滞后增大，从而使系统过渡过程的振荡加剧，甚至使系统变为不稳定。

4) 继电特性

继电特性如图 3-23(d)所示，包含了死区、回环及饱和特性。当$h=0$时，称为理想继电特性。

系统中存在理想继电特性时，在小偏差时开环增益大，系统的运动一般呈发散性质；而在大偏差时开环增益很小，系统又具有收敛性质。故理想继电控制系统最终多半处于自持振荡工作状态。

继电特性能够使执行装置在最大输入信号下工作，可以充分发挥其调节能力，故利用继电特性可实现快速跟踪。

至于带死区的继电特性，会增加系统的定位误差，而对其他动态性能的影响，类似于死区、饱和非线性特性的综合效果。

以上只是对系统前向通道中包含某个典型非线性特性的情况进行了直观的讨论，所得结论为一般情况下的定性结论，这些结论对于从事实际系统的调试工作具有参考价值。

3.5.3　非线性系统特征

描述线性系统运动状态的数学模型是线性微分方程，其重要特征是可以应用叠加原理；描述非线性系统运动状态的数学模型是非线性微分方程，不能应用叠加原理。由于两类系统的根本区别，它们的运动规律很不相同。现将非线性系统所具有的主要运动特点归纳如下。

1) 稳定性

线性系统的稳定性只取决于系统的结构和参数，而与外作用和初始条件无关。因此，讨论线性系统的稳定性时，可不考虑外作用和初始条件。只要线性系统是稳定的，就可以断言，这个系统所有可能的运动都是稳定的。

对于非线性系统，不存在系统是否稳定的笼统概念，必须针对系统某一具体的运动状态，才能讨论其是否稳定的问题。例如一个非线性系统的微分方程为

$$\dot{x}=-x+x^2=-x(1-x) \tag{3-7}$$

设 $t=0$ 时，系统的初始条件为 x_0，可以求得上述微分方程的解为

$$x(t)=\frac{x_0\mathrm{e}^{-t}}{1-x_0+x_0\mathrm{e}^{-t}} \tag{3-8}$$

不同初始条件下的时间响应曲线如图3-25 所示。

实际上，根据式(3-8)可以判断 $x(t)$ 的变化情况。粗略地看，当 $x_0>1$ 时，$\mathrm{d}x/\mathrm{d}t>0$，随时间的增长而增大；当 $0<x_0<1$ 时，$\mathrm{d}x/\mathrm{d}t<0$，$x(t)$ 随时间的增长而收敛到零；当 $x_0<0$，$\mathrm{d}x/\mathrm{d}t>0$，$x(t)$ 随时间的增长而增大，最终趋于零。

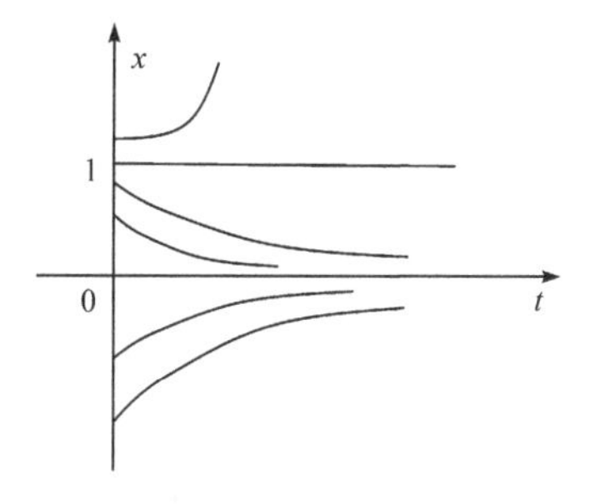

图 3-25　典型非线性系统的时间响应

在式(3-8)中，若令 $\mathrm{d}x/\mathrm{d}t=0$，可以求出系统的两个平衡状态：$x=0$ 和 $x=1$。$x=0$ 这个平衡状态是稳定的，因为它对 $x_0<1$ 的扰动具有恢复原状态的能力；而 $x=1$ 这个平衡状态是不稳定的，稍加扰动不是收敛到零，就是发散到无穷，不可能再回到这个平衡状态。

由此可见，非线性系统可能存在多个平衡状态，其中某些平衡状态是稳定的，另一些平衡状态是不稳定的。初始条件不同，系统的运动可能趋于不同的平衡状态，运动的稳定性就不同。所以说，非线性系统的稳定性不仅与系统的结构和参数有关，而且与运动的初始条件、输入信号有直接关系。

2) 时间响应

图 3-26 分别给出了线性系统和非线性系统的时间响应曲线。图 3-26 中的虚线表明，线性系统时间响应的一些基本特征(如振荡性和收敛性)与输入信号的大小及初始条件无关，其阶跃输入信号的大小只影响响应的幅值，而不会改变响应曲线的形状。

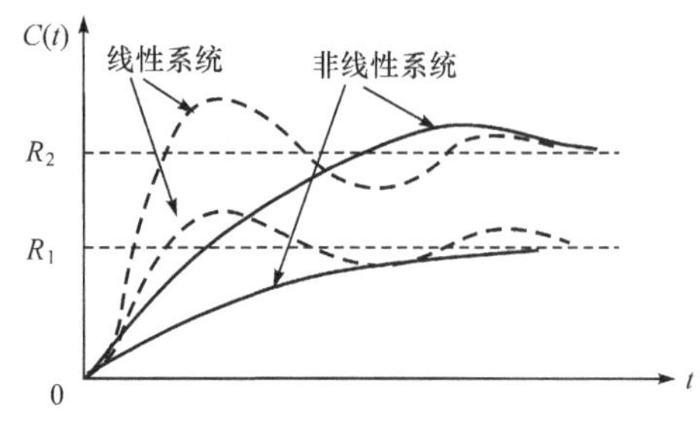

图 3-26　不同大小输入信号的响应曲线

图 3-26 中的实线表明，非线性系统的时间响应与输入信号的大小和初始条件有关。对于非线性系统，随着阶跃输入信号的大小不同，响应曲线的幅值和形状会产生显著变化，从而使输出具有多种不同的形式。同是振荡收敛的，但振荡频率和调节时间均不相同，还可能出现非周期形式，甚至出现发散的情况。这是由于非线性特性不遵守叠加原理的结果。

3）自持振荡

线性定常系统只有在临界稳定的情况下，才能产生等幅振荡。需要说明的是，这种振荡是靠参数的配合达到的，因而实际上很难观察到，而且等幅振荡的幅值及相角与初始条件有关，一旦受到扰动，原来的运动便不能维持，所以说线性系统中的等幅振荡不具有稳定性。

有些非线性系统在没有外界周期变化信号的作用下，系统中就能产生具有固定振幅和频率的稳定周期运动。例如振荡发散的线性系统中引入饱和特性时就会产生等幅振荡，这种固定振幅和频率的稳定周期运动称为自持振荡（也称自激振荡），其振幅和频率由系统本身的特性所决定。自持振荡具有一定的稳定性，当受到某种扰动之后，只要扰动的振幅在一定的范围之内，这种振荡状态仍能恢复。在多数情况下，不希望系统有自持振荡。长时间大幅度的振荡会造成机械磨损、能量消耗，并带来控制误差。但是有时又故意引入高频小幅度的颤振，来克服间隙、摩擦等非线性因素给系统带来的不利影响。因此必须对自持振荡产生的条件、自持振荡振幅和频率的确定、自持振荡的抑制等问题进行研究。所以说自持振荡是非线性系统一个十分重要的特征，也是研究非线性系统的一个重要内容。

4）对正弦信号的响应

当给线性系统输入某一恒定幅值和频率为 ω 的正弦信号时，稳态输出的频率也为 ω，只是幅值 A_c 和相角不同，且幅值 A_c 是频率 ω 的单值连续函数。对于非线性系统，其输出的幅值 A_c 与 ω 的关系可能会发生跳跃谐振和多值响应，其特性如图 3-27 所示。

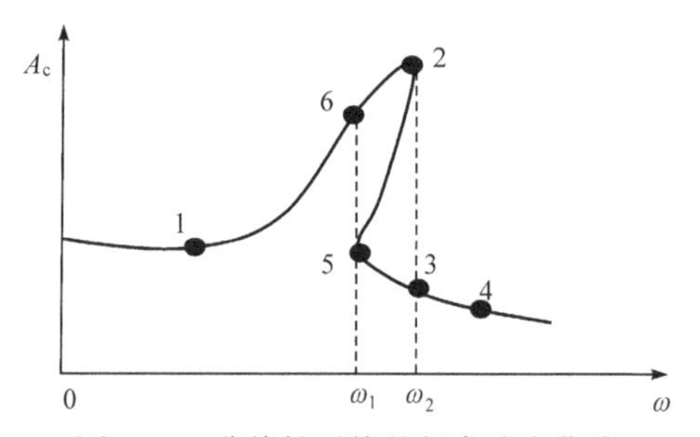

图 3-27　非线性系统的频率响应曲线

由图 3-27 可以看出，当 ω 增加时，系统输出的幅值从 1 点逐渐变化到 2 点，然后会从 2 点突跳到 3 点；而当 ω 减小时，系统输出的幅值会从 4 点变化到 5 点，然后会从 5 点突跳到 6 点，这种振幅随频率的改变出现突跳的现象称为跳跃谐振，产生跳跃谐振的原因是系统存在多值特点造成的；在 ω_1 到 ω_2 之间的每一个频率，都对应着三个振幅值，不过 2 点到 5 点之间对应的振荡是不稳定的，因此一个频率对应了两个稳定的振荡，这种现象称为多值响应。

5）非线性系统的畸变现象

线性系统在正弦信号作用下的稳态输出是与输入同频率的正弦信号；非线性系统在正弦信号作用下的稳态输出不是正弦信号，它可能包含有倍频和分频等各种谐波分量，从而使系统输出产生非线性畸变。

在非线性系统中还会出现一些其他的奇异现象，在此不再赘述。

3.6 本章小结

控制的目的是要求系统状态向期望状态转移，而要实现这种转移则必须采用适当的控制方式。在自动控制系统中，有前馈控制（开环控制）、反馈控制（闭环控制）和复合控制（前馈-反馈控制）三种基本控制方式。前馈控制方式根据可测量的扰动，经变换后作为补偿作用，用来消除或削弱扰动对被控量的影响，但当扰动因素较多时，很难协调地进行控制；反馈控制方式是最基本控制方式，基于反馈控制方式设计的闭环控制系统，对扰动作用具有较强的抵抗能力，控制品质高，但系统复杂；复合控制方式结合了开环控制和反馈控制的优点，是一种得到广泛应用的控制方式。

根据系统响应的参据量的特点，自动控制系统可分为恒值控制、随动控制和程序控制三种基本控制形式。恒值控制的参据量是一个常值，要求被控量也是一个常值，恒值控制系统分析和设计的重点是研究各种扰动对被控对象的影响以及抗扰动的措施；随动控制的参据量是预先未知的随时间任意变化的函数，要求被控量以尽可能小的误差跟随参据量的变化，随动控制系统分析和设计的重点是研究被控量跟随参据量的快速性和准确性；程序控制的参据量是预先规定的随时间变化的函数，要求被控量快速、准确地加以复现，程序控制系统的重点是控制精度的准确性、控制算法的快速性和控制程序的可靠性。

根据系统中采集、传输、处理和使用诸环节信号的时间特性，自动控制系统可以分为连续控制系统和离散控制系统。连续控制系统是指系统各环节的信号都是时间上连续的函数，而离散控制系统中的信号在系统的局部或全部是时间上的断续信号（即离散信号），数字计算机控制系统是典型的离散控制系统，也是普遍存在的实际控制系统。

最后，简要介绍了自动控制系统组成元件实际存在的非线性特性及其对控制系统正常工作带来的有利和不利影响。

思考题

1. 试简要比较自动控制系统的三种基本控制方式的特点。
2. 在自动控制系统中，采用补偿控制的前提是什么？
3. 试阐述自动控制系统几种典型输入信号的特点。
4. 恒值控制、随动控制和程序控制各有什么特点？试各举一实例分别描述其功能的实现过程。
5. 试比较模拟信号和数字信号的差异，并说明计算机控制系统的优越性。
6. 计算机控制系统有哪些基本要素组成？由此谈谈计算机科学与技术对自动化技术的影响和作用。
7. 自动控制系统中的常见非线性现象是由哪些非线性元件造成的？这些非线性元件对控制系统带来的影响一定是不利的吗？
8. 有人说“二十一世纪是非线性科学的世纪”，你对此有何理解和认识？

扩展了解——六足机器人的控制过程

六足机器人的运动可以分为规划和控制两个环节。规划指的是为了使机器人达到某一目标状态（机器人自身姿态、在环境中的位置、朝向等），运动规划算法输出一系列机器人的质心轨迹、足端轨迹等期望状态；控制指的是为了使机器人跟随期望状态，运动控制算法输出各关节控制指令，由处理器发送给执行机构，进而控制各关节转动的过程。

与人类步行类似，六足机器人步行时，需要有一部分腿向前迈步，同时剩余的腿支撑于地面，并利用与地面的摩擦力将机器人向前推动。支撑动作和迈步动作是循环往复的，将腿接触地面执行支撑动作的时间称为支撑相，执行迈步动作的时间称为摆动相。根据同一时刻处于支撑相腿的数量，六足机器人运动步态可以大致分为三足步态、四足步态、五足步态、自由步态等。

以三足步态为例，每个时刻有三条腿处于支撑相，三条腿处于摆动相。在机器人向前直线运动的过程中，首先我们需要指定每条腿足端点的运动轨迹。在机身质心坐标系下，对于支撑相该轨迹是一条直线，对于摆动相该轨迹是一条曲线(例如正弦曲线或抛物线，或者可以利用高次多项式来对各关节的位置、速度以及加速度曲线进行规划)。然后对足端运动轨迹在时间刻度上离散化，在每一个离散化后的轨迹点上，根据机器人逆运动学，我们可以求得每一个关节当前对应的目标角度。最后，各关节处的绝对编码器检测当前关节的实际角度并输入到控制器，控制器根据目标角度与实际角度输出控制指令到执行机构，以此往复完成控制。图 K3-1 展示了单个关节位置闭环控制方块图。

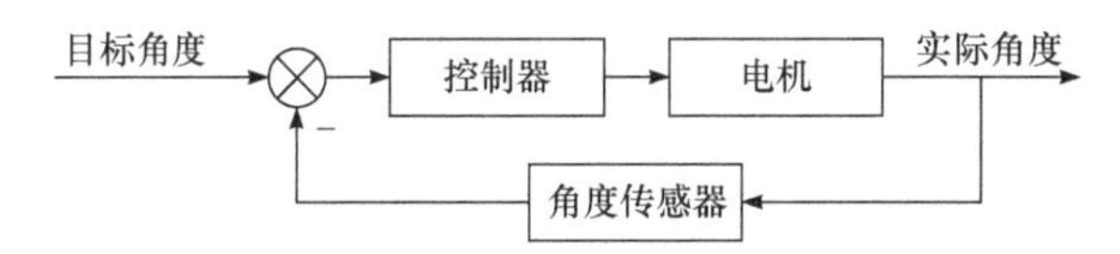

图 K3-1　单个关节位置闭环控制方块图

若要实现对六足机器人在真实世界中的绝对位姿进行精准控制，则需要建立相应的位姿闭环控制模型，其中位姿包括了机身在世界坐标系下的位置以及姿态。图 K3-2 展示了六足机器人位姿闭环控制方块图，其中分别构建了位置闭环和姿态闭环从而实现对六足机器人位置和姿态的解耦控制。在位置闭环中，输入为机身目标位置，利用位置传感器检测到的六足机器人机身实际位置为反馈，闭环比例系数为 K_p。在姿态闭环中，输入为机身目标姿态，利用姿态传感器检测到的六足机器人机身实际姿态为反馈，闭环比例系数为 K_e。通过六足机器人速度逆运动学模型可以计算得到期望的各关节角速度以及期望角度，进而利用关节位置闭环控制六足机器人实现精准运动。

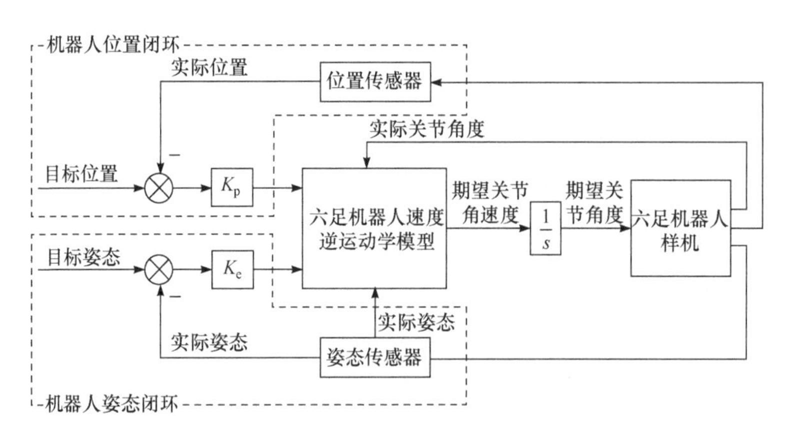

图 K3-2　六足机器人位姿闭环控制方块图

第4章　自动控制系统的基本控制方法

4.1　PID 控　制

4.1.1　PID控制简介

在工程实际中，应用最为广泛的控制规律为比例(proportional)-积分(integral)-微分(derivative)控制，简称PID控制，又称PID调节。PID控制器问世至今已有近70年历史，它以结构简单、稳定性好、工作可靠、调整方便等优势而成为工业控制的主要技术之一。当被控对象(这里是广义上定义的，实际上，它是生成被控量的实体)的结构和参数不能被完全掌握，或得不到精确的数学模型，或控制理论的其他技术难以采用时，控制器的结构和参数必须依靠经验和现场调试来确定，这时应用PID控制最为方便。即当人们不完全了解一个系统和被控对象，或不能通过有效的测量手段来获得系统参数时，最适合用PID控制技术。

目前，PID控制及其控制器或智能PID控制器(仪表)已经很多，产品已在工程实际中得到了广泛的应用。有利用PID调节原理实现的压力、温度、流量、液位调节器，带PID控制功能的可编程控制器(programmable logic controller，PLC)，各种集散控制系统的操作站等。还有其他可实现PID控制功能的控制器，如Rockwell的Logix产品系列，它可以直接与ControlNet相连，利用网络来实现其远程控制功能。

4.1.2　PID控制的原理和特点

PID控制是依据被控量与参据量之间的差值(偏差)，通过比例(P)—积分(I)—微分(D)运算计算出驱动执行元件的控制信号，进而影响整个系统偏差和性能的一种控制策略。了解P、I、D控制的特点是理解PID控制的基础。在控制工程中，视实际情况和要求，PID控制可分为P、PI、PD、PID几种基本类型。

1) 比例控制

比例控制中，调节器的输出信号与输入偏差信号 e 成比例关系

$$u=K_{C}e \tag{4-1}$$

式中，u 为调节器的输出；e 为调节器的输入；K_C 为比例增益。

比例控制是一种最简单的控制策略，它具有以下几个特点。

(1) 比例调节是一种有差调节。因此就不可避免地会使系统存在静态误差(静差)。这是因为只有偏差信号 e 不为零时，调节器才有调节作用。如果 e 为零，调节器输出为零，就会失去调节作用。比例调节器正是利用偏差实现调节作用的。

(2) 比例调节系统的静差随 K_C 的增大而减小。若要减小静差，就需要增大 K_C。但 K_C 太大，调节器输出就大，难免“矫枉过正”，因而会使系统的稳定性下降，对系统的动态品质不利。若适当增大 K_C，不仅可以减少系统的静差(或称稳态误差)，而且还可以降低系统的惯性，加快系统的响应速度。

(3) 对恒值控制系统，采用比例调节尚可使被控量对参据量实现有差跟踪；但若参据量随时间变化时，其跟踪误差将会随时间的增大而增大，因此比例调节不适合参据量随时间变化的情况。

2) 积分控制与 PI 控制

积分控制中，调节器的输出 u 与输入偏差信号 e 的积分成正比关系，即

$$u = S_{\mathrm{C}}\int_{0}^{t} e\,\mathrm{d}t \tag{4-2}$$

式中，S_{C} 称为积分速度。

由式(4-2)可以看出，只要偏差 e 存在，调节器的输出会随时间积分而不断增大；当 e 为零时，调节器的输出就会维持在一个数值上不变。这说明积分调节是一个无差调节。也意味着，当被控系统在负载扰动下的调节过程结束后，系统的静差已不存在，这与比例调节时当 e 为零则输出为零是不同的。

采用积分调节时，过程控制系统的开环增益与积分速度 S_{C} 成正比。增大积分速度会加强动态积分效果，但是，系统的动态开环增益增大，会使系统的稳定性降低。这从直观上也不难理解，因为增大 S_{C}，就相应增大了同一时刻的调节器输出控制力度，使调节的动作幅度增大，这势必容易引起和加剧系统振荡。

与比例调节相比，积分调节系统的稳定性一般较差。这是因为系统中积分环节的引入，使系统的阶数增加了。从频率特性的角度看，积分环节的加入使系统的相频特性增加了90°的相位滞后，使系统的动态品质变差。无论从哪一个角度分析，积分调节都是牺牲了动态品质来换取稳态性能的改善的。

综上所述，可得出如下结论。

(1) 积分调节是一种无差调节。采用积分调节可以提高系统的稳态控制精度。

(2) 与比例调节相比，积分调节量是一随时间不断增强的过程，开始作用小，因此过渡过程比较缓慢。

(3) 增大积分调节的积分速度，虽然在一定程度上可以提高系统的响应速度，若对象的反应不及时，却会加剧系统的不稳定程度。

总之，积分调节虽然可以提高系统的稳态控制精度，但对系统动态品质的不利影响居多。正因为如此，在工程实际中，一般不单独采用积分调节，而是将积分调节和比例调节二者结合起来，组成所谓的 PI 控制。PI 控制的输出输入关系为

$$u = K_{\mathrm{C}}e + \frac{K_{\mathrm{C}}}{T_{\mathrm{I}}}\int_{0}^{t} e\,\mathrm{d}t \tag{4-3}$$

其中，$T_{\mathrm{I}}=1/S_{\mathrm{C}}$，称为积分时间常数。

3) 微分控制

微分控制中，控制器的输出与输入误差信号的微分(即误差的变化率)成正比关系，即

$$u = T_{\mathrm{D}}\frac{\mathrm{d}e}{\mathrm{d}t} \tag{4-4}$$

式中，T_{D} 称为微分时间常数。

由式(4-4)可知，微分调节的控制输出与当前系统被控量偏差的变化速率(包括大小和方向)成比例，可以反映当前及稍后一段时间系统被控量的变化趋势，因此，微分控制

不是等被调量已经出现较大偏差后才动作，而是提前动作。这相当于赋予了调节器某种程度的“预见性”，这对于防止被调量出现较大动态偏差有利。

由式(4-4)还可看出，若偏差变化缓慢，则微分的调节作用不强，极端情况下，即使偏差再大，只要不发生变化，也无微分调节作用。因此，纯粹的微分调节器是不能单独工作的，微分调节只能起辅助的作用。在实际使用中，它往往与比例调节或者 PI 结合成 PD 或者 PID 调节规律。

4) PD 控制

PD 控制中，其调节的动作规律为

$$u = K_{\mathrm{C}} e + K_{\mathrm{C}} T_{\mathrm{D}} \frac{\mathrm{d}e}{\mathrm{d}t} \tag{4-5}$$

严格按照上式在物理上是较难实现的。考虑到微分容易引进高频噪声而需要加一些滤波环节，因此，工业上实际采用的 PD 调节器的传递函数是

$$G_{\mathrm{C}}(s) = K_{\mathrm{C}} \frac{T_{\mathrm{D}} s + 1}{\dfrac{T_{\mathrm{D}}}{K_{\mathrm{D}}} s + 1} \tag{4-6}$$

式中，K_{D} 称为微分增益，一般在 5～10。这就使得式(4-6)中分母项的时间常数是分子项时间常数的 1/10～1/5 左右。因此，在分析 PD 调节器的性能时可忽略分母项中时间常数的影响。

运用控制理论的知识分析 PD 调节器可得出以下几点结论。

(1) PD 调节也是有差调节，这是因为在稳态情况下，尽管 $\mathrm{d}e/\mathrm{d}t$ 为零，但偏差 e 仍存在，微分部分已不起作用，PD 调节变成比例调节了。

(2) PD 调节具有提高系统稳定性，抑制过渡过程最大动态偏差(或超调)的作用。这是因为微分作用总是力图阻止系统被调量的变化，而使过渡过程的变化速度趋向平缓的缘故。

(3) PD 调节提高了系统的响应速度。这是因为微分作用增强了系统的稳定性，在保持过渡过程衰减不变的情况下，可适当增加系统的开环增益，提高了系统的响应速度。并且，开环增益的提高，还使系统的稳态误差得以减小，而且也可以使系统的频带得到加宽。

(4) PD 调节也有一些不足之处。首先，PD 调节一般只适应于时间常数较大的过程，不适合流量、压力等一些变化剧烈的过程；其次，当微分作用太强(T_{D} 较大)时会导致系统中的调节频繁，容易造成系统振荡。因此，PD 调节一般总是以比例动作为主，微分动作为辅。另外，微分调节对于纯延时环节无效。

5) PID 控制的特点

PID 控制中，调节器的动作规律为

$$u = K_{\mathrm{C}} \left(e + \frac{1}{T_{\mathrm{I}}} \int_0^t e \, \mathrm{d}t + T_{\mathrm{D}} \frac{\mathrm{d}e}{\mathrm{d}t} \right) \tag{4-7}$$

可以看出 PID 是比例、积分、微分控制规律的线性组合。它吸取了比例调节的快速反应能力、积分调节的消除静差功能以及微分调节的预测功能，而弥补了三者的不足，取长补短，是一种比较理想的控制规律。从控制理论的观点来看，与 PD 相比，PID 多了一个极点，因而提高了系统的无差度；与 PI 相比，PID 多了一个零点，为动态性能的改善提供了可能。因此。PID 兼顾了静态和动态两方面的控制需求，可以取得较为满意的调节效果。

4.1.3* PID 控制器的参数整定

PID 控制器的参数整定是控制系统设计的核心内容。它是根据被控过程的特性确定 PID 控制器的比例系数、积分时间和微分时间三个参数。PID 控制器参数整定的方法很多，概括起来有两大类。

(1) 理论计算整定法。它主要是依据系统的数学模型，经过理论计算确定控制器参数。这种方法所得到的计算数据一般不可以被直接使用，还必须通过工程实际对其进行调整和修改。

(2) 工程整定方法。它主要依赖工程经验，直接在控制系统的试验中进行，在工程实际中被广泛采用。PID 控制器参数的工程整定方法，主要有临界比例法、反应曲线法和衰减法。三种方法各有特点，其共同点都是通过试验，然后按照工程经验公式对控制器参数进行整定。但无论采用哪一种方法所得到的控制器参数，都需要在实际运行中对其进行最后调整。以临界比例法为例，进行 PID 控制器参数整定的步骤如下：

① 首先预选择一个足够短的采样周期，控制器采用比例调节，并将比例度设至最大，当系统工作在平稳状态时，施加一阶跃输入信号；

② 逐步减小比例度，直到系统对输入的阶跃响应出现等幅振荡(称为临界振荡)，记下这时的比例放大系数和振荡周期；

③ 根据经验公式计算得到 PID 控制器的参数。

需要特别指出的是，PID 参数的设定是靠经验及对工艺的熟悉，参考测量值跟踪与设定值曲线等来调整的。

例 4.1 在单位负反馈控制系统中，控制对象传递函数为$\frac{1}{s(s+1)(s+5)}$，采用 PID 控制器：$u=K_C\left(e+\frac{1}{T_I}\int_0^t e\,dt+T_D\frac{de}{dt}\right)$。应用临界比例法对控制器参数进行整定的过程如下：

(1) 设 $T_I=\infty$ 和 $T_D=0$，只采用比例控制作用，使 K_C 从 1 逐渐增加，直到使系统输出首次呈现临界振荡，此时增益 $K_C=K_{cr}=30$，振荡周期为 $T_{cr}=2.8$。

(2) 取 $K_C=0.6K_{cr}$，$T_I=0.5T_{cr}$，$T_D=0.125T_{cr}$ 计算得到 $K_C=18$，$T_I=1.41$，$T_D=0.35$。

因此，设计的 PID 控制器为

$$u=18\left(e+\frac{1}{1.41}\int_0^t e\,dt+0.35\frac{de}{dt}\right)$$

值得提示的是，现在已开发出了具有 PID 参数自整定功能的智能调节器(intelligent regulator)，其参数的调整是通过智能化算法或自校正、自适应算法等实现的。

4.2* 非线性控制

4.2.1 非线性控制系统概述

对于非线性控制系统来说，除极少数情况外，目前还没一套可行的通用方法，而且每种方法只能针对某一问题有效,不能普遍适用。所以,可以这么说,人们对非线性控制系统的认识和处理,基本上还是处于初级阶段。另外,从对控制系统的精度要求来看,目前绝大多数工程技术问题用线性系统理论来处理,在一定范围内都可以得到满意的结果。因此,系统的非线性因素常常被忽略了,或者被各种线性关系代替了。

到 20 世纪 40 年代,对非线性控制系统的研究已取得一些明显的进展。主要的分析方法有相平面法、李雅普诺夫法和描述函数法等。这些方法都已经被广泛用来解决实际的非线性系统问题,但是它们都有一定的局限性,都不能成为分析非线性系统的通用方法。例如,用相平面法虽然能够获得系统的全部特征,如稳定性、过渡过程等,但对高于三阶的系统无法应用;李雅普诺夫法则仅限于分析系统的绝对稳定性问题,而且要求非线性元件的特性满足一定条件。虽然这些年来,国内外有不少学者一直在这方面进行研究,也研究出一些新的方法,如频率域的波波夫(Popov)判据、广义圆判据、输入输出稳定性理论等,但总的来说,非线性控制系统目前仍处于理论发展阶段,远非完善,很多问题都还有待研究解决。

4.2.2　非线性系统的分析方法

对于非线性系统,建立数学模型要比线性系统困难得多;至于解非线性微分方程,用其解来分析非线性系统的性能,就更加困难了。这是因为除了极特殊的情况外,多数非线性微分方程无法直接求得解析解。到目前为止,还没有一个成熟、通用的方法可以用来分析和设计各种不同的非线性系统。

目前研究非线性系统常用的工程近似方法有以下几种。

1) 相平面法

相平面法是时域分析法在非线性系统中的推广应用。通过在相平面上绘制相轨迹,可以求出微分方程在任何初始条件下的解,所得结果比较精确和全面,但对高于二阶的系统,需要讨论变量空间中的曲面结构,从而大大增加了方法使用的难度。故相平面法仅适用于一、二阶非线性系统的分析。

2) 描述函数法

描述函数法是一种频域的分析方法,是线性理论中的频率法在非线性系统中的推广应用。其实质是应用谐波线性化的方法,将非线性元件的特性线性化,然后用频率法的一些结论来研究非线性系统。这种方法不受系统阶次的限制,且所得结果也比较符合实际,故得到了广泛应用。

3) 计算机求解法

用模拟计算机或数字计算机直接求解非线性微分方程,对于分析和设计复杂的非线性系统,几乎是唯一有效的方法。随着计算机的广泛应用,这种方法定会有更大的发展。

应当指出,这些方法主要是解决非线性系统的“分析”问题,而且是以稳定性问题为中心展开的;非线性系统“综合”方法的研究远不如稳定性问题研究的成果丰富,可以说到目前为止还没有一种简单而实用的综合方法,可以用来设计任意的非线性控制系统。

4.2.3　非线性控制方法研究进展

20 世纪 80 年代以来,非线性科学越来越受到人们的重视,数学中的非线性分析、非线性泛函，物理学中的非线性动力学，发展都很迅速。与此同时，非线性系统理论也得到了蓬勃发展，有更多的控制理论专家（其中有相当一部分来自数学专业）转入非线性系统的研究，更多的工程师力图用非线性系统理论构造控制器，取得了一定的成就。这些成就主要包括微分几何方法、微分代数方法、变结构控制理论、非线性控制系统的镇定设计、逆系统方法、神经网络方法、非线性频域控制理论、混沌动力学方法等。

总之，动力学系统理论的巨大发展可能给非线性控制系统带来重大影响。结构稳定性理论可能被用于控制、鲁棒性分析与设计；不变流形理论可用于非线性标准结构研究；李雅普诺夫指数方法可以用来描述和解决一类控制系统的稳定性问题。而非线性系统的能观能控集等一般不是一个子流形，分形和分数维数也许是一个恰当的描述。

非线性控制理论作为很有前途的控制理论，将成为 21 世纪控制理论的主旋律，将为人类社会提供更先进的控制系统，使自动化技术发展有更大的飞跃。

4.3 最优控制

4.3.1 最优控制发展概况

最优控制理论是研究和解决从一切可能的控制方案中寻找最优解的一门学科，是现代控制理论的一个主要分支，着重研究使控制系统的性能指标实现最优的基本条件和综合方法。

最优控制理论的先期工作应该追溯到维纳等人奠基的控制论研究。维纳在 1948 年出版的《控制论——或关于在动物和机器中控制和通信的科学》著作中（附录 A. 1），第一次科学地提出了信息、反馈和控制的概念，为最优控制理论的诞生和发展奠定了基础。20 世纪 50 年代中期在空间技术的推动下最优控制理论开始形成。但最早的最优控制理论起始于数学家伯努利（J. Bernoulli）于 1696 年提出的一个问题："设在垂直平面内有任意两点，一个质点受地心引力的作用，自较高点下滑至较低点，不计摩擦，问沿着什么曲线下滑，时间最短？"

这就是著名的"最速降线"问题。它的难处在于和普通的极大极小值求法不同，它是要求出一个未知函数（曲线），来满足所给的条件。欧拉和拉格朗日发明了这一类问题的普遍解法，引出了数学的一个新分支——变分学（calculus of variations）。最先出现的最优控制理论就是基于变分法的，又称古典变分法。钱学森 1954 年所著的《工程控制论》（附录 A. 2）直接促进了最优控制理论的发展和形成；苏联学者庞特里亚金等人在总结并运用古典变分法的基础上，于 1958 年提出了极小值原理；美国学者贝尔曼 1957 年所著的《动态规划》（附录 A. 3），对最优控制理论的形成和发展起了重要的作用；20 世纪 60 年代初卡尔曼提出和解决了线性系统在二次型性能指标下的最优控制问题。

4.3.2 最优控制理论研究的内容

最优控制理论所研究的问题可以概括为：对一个被控的动力学系统或运动过程，指定一目标性能函数，从一类允许的控制方案中找出一个控制方案，能使系统的运动按预定要求运行，即由某个初始状态转移到指定的目标状态，同时，其目标性能函数值达到最优。这样的一个控制方案称为最优控制方案。

这类问题广泛存在于技术领域和社会系统中。例如，使空间飞行器由一个轨道转换到另一轨道过程中燃料消耗最少或时间最短；选择一个温度的调节规律和相应的原料配比使化工反应过程的产量最多或能耗最少；制定一项最合理的人口政策使人口发展过程中老化指数、抚养指数和劳动力指数等为最优等，都是一些典型的最优控制问题。

在实际应用中，最优控制很适用于航天航空和军事等领域，如空间飞行器的星面着陆或交会对接控制、火箭的飞行控制和反弹道导弹控制等。例如，1969年美国阿波罗11号实现人类历史上首次载人登月飞行任务中要求登月舱在月球表面软着陆，即登月舱达到月球表面时速度为零；并在登月过程中，选择登月舱发动机最优控制规律，使得燃料消耗最少，以便宇航员完成月球考察后，有足够的燃料离开月球与母船会合，从而安全返回地球。由于登月舱最大推力是有限的，因此这是一个有约束的最小燃耗控制问题。

设登月舱软着陆示意图如图4-1所示。其中$m(t)$为登月舱质量；$h(t)$为高度；$v(t)$为登月舱垂直速度；g为重力加速度；$u(t)$为登月舱发动机推力。

最优控制任务是在满足控制约束的条件下，寻求发动机推力最优变化规律$u^*(t)$，使得登月舱由已知的初态转为要求的末态，并使性能指标

$$J=m(t_f)=J_{\max} \tag{4-8}$$

从而实现登月过程中燃料消耗量最少。

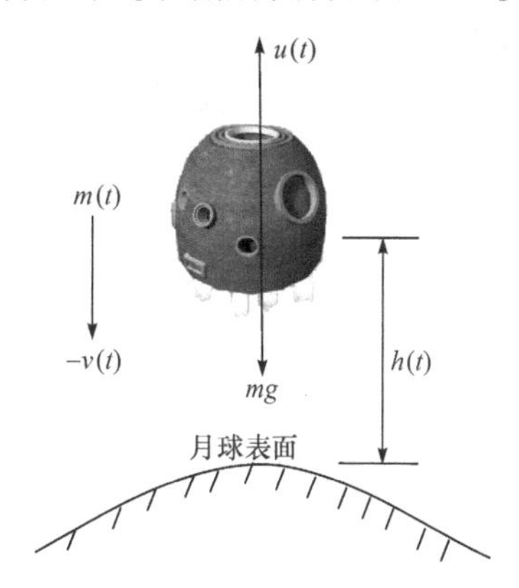

图4-1　登月舱软着陆示意图

工业系统中也有一些最优控制的应用，如生物工程系统中细菌数量的控制等。然而，绝大多数过程控制问题都和流量、压力、温度和液位的控制有关，用传统的最优控制技术来控制它们不合适。关于这一类问题，人们也提出了各种最优控制的方法，如智能最优控制等，但学术界尚无公认的完善的解决方法。

4.3.3　最优控制的主要方法

为了解决最优控制问题，必须建立描述被控过程的运动方程，给出控制变量的允许取值范围，指定运动过程的初始状态和目标状态，并且规定一个评价运动过程品质优劣的性能指标。通常，性能指标的好坏取决于所选择的控制函数和相应的运动状态。系统的运动状态受到运动方程的约束，而控制函数只能在允许的范围内选取。因此，从数学上看，确定最优控制问题的解可以表述为：在运动方程和允许控制范围的约束下，对以控制函数和运动状态为变量的性能指标函数（称为泛函）求取极值（极大值或极小值）。

1)* 最优控制问题的经典方法

(1) 变分法。

变分法是利用对泛函求极值以解决最优控制问题的一种数学方法。泛函是函数概念的一种扩展，是以函数为变元的函数。对泛函求极值类似于对函数求极值。函数可通过微分，在微分为零处获得函数的极值；泛函则可通过变分运算在变分为零处获得泛函极值。

最初变分法研究的性能泛函J一般是某函数g的积分。为了解决有目标集约束以及性能泛函为复合型的情况，人们将拉格朗日标量函数加以延伸，引入了哈密顿函数的概念，将带约束条件的泛函极值问题转化为无约束的泛函极值问题，以获得最优解的充分条件和

必要条件。

早期的变分法(古典变分法)只能用在控制变量的取值范围不受限制的情况。在许多实际控制问题中,控制函数的取值常常受到封闭性的边界限制,如飞行器的方向舵只能在两个极限值范围内转动,电动机的力矩只能在正负的最大值范围内产生等。因此,古典变分法对于解决许多重要的实际最优控制问题,是无能为力的。

(2) 极小值原理。

庞特里亚金等人对变分法中哈密顿方法加以推广,于1958年提出极小值原理。极小值原理的突出优点是其可用于控制变量受限制的情况,能给出问题中最优控制所必须满足的条件,解决了古典变分法不能处理控制函数受约束问题的缺陷。

用极小值原理解决问题的基本思路是:针对已知的系统以及给定的性能指标,构造一个哈密顿函数;列出正则方程及边界条件,令哈密顿函数对最优控制为最小值,令哈密顿函数对最优轨线为常数,这样获得一组方程;解方程即可得最优控制 U^* 及最优轨线 X^* 。

满足极小值原理的控制是否能使性能指标泛函取最小值,还需进一步判断。但如果实际问题的物理意义已经能够判定问题的解是存在的,而由极小值原理所求出的控制又是唯一的,则可以断定所求控制就是要求的最优控制。实际遇到的工程问题往往属于这种情况。此外还可以证明,对线性系统的最优控制问题,极小值原理给出的是必要且充分条件。

(3) 动态规划。

动态规划是数学规划的一种,同样可用于控制变量受限制的情况,是一种适合于在计算机上进行计算的比较有效的方法。动态规划从本质上讲是一种非线性的规划方法,其核心是贝尔曼最优性原理。这个原理可归结为一个基本递推关系式,将一个多步最优控制问题转化为多个一步最优控制问题,从而简化了最优控制过程。

动态规划在控制理论上的重要性表现为:利用动态规划求解控制或状态有约束的离散最优控制问题特别方便。对于离散控制系统,可以得到某些理论结果从而建立迭代计算程序;对于连续控制系统还可以建立与变分法和极小值原理的联系。

变分法、极小值原理与动态规划都是研究极值控制问题的经典数学方法,它们之间存在一定的内在联系。当然,对于同一个能用这三种方法求解的最优控制问题所得结果应是相同的。

2) 最优控制问题的在线优化方法

基于对象数学模型的离线优化方法是一种理想化方法。这是因为尽管工业过程(对象)被设计得按一定的正常工况连续运行,但是环境的变动、设备的老化以及原料成分的变动等因素形成了对工业过程的扰动,因此原来设计的工况条件就不是最优的。随着计算机技术的飞速发展和普遍应用,人们希望利用计算机动态更新最优控制规律,因此出现了各种在线优化方法。主要的在线优化方法有:

(1) 局部参数最优化和整体最优化设计方法。

局部参数最优化方法的基本思想是:按照参考模型和被控过程输出之差来调整控制器参数,使输出误差平方的积分(ISE)达到最小,使被控过程和参考模型尽快地精确一致。工业过程是一个动态过程,要让一个系统始终处于最优化状态,必须随时排除各种干扰,协调好各局部优化参数或各现场控制器,从而达到整个系统最优。

(2) 预测控制。

预测控制的优化模式具有鲜明的特点:它的实施过程,使得在控制的全过程中实现动态优化,而在控制的每一步实现静态参数优化。用这种思路,可以处理更复杂的情况,如有约束、多目标、非线性乃至非参数等。

(3) 稳态递阶控制。

对复杂的大工业过程(对象)的控制常采用集散控制模式,这时计算机在线稳态优化常采用递阶控制结构。这种结构既有控制层又有优化层,而优化层是一个两级结构,由局部决策单元级和协调器组成。其优化进程是:各决策单元并行响应子过程优化,由上一级决策单元(协调器)协调各优化进程,各决策单元和协调器通过相互迭代找到最优解。

(4) 系统优化和参数估计的集成研究方法。

该方法将优化和参数估计分开处理并交替进行,直到迭代收敛到一个解。这样计算机的在线优化控制就包括两部分任务:在粗模型(粗模型通常是能够得到的)基础上的优化和设定点下的修正模型。这种方法是由波兰学者芬德森(Findeisen)等人提出。

3) 最优控制问题的智能优化方法

对于越来越复杂的控制问题,一方面,人们所要求的控制性能不再单纯地局限于一两个指标;另一方面,上述各种优化方法,都是基于具有精确的数学模型基础之上的优化问题。然而,实际工程问题很难或不可能得到精确的数学模型,这就限制了上述优化方法的实际应用。随着模糊理论、神经网络等智能技术和计算机技术的发展(参见 4.5 节),近年来,智能式的优化方法得到了重视和发展,出现了神经网络优化、遗传算法优化和模糊优化等方法。

时至今日,在线优化方法和智能优化理论体系尚未完全确立,仍存在许多问题有待解决,为控制理论的研究提供了宽阔的空间。

4.3.4 最优控制的发展

最优控制理论已被应用于综合和设计最速控制系统、最省燃料控制系统、最小能耗控制系统等。时至今日,最优控制理论的研究,无论在深度和广度上,都有了很大的发展,并日益与其他控制理论相互渗透,形成了更为实用的学科分支,如鲁棒最优控制、随机最优控制等。

鲁棒控制的目的是要寻求一种反馈控制律,使闭环系统的特性(如稳定性和动态性能)不受建模误差和不可测扰动等不确定因素的明显影响,如果确定的反馈控制律不但具有鲁棒性,而且可使某一性能指标最优(次优),则称为鲁棒最优(次优)控制。

在早先的最优控制问题中,认为系统不受随机干扰作用,而且假定系统的状态变量都可以直接获得,因此,所研究的是确定性系统的最优控制问题。实际上,工程系统都或多或少地受到随机干扰的作用,也常常不可能获得系统状态的全部信息,而只能根据量测得到某些不完全信息。受到随机干扰的系统称为随机系统,其状态为随机变量。考虑系统所受到的随机干扰或模型本身的随机误差以及量测装置的量测误差和随机性的初始状态,人们已结合随机过程理论研究随机系统的最优控制问题。

此外,目前研究最优控制理论的热点还有分布参数系统的最优控制及大系统的递阶次优控制等。最优控制理论一直是控制学科活跃的研究方向之一。

4.4　自适应控制

4.4.1　自适应控制问题的提出

要成功设计一个性能良好的控制系统，一般都要掌握被控对象的数学模型。然而，实际上绝大多数被控对象的数学模型事先难以确知，或者它们的数学模型是变化的，对于这些对象的不确定因素，常规控制方法往往难以奏效。引起被控对象不确定的因素主要有以下几种。

(1) 系统内部机理过于复杂，很难利用现有的知识和方法确定它们的动态过程和有关参数，如化工过程的反应炉等。

(2) 因系统所处环境的变化而引起的被控对象参数的变化。例如飞行器随着飞行高度、飞行速度和大气条件的变化，动力学参数将发生变化；化学反应的过程参数随着温度、压力等因素的变化而变化；电子元器件参数随着温度、湿度和时间等因素而变化。

(3) 系统本身的变化引起被控对象参数的变化。例如飞行器飞行中，重量和质心随着燃料的消耗而改变；化学反应过程中，随着反应的进程、反应物/生成物浓度的变化，系统参数会有很大的变化；绕纸卷筒的惯性会随着纸卷的直径而变化；机械手的动态特性随机械手的伸屈在很大范围内变化。

为了较好地解决这类问题，提出了一种新的控制思想——自适应控制。这种思想可以表达为：在系统运行过程中，控制系统不断地测量被控对象的状态，估计出对象的性能或参数，从而“认识”或“掌握”被控对象；然后，根据掌握的被控对象信息，与期望的性能相比较，进而作出决策，来改变控制器的结构、参数，并根据自适应规律来改变控制作用，以保证系统状态达到某种意义下的最优或接近最优。

按照这种思想所建立的控制系统，称之为自适应控制系统(adaptive control system)。目前，自适应控制理论还处在发展之中。虽然关于自适应控制的论述是智者见智，但考虑到这些论述的一些共同概念要素，可把自适应控制简单地定义为：在系统工作过程中，系统本身能不断地检测系统参数或运行指标，并根据参数或运行指标的变化情况，自适应地修正控制参数或改变控制作用，以使系统运行于最优或接近于最优工作状态。

自适应控制是一种特殊的反馈控制，它不是一般的系统状态反馈或系统输出反馈，即使对于线性定常控制对象，自适应控制亦是非线性时变反馈控制系统。所以设计自适应控制比一般的反馈控制要复杂得多。

4.4.2*　自适应控制系统的基本类型和原理

尽管自适应控制系统的方案千变万化，但是它们仍有一些基本的共同点，结构上具有一定的相似性，图 4-2 表示了一个自适应控制系统的基本原理。

在这个系统中，性能计算或辨识装置根据被控对象的实时检测信息对被控对象的参数或性能指标连续地或周期地进行在线辨识，然后决策机构根据所获得的信息并按照一定的准则评价系统性能的优劣，依此决定控制器参数或控制信号变化的大小和方向，最后通过修正机构实现这项控制决策，使系统趋向所期望的性能，从而确保系统对内、外环境的变化具有自适应的能力。其中，性能计算或辨识装置、决策机构和修正机构合在一起统称为自适应

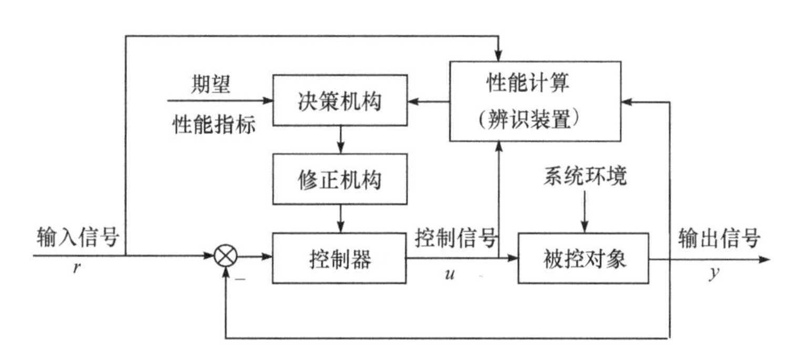

图 4-2　自适应控制系统基本原理图

机构，它是自适应控制系统的核心，本质上就是一种自适应算法。

下面将结合自适应控制系统的分类形式，简要介绍几种自适应控制系统的基本工作原理。

1) 可变增益自适应控制系统

这种系统的结构如图 4-3 所示。调节器按被控过程指定的变化规律进行设计。当系统工作情况和环境等变化时，通过能测量到的系统的某些变量，经过计算并按规定的程序来改变调节器的增益结构。

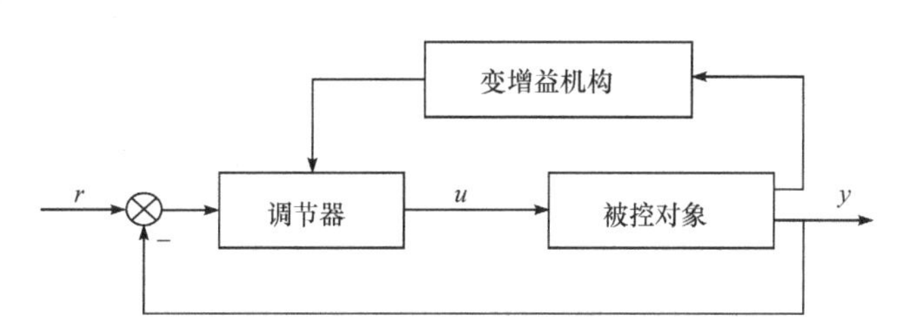

图 4-3　可变增益自适应控制系统

这种方案中系统参数的变动处于开环之中，其理论和分析方法均不同于其他自适应控制系统。虽然它难以完全克服系统参数变化带来的影响以实现完善的自适应控制，但是由于它具有结构简单、响应迅速和运行可靠等优点，因而获得了较为广泛的应用。

2) 模型参考自适应控制系统

模型参考自适应控制系统是由线性模型跟随系统演变而来。线性模型跟随系统的方块图如图 4-4 所示，它由参考模型、控制器、模型跟随调节器和被控对象组成，其中参考模型反映被控对象应该具有的特性(理想特性)。模型跟随调节器的输入是参考模型的输出 y_m 和被控对象输出 y_p 的广义输出误差，它的功能就是确保被控对象输出 y_p 能够跟踪参考模型的输出 y_m，消除广义误差 e，使被控对象具有与参考模型一样的性能。

然而，设计模型跟随调节器时需要事先知道被控对象的数学模型及有关参数。如果这些参数未知，或是在运行过程中发生变化，那么有必要把线性模型跟随控制系统加以改造，从而引出了模型参考自适应控制系统。

模型参考自适应控制系统的基本结构如图 4-5 所示。

它由两个环路组成：内环由调节器与被控对象组成可调系统，外环由参考模型与自适应机构组成。当被控对象受干扰影响而使运行特性偏离了期望轨线，则参考模型的输出 y_m

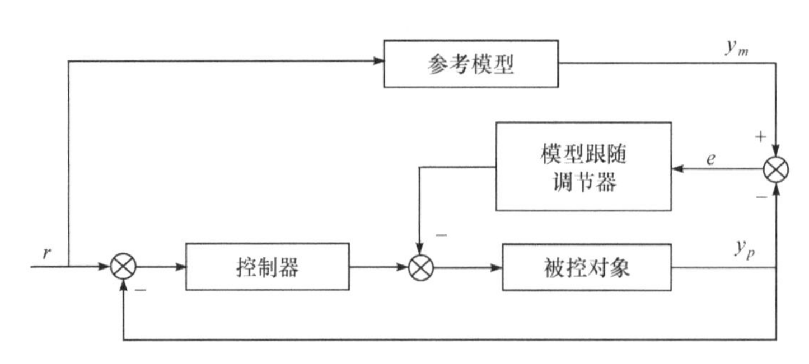

图 4-4　线性模型跟随系统

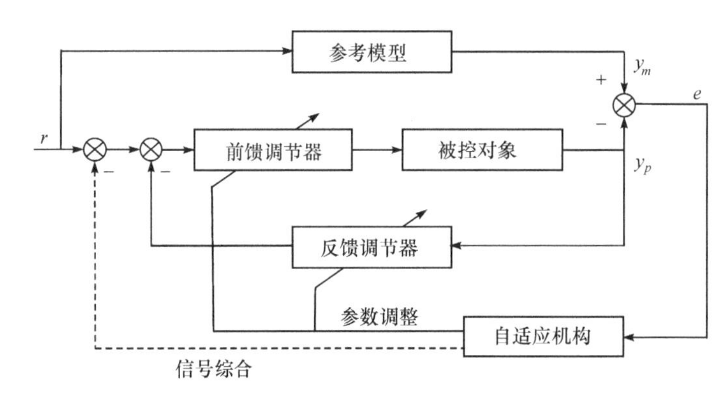

图 4-5　模型参考自适应控制系统

与被控对象的输出 y_p 相比较就产生了广义误差 e，通过自适应机构，根据一定的自适应规律产生反馈作用，以修改调节器的参数或产生一个辅助的输入信号，促使可调系统与参考模型输出相一致，从而使广义误差 e 趋向极小值或减少至零，这就是模型参考自适应控制系统的基本工作原理。系统中的参考模型并不一定是实际的硬件，它可以是计算机中的一个数学模型。

模型参考自适应控制系统的结构形式除了可以用来达到控制的目的之外，还可用来作为系统参数估计或状态观测的自适应方案，如图 4-6 所示。其结构与用作控制时的区别仅在于将参考模型与实际对象的位置作一交换，两者是互为对偶的形式。

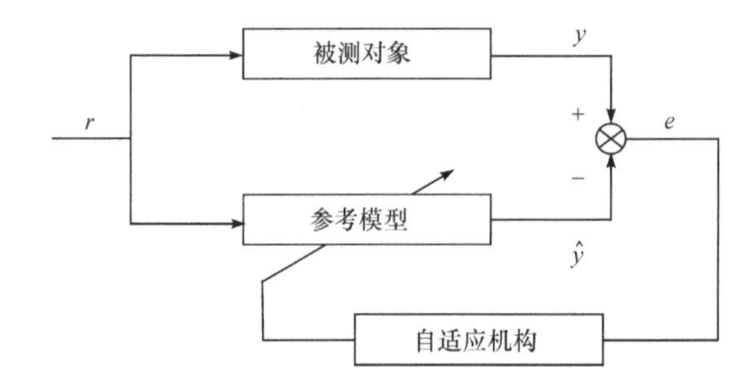

图 4-6　模型参考自适应参数估计与状态观测系统

3) 自校正控制系统

自校正控制系统亦称参数自适应系统，一般结构如图 4-7 所示。它也有两个环路：一个环路由调节器与被控制对象组成(内环)，它类似于通常的反馈控制系统；另一个环路由递推参数辨识器与调节器参数设计计算机组成(外环)。

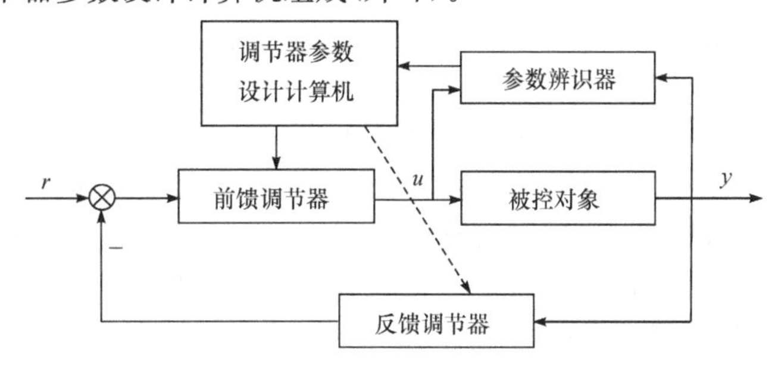

图 4-7　自校正控制系统

因此，自校正控制系统是将在线参数辨识与调节器的设计有机地结合在一起，在运行过程中，首先进行被控对象的参数在线辨识，然后根据参数辨识的结果，进行调节器参数的设计，并根据设计结果修改调节器参数以达到有效地消除被控对象参数摄动所造成的影响。

在自校正控制系统中，参数辨识的方法有很多种，如随机逼近法、递推最小二乘法、辅助变量法以及极大似然法等，但主要是递推最小二乘法。自校正控制规律的设计可以采用各种不同的方案，比较常用的有最小方差控制、二次型最优控制和极点配置等。

4) 直接优化目标函数的自适应控制系统

直接优化目标函数的自适应控制是一种较新的设计思想。虽然它和模型参考自适应系统、自校正控制系统有着密切的关系，但为了引起读者的重视，不妨把它单列为一类形式，这种自适应控制系统的结构如图 4-8 所示。

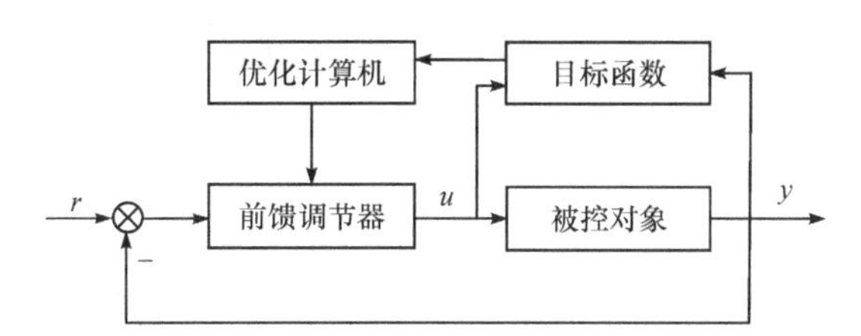

图 4-8　直接优化目标函数的自适应控制系统

它的基本思想是选定目标函数

$$J(\eta)=E\{g[y(t,\theta),u(t,\theta)]\} \tag{4-9}$$

式中，θ 为调节器的可调参数，$E\{\cdot\}$表示取数学期望。

对上述目标函数求极小，用随机逼近法求得自适应控制规律。这是一种更为直接的和概括性更强的新的设计思想。

由于工业生产过程的复杂性和人类认识的片面性和局限性，上述各种自适应控制系统的研究还有许多工作要做，如参数收敛性、系统鲁棒性等。与此同时，人们仍在探索新的自适应控制系统的设计方案，如自组织自适应控制系统、自学习自适应控制系统等。相较于前述四种方案(这四种方案都需假定被控对象数学模型的结构是不变和已知的，从而可调控制器的结构也是不变和已知的，只要适当调整它的参数值就可达到自适应的目的)，新型自适应控制系统方案将进一步弱化或取消这一假设。

4.4.3 自适应控制的应用概况

自适应控制系统最早是在航空方面得到应用的。这是由于飞机的动力学特性与许多环境因素和结构参数有关,飞机的动力学参数可能在相当大的范围内变化,要使飞机在整个飞行高度与速度范围内保证高质量的控制,依靠经典的控制理论是难以解决的。为此,20 世纪 50 年代末期,美国麻省理工学院的怀特克尔(Whitaker)教授首先提出并设计了模型参考自适应控制的方案。经模拟研究和飞行实验表明,在飞机正常速度下,该模型参考自适应控制系统具有满意的性能,但是限于当时计算机技术和控制理论的发展水平,这一自适应控制技术的成果未能得到迅速的发展和推广。随着计算机技术和控制理论发展水平的不断提高,特别是由于航空航天事业迅速发展的需要,目前,自适应控制在航空航天方面取得了相应的发展和应用。

在航海方面,首先是由阿米荣艮(Amerongen)等学者提出在大型油轮上采用自适应自动驾驶仪,代替原有的 PID 调节器自动驾驶仪。实践证明,自适应自动驾驶仪能够在变化复杂的随机环境下,如在海浪、潮流、阵风的干扰下,以及在不同的负荷、不同的航速下,都能使油轮按照预定的航迹稳定而可靠地航行,并取得了良好的经济效益。

随着计算机技术的发展和自动控制理论的不断完善,自适应控制技术的推广应用将不断发展,这种控制技术不但用于各工业部门(如电力系统、化工生产、电力拖动、冶金等),近年来还被推广应用于非工业部门,如生物医学部门。可以相信,随着理论的不断完善和计算机技术的迅速提高,自适应控制的应用将会越来越广泛。

4.5 智能控制

经典控制和现代控制理论是基于被控对象精确模型的。但是,现实中大多数被控对象常表现为行为的高度非线性和动态突变性、环境的强干扰性、时间多尺度性、信息结构的复杂性等,并且这些都难以用精确的数学模型(微分方程或差分方程)来描述。此外,被控对象往往还存在某些不确定性,也难以用精确数学方法加以描述。因此,基于精确模型的控制理论就难以解决这类复杂对象的控制问题。智能控制就是伴随着被控系统的高度复杂性、高度不确定性及人们要求越来越高的控制性能而产生的,其基本思路是通过模拟人的智能,来实现对复杂不确定性系统的有效控制。

4.5.1 智能与智能控制的定义

对"智能"概念目前并无统一的定义,一般认为,智能是指个体对客观事物进行合理分析、判断及有目的地行动和有效处理周围环境事宜的综合能力。智能系统能够正确解释外界数据,从这些数据中学习,并利用学得的模型或知识来实现特定的目标和任务。

智能控制是一种控制技术,可以自动感测被控对象的被控量,并比较出与期望值的偏差,同时采集环境信息,进而根据所采集的输入信息和已有知识依一定规则进行推理,达到对被控对象输出的控制,同时使偏差尽可能减小或消除。其所使用的人工智能方法一般包括人工神经网络、模糊逻辑、机器学习、进化计算和遗传算法等。

4.5.2　智能控制系统的主要特点

经典控制和现代控制方法研究的主要目标是被控对象，而智能控制研究的主要目标是控制器本身。因此，智能控制的研究重点不在对控制对象数学模型的分析，而在于智能控制器模型的建立，包括知识的获取、表示和存储，智能推理方式的设计等。其控制对象和控制性能具有如下特点：

(1) 无须建立被控对象的数学模型，特别适合非线性对象、时变对象和复杂不确定的控制对象；

(2) 可以具有分层递阶的控制组织结构，便于处理大量的信息和储存的知识，并进行推理；

(3) 控制效果具有自适应能力，鲁棒性好；

(4) 可以具有学习能力，控制能力可以不断增强。

4.5.3　智能控制的主要方法与原理

1) 专家系统

专家系统(expert system，ES)是一种能在某个领域内，以人类专家的知识和经验来解决该领域中高难度任务的计算机软件系统，其主体是一个基于知识的计算机程序。专家系统的基本构成和功能如下：

(1) 观察、监测系统中的有关变量和状态；

(2) 综合运用自己的知识和经验判断当前系统运行的状态；

(3) 分析比较各种可以采用的控制策略并选择其中最优者予以执行，用计算机予以实现。

2) 模糊控制

模糊控制(fuzzy control，FC)的基本思想是用语言归纳操作人员的控制策略(知识、经验和直觉等)，运用语言变量和模糊集合理论形成控制算法。不需要建立控制对象精确的数学模型，只要求把现场操作人员的经验和数据总结成比较完善的语言控制规则，因此模糊控制方法能有效规避被控对象的不确定性、不精确性、噪音以及非线性、时变性、时滞等影响。

3) 人工神经网络

人工神经网络(artificial neural networks，ANN)是一种应用类似于大脑神经突触连接的结构进行信息处理的数学模型，在工程与学术界也常直接简称为“神经网络”。神经网络控制可以分为两个步骤：系统识别和控制。研究证明前馈控制网络配合非线性、连续且可微的激活函数可以有通用逼近的能力，而循环神经网络也已广泛用在系统识别中。假设有一组输入一输出训练数据对，系统识别可以在数据对中形成映射，其目的是找到系统的动态特性。

4.6　数据驱动的控制

随着现代科学技术与社会经济的快速发展，一方面，工业企业的规模越来越大，且生产、设备和过程也越来越复杂；另一方面，企业已经进入大数据时代，产生海量运行数据，这些数据隐含着工艺变动和设备运行等复杂信息。面对上述情况时，基于模型的控制理论方法在实际的应用中，面临着诸多前所未有的挑战，发展数据驱动的控制方法具有重要的理论和现实意义。

4.6.1 数据驱动控制的定义

数据驱动控制(data-driven control，DDC)的概念最早起源于计算机领域，从 20 世纪 90 年代以来，基于数据的控制系统设计方法不断涌现。数据驱动控制方法不依赖于被控对象的数学模型信息，仅利用被控系统的在线和离线输入输出(input/output，I/O)数据以及经过数据处理而得到的知识来设计控制器，即直接从数据到控制器设计的控制理论和方法，其在一定的假设下，具有收敛性、稳定性和鲁棒性分析保障，主要适用于如下几种情况：

(1) 精确的机理模型很难建立或不可获取；

(2) 能够建立机理模型，但模型太复杂，阶数太高，非线性太强，难以进一步对其分析研究；

(3) 能够建立机理模型，但模型精度较差或者不确定性大的系统。

可见，基于模型的控制和数据驱动控制方法是互为补充、互相促进而非对立的。

4.6.2 数据驱动的控制方法

对于一些难以构建或者根本无法构建精准数学模型的受控目标，基于模型控制的方法很难在实际中获得良好的控制效果甚至无法对其设计合适的控制器。解决上述问题的关键所在就是在设计控制器时弱化被控对象对于精确数学模型的要求。

1) 比例-积分-微分控制

传统的 PID 控制本质上是一种简单的基于数据驱动方法，它并不需要被控对象的具体数学模型就可以对其控制，即利用输入到控制器的数据来产生控制量便可以对系统进行控制。PID 控制因其原理简洁明了、工程上操作方便、稳定性强等诸多优势，在工业自动化控制领域得到了广泛的应用。然而 PID 控制依旧存在着对强耦合、非线性时变系统无法实时控制的缺点。其主要原因是没有充分利用整个系统中的数据，其中包括被控对象系统结构的变化，未建模的动态特性以及无法建模的未知干扰等信息。

2) 模糊控制

尽管模糊控制是 20 世纪 80 年代出现的主要智能控制方法之一，但因其主要是利用数据来建立模糊规则和模糊参数，以实现不依赖被控对象精确模型的控制，故它本质上就是一种数据驱动的控制方法。然而，该方法要从已有的大规模数据中自动提取规则和优化参数尚有一定困难，且自学习能力和自整定能力也较为缺乏。

3) 人工神经网络控制

人工神经网络是由神经元和节点组成，而生物神经元的连接被建模为权重。正值表示兴奋性联系，而负值表示抑制性联系。所有输入均通过权重进行修改并求和，此操作被称为线性运算，而后激活函数控制输出的大小，如利用 Sigmoid 激活函数将输出范围限制在(0,1)内。神经网络可用于预测建模、自适应控制等，通过对数据集进行训练，在网络内部调整网络权重大小，从一组看似无关的复杂信息中得出结论。由于人工神经网络强大的信息处理能力，合理的模型拥有通用逼近能力，已被用来解决几乎所有科学和技术领域的问题。神经网络控制主要包括系统识别与控制两个步骤：给定一组输入输出数据对，通过系统训练在这些数据对之间形成映射，以捕获系统的动态；得益于其强大的函数逼近能力，神经网络不仅可以充当控制对象的模型，还可以充当控制器，广泛应用于控制领域中，具有决策、规划以及学习能力。然而由于神经网络“黑箱”性质的限制，获得满足需求的模型通常需要较长的时间，训练的过程较依赖于计算能力和数据量。

4）遗传算法控制

遗传算法(genetic algorithm，GA)是受自然选择过程启发的智能计算方法，属于演化计算(evolution computation，EC)的大类。借鉴于生物学中基因和染色体等概念，遗传算法控制方法通常先对待优化的参数进行二进制编码。用随机方法生成初始种群，拥有一定数目的个体，接着在每一代中都对每个个体进行评价，并通过计算适应度函数得到适应度数值。按照适应度递减排序种群个体，经过一系列遗传操作如变异、交叉和选择等，获得精英群体以用于优化控制问题。遗传算法控制方法可以较好地优化控制器参数，获得较好的动静态响应性能。

5）去伪控制

去伪控制由一组候选控制器和一个去伪控制算法组成，该算法决定哪个控制器将达到最佳性能。仅根据系统输入和输出的度量提供的信息来选择最合适的控制器。通常由可逆候选控制器集合、评价控制器的性能指标和去伪控制算法三个要素组成。去伪控制方法本质上属于一种切换控制方法，但与一般的切换控制方法有所不同，它能在控制器作用于闭环反馈系统之前有效地剔除伪控制器，表现出较好的瞬态响应。尽管去伪控制的实施并不是基于模型的，但在许多情况下，可以使用不同的基于模型的设计来生成一组候选控制器。此外，基于成本函数的去伪需要实时进行，在许多情况下可能需要复杂的计算，因此在实际实现去伪控制的方法中，需要对内存与计算时间进行折中。

6）无模型自适应控制

无模型自适应控制是数据驱动控制的一种，它使用动态线性化技术构建了等价动态线性化模型。等价动态线性化模型包含一些随时间变化的参数，在实践中，通常很难获得最终的随时间变化的参数，但是可以通过使用控制系统的历史数据来估计参数。这些随时间变化的参数通常隐含高非线性，并且如果所得随时间变化的参数的非线性很严重，则性能将会下降。获取随时间变化参数的传统方法是投影算法和递归最小二乘等。除了虚拟等效动态线性化模型中的每个时变参数都可以视为非线性函数外，径向基函数神经网络也可以用于估计其中的时变参数。

7）迭代学习控制

迭代学习控制(iterative learning control，ILC)一直是处理重复跟踪控制的非常有效的控制策略之一，旨在提高在相同初始条件下以重复模式工作系统的性能。基本思想是，将从先前试验中获得的信息用作当前试验的对照输入，以跟踪改善性能。以重复方式运行的系统示例包括机械臂，装配线任务，化学批处理过程，可靠性测试台等。在每一个任务中，都要求系统高精度地重复执行相同的动作。通常，ILC 通过自我几次迭代来调整参数以提高跟踪性能，无须使用系统动态模型，然而 ILC 的使用中也存在三个难点：第一个是精度，第二个是收敛速度，第三个是对干扰和不确定性的拒绝。虽然单调收敛在应用中通常是必不可少的，但许多 ILC 算法并不保障单调收敛，因此，判断 ILC 算法的效率非常重要。

8）强化学习控制

强化学习（reinforcement learning，RL）是机器学习领域的三大范式之一，智能体以试错的方式在环境中采取行动，以使累积奖励的目标最大化。常用于解决以马尔可夫决策过程（Markov decision processes，MDPs）表示的最优控制问题，MDP 在离散的时间工作，在每个时间步，控制器都以状态信号的形式从系统接收反馈，并采取相应的措施，进而获得最优策略，即从状态到动作的映射。RL 的第一个优点是其通用性，即它可以处理非线性和随机动力学以及非二次回报函数。尽管表格型强化学习在离散值状态到动作映射取得不错的效果，但是在复杂问题空间中，容易出现“维数灾难”的问题，以致获得次优策略。利用数值函数逼近技术可以避免这种局限性，而这种函数逼近的强化学习算法是当前 RL 研究的主要重点。除了通用性之外，RL 的另一个关键优势在于无模型性，即不需要系统动力学的模型，甚至不需要奖励函数的表达式。取而代之，可以离线或预先从系统中获取一批样本，从样本中学习，也可以直接从系统中以闭环方式获取样本，同时利用控制器来在线学习。因此，在动力学未知或受不确定性影响的情况下，RL 是寻找（逼近）非线性系统最优控制器极有价值的工具。

当 RL 应用于状态和活动变量是连续的系统中时，并且由于所考虑的动力学和奖赏函数的一般性，通常无法导出精确的价值函数或控制策略，必须使用函数逼近技术来表示它们，即一般用策略迭代的方式工作。该方法可以找到固定策略的长期价值，直接从观察到的数据中优化策略参数，类似于控制中的极值搜索，并对策略进行改进。当 RL 与特定类型的函数近似器，如深度神经网络（deep neural network，DNN）结合使用时，所用方法称为深度强化学习（deep reinforcement learning，DRL），其在 Atari 游戏、Alpha Go 以及运动控制方面取得了令人印象深刻的成果，因此该领域引起了广泛关注。

4.7 本章小结

本章概要介绍了几种控制方法的基本原理、特点及其应用。PID 以其结构简单、稳定性好、工作可靠、调整方便而成为工业控制中应用最为广泛的控制器之一。然而，PID 控制器并不能解决复杂的控制问题，对于高精度伺服控制和跟踪控制问题往往控制效果不佳。

非线性系统控制尚没有一套可行的通用分析和设计方法，当实际系统的非线性程度不是很严重时，常采用将非线性问题在工作点附近小范围内近似线性化进行分析与设计；当实际系统的非线性程度比较严重时，应采用非线性系统的研究方法进行分析和设计。但非线性系统设计方法往往只能针对某一类问题有效，不能普遍适用，因此，对非线性控制系统的认识和处理还有待继续深入研究。

自适应控制的研究对象是具有一定程度不确定性的系统，自适应控制主要采用模型参考自适应控制与自校正控制方式来完成，可以增强控制系统的鲁棒性。

最优控制理论作为现代控制理论的重要组成部分，主要研究使控制系统的性能指标实现最优化的基本条件和综合方法。它通过采用经典变分法、极小值原理以及动态规划等方法解决最优控制问题。因最优控制问题的求解必须建立在描述被控对象运动方程基础上，所以最优控制对于难以获得精确模型的控制问题并不适用。此外，人们针对过程控制所提出的智能最优控制等最优控制方法还有待进一步发展和完善。

智能控制是随着专家系统、模糊控制、人工神经网络等的迅速发展而新兴的一门学科，是控制理论发展的高级阶段，主要用来解决那些用传统方法难以解决的复杂系统的控制问题。智能控制理论和方法正处在不断发展和完善阶段，并从单纯的智能控制逐步走向综合性控制。各种智能控制方法之间的交叉与结合，以及智能控制方法与传统控制方法的交叉与结合是控制领域的一个发展方向。

随着信息科学技术的发展，工业控制过程正向大型化、复杂化、精准化方向迈进，并在工业过程中产生并存储着大量的过程状态数据，这些数据包含着工业过程运行和设备状态的全部信息。如何有效利用这些离线或在线数据信息，在难以建立复杂的被控系统准确数学模型的条件下，实现对生产过程和设备的精准有效控制，甚至实现对系统的监测、预报、诊断和评估等，亟需发展数据驱动的控制理论与方法。因此，数据驱动控制理论方法是新时期控制理论发展与重大应用的必然需求，具有重要的理论与现实意义。

思 考 题

1. P、PD 控制器各有哪些优缺点？PID 控制器各参数调节的目的是什么？
2. 试讨论采用线性系统控制方法解决非线性系统控制问题时的注意事项。
3. 解决最优控制问题的基本技术和方法有哪些？试简要描述计算机在最优控制问题求解过程中的作用。
4. 举出来自实际的最优控制问题例子，并尝试说明用最优控制方法如何解决。
5. 试列出自适应控制系统的主要类型，并对其中一种类型的工作原理和特点进行说明。
6. 试简要说明自适应控制技术研究的主要问题。
7. 试分析出现多种“智能控制”定义的原因。
8. 试查阅相关资料，尝试对传统控制和智能控制的特点进行比较，并说明它们之间的关系和差异。
9. 各种智能控制方法之间的交叉与结合以及智能控制方法与传统控制方法的交叉与结合是控制领域的一个发展方向。试提出 1～2 个可能的交叉结合点，并描述相应的研究思路。
10. * 试比较基于模型的控制与数据驱动的控制的特点。

扩展理解——六足机器人的控制方法

六足机器人的控制根本上是对六足机器人各关节处执行机构的控制，执行机构不同，所采用的控制方法也都不尽相同。以电机驱动为例，常见的执行机构有步进电机、伺服电机、舵机等，其中步进电机通过输入脉冲个数控制转动角度，伺服电机通过输入脉冲持续时间长短控制转动角度，而舵机则可看作是小型的伺服电机。

电机 PID 闭环控制是较为成熟的一种控制方法，通过对比例系数 K_p、积分系数 K_i 和微分系数 K_d 的设定，能够实现对六足机器人各关节状态的精准控制。伺服电机的控制一般包含位置、速度、电流三个控制环，如图 K4-1 所示。电流环处于最内层，该环在伺服驱动器内部进行，通过电流传感器检测驱动器给电机各相的输入电流，负反馈给电流的设定进行 PID 控制，从而使得输出电流尽量接近等于设定电流；速度环通过检测伺服电机编码器的速度信号进行 PID 调节（速度环主要进行 PI 调节），它的环内 PID 输出直接就是电流环的设定；位置环位于最外层，通过检测伺服电机编码器的位置信号来进行 PID 调节（位置环主要进行 P 调节）。通过三个控制环能够提高被控对象的响应速度，增强被控对象对外界干扰的抵抗能力。

在实现对六足机器人各关节执行机构的精确控制后，就可以采取不同的控制方法使六足机器人完成预定的任务。最简单的控制方法是规划器规划足端运动轨迹并对其离散化，处理器根据离散化后的足端轨迹以及机身姿态解算出各离散点所对应的关节目标转角值，最后控制器控制关节转动到目标角度。以

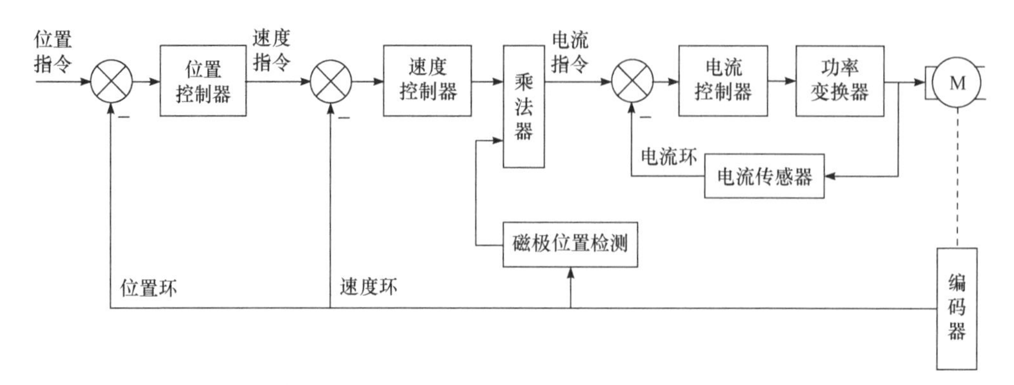

图 K4-1 伺服电机控制方块图

控制六足机器人完成三足步态行走为例，算法实现流程如图 K4-2(a)所示。当处理器启动后，定时器开始计时，进入中断模式，然后判断定时器是否溢出，如果是，则判断变量 MODE 是否等于 0，如果否，则 1、3、5 腿进入前摆子程序，且程序结束时令 MODE 变量等于 1。在子程序中还要判断该腿是否处于支撑状态，再进行下一步指令；如果否，则 2、4、6 腿进入前摆子程序，程序结束时令 MODE 变量等于 0。

对于每条腿，算法实现流程图子程序如 K4-2(b)所示，程序先进入支撑子程序判断是否处于支撑相，如果否，则再进入摆动子程序，判断是否处于摆动相；如果是，则输出下一时刻目标转角值，循环变量自加。在判断是否处于摆动相时，如果是，则输出下一时刻目标转角值，循环变量自加；如果否，则判断足端压力是否到达指定值，如果是，则结束，如果否，则输出下一时刻目标转角值，循环变量自加。在执行完循环变量自加之后需要判断当前程序周期是否完成，如果是，则退出子程序。如果否，则继续执行。

六足楼梯攀爬对比

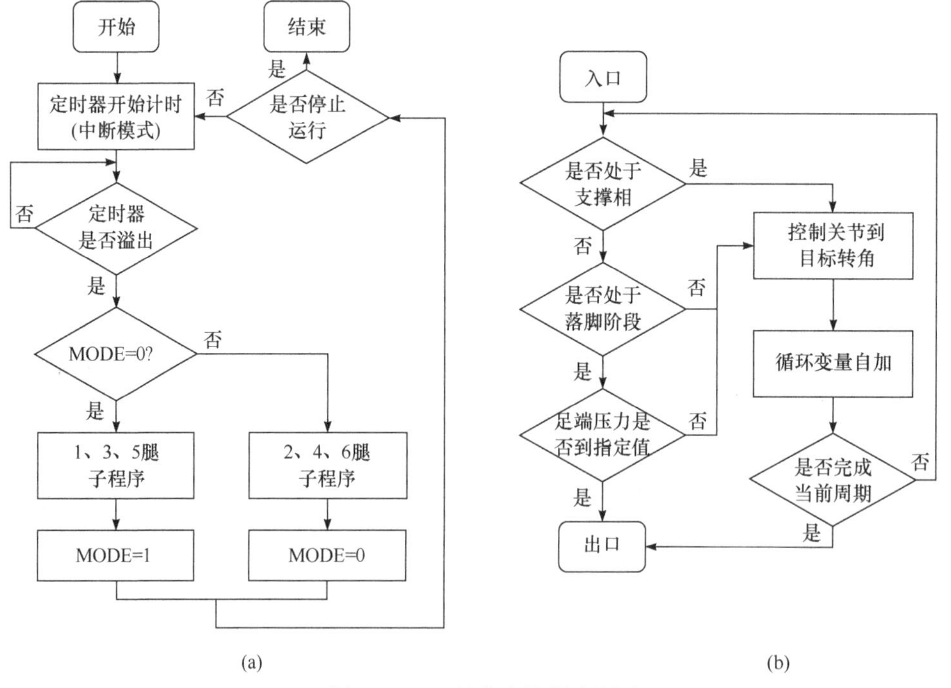

图 K4-2 三足步态控制流程图

除了编程人员事先编写固定行为的运行程序以外，还可以利用一些自主性更强的方法，如中枢模式发生器(central pattern generator，CPG)、最优控制、强化学习等实现对六足机器人的控制。其中，基于 CPG 的运动控制是仿生控制的一个重要分支，它已经成为仿生控制领域的研究热点之一。CPG 能够在缺乏高层控制信号和外部反馈的情况下，自发产生稳定的节律性运动，无需对环境和自身建模，可以减少控制系统的工作量，节约工作时间；最优控制方法根据建立的六足机器人数学模型，规划一个容许的控制率，使得六足机器人按照预定的要求运行，并使给定的系统性能指标达到极大值或极小值(例如运动轨迹最短、消耗电量最少等)；强化学习方法将六足机器人的运动建立成一个马尔可夫决策过程，六足机器人基于事先设定的任务，与环境不断交互试错，接收环境对动作的奖励(反馈)获得学习信息并更新模型参数，最终训练得到最优控制策略。近些年随着深度学习的发展，深度强化学习算法随之成为研究热点，利用深度强化学习算法能够完成对图像、激光点云等高维信息的感知，实现端到端的决策任务。图 K4-3 展示了六足机器人利用深度强化学习算法自动生成梅花桩环境中的全局最优运动策略案例。图 K4-3(a)～(d)分别对应了仿真的等高度梅花桩环境、随机高度梅花桩环境、阶梯梅花桩环境和真实梅花桩环境。

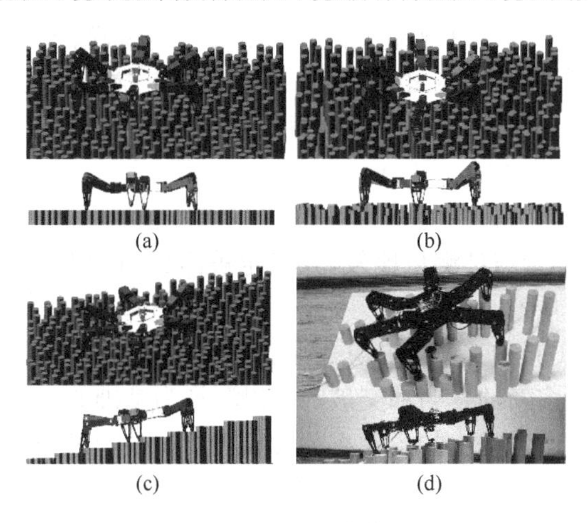

图 K4-3　六足机器人走梅花桩

六足走梅花桩

第5章　自动控制系统的基本元件与设备

一个具有反馈结构的自动控制系统，其本质是信息的处理和应用，一般由四个主要部分构成，即信息获取元件（传感器）、信息传输设备（信号转换与传输网络）、信息处理设备（控制器）和信息应用设备（执行器）。

5.1　信息获取元件——传感器

自动控制系统的信息获取是通过测量变送实现的，只有精确、及时地对被控对象的各项参数进行检测，并正确直观地反映出来，整个系统才能正常、有效工作。在自动化系统中，实现测量任务的元器件被称为信息获取元件，主要是各种传感器。

5.1.1　测量量与测量原理

测量就是以同性质的标准量与被测量比较，并确定被测量与标准量的倍率。标准量称为单位量，测量的结果称为测量量。

测量与工程、医学、科学实验和工业生产有着非常密切的关系，它在人们对自然界的认知过程中起了很大的作用，许多新的发明和突破都是以测量为基础的。在工业生产中，就是靠稳定、准确且及时地检测生产过程中的各种有关参数来实现生产过程自动化的。

测量是人类认识客观世界的最基本的方法。人们通过测量可以建立对客观事物属性量度的认识。通过对测量结果数据进行必要的归纳和演绎，从中找到客观事物的演变规律，提出科学的理论。具体到自动化系统中，测量可以提供给设计者被控对象的诸多信息，从而为设计者科学设计控制器，实现对系统的有效控制提供依据。

测量的过程实质上是信息的变换、传递和比较的过程。例如，用水银温度计测量室温时，室温被变换成玻璃管内水银柱的热膨胀位移，而温度的标准量就是玻璃管上的刻度，这样被测量和标准量都换算成线位移，两者进行比较，从而读出被测室温的数值。

测量量一般由数值（大小和符号）和相应的单位两部分组成，也可以用曲线和图形等方式表示，但它们同样包含数值和单位。

若设被测量为 x，单位量为 x_0，则测量量 A_x 为

$$A_x=\frac{x}{x_0} \tag{5-1}$$

式(5-1)也称为测量基本方程。

由式(5-1)可知，对同一个被测量 x，测量量 A_x 的大小与所选定的单位量 x_0 有关，x_0 越大，测量量 A_x 越小，反之亦然。

如对同一个被测量 x，选用不同单位量 x_{01} 和 x_{02}，由式(5-1)得到的测量量分别为

$$A_{x1}=\frac{x}{x_{01}} \tag{5-2}$$

$$A_{x2}=\frac{x}{x_{02}} \tag{5-3}$$

则有

$$K=\frac{A_{x2}}{A_{x1}},\quad 或 A_{x2}=KA_{x1} \tag{5-4}$$

式(5-4)中系数 K 称为换算因数。

换算因数是这样一个数，即用一定单位量测量某一量所得到的测量量，可通过换算因子 K，得到用新单位表示的该被测量的测量量。

由式(5-4)可以看出，测量单位的确定和统一是非常重要的。为了对同样一个量在不同时间、地点进行测量时，得到相同的测量量，必须采用公认的且固定不变的单位。单位标准就是为解决这一矛盾而建立的。为此，每个国家的计量单位都是以专门的“法律”来加以规定。在国际范围内，计量标准不一致时要通过协商来加以调整。

和许多其他的系统一样，自动化系统中用于测量的主要元件是传感器。关于传感器的定义，有很多种说法，一般有广义和狭义之分。传感器广义上的定义是“能感受规定的被测量并按照一定规律转换成可用输出信号的器件和装置”；而传感器狭义上的定义是“一种将物理量转变为电量的机械电子装置”。

具体来说，传感器就是一个具有输入 $x(t)$ 和输出 $y(t)$ 的系统。图 5-1(a)表示自激发式传感器系统，而图 5-1(b)则表示调制式传感器系统。

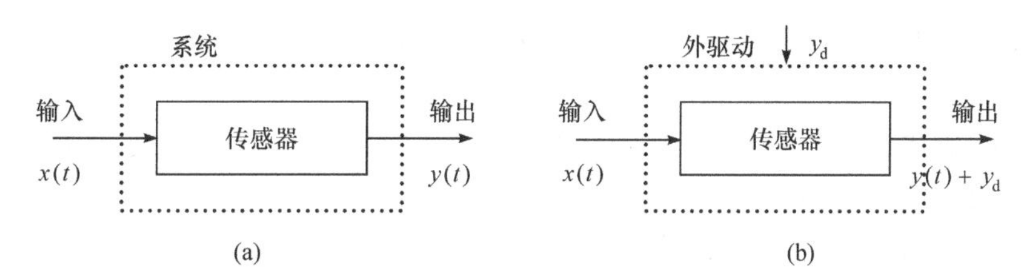

图 5-1　自激发式和调制式传感器

自激发式传感器系统的输出能量是由输入信号提供的，其最好的实例是热偶。热偶的输入信号是结点的温度 ΔT，而输出是温度电动势 $E(t)$(单位用 mV 表示)。

描述自激发式传感器的一般方程可写作

$$y(t)=F(x(t)) \tag{5-5}$$

对于调制式传感器，其系统方程可写作

$$y(t)=F(x(t)+x_d(t)) \tag{5-6}$$

其中，外来信号 $x_d(t)$ 应该是理想的无噪声的函数，如 $x_d(t)$ 可以是驱动电流或常值电压。

图 5-2 表示输入信号与输出信号成正比的理想传感器输入输出特性。该理想传感器不仅具有线性输出信号 $y(t)$，而且它是随输入信号 $x(t)$ 即时(瞬间)变化的。

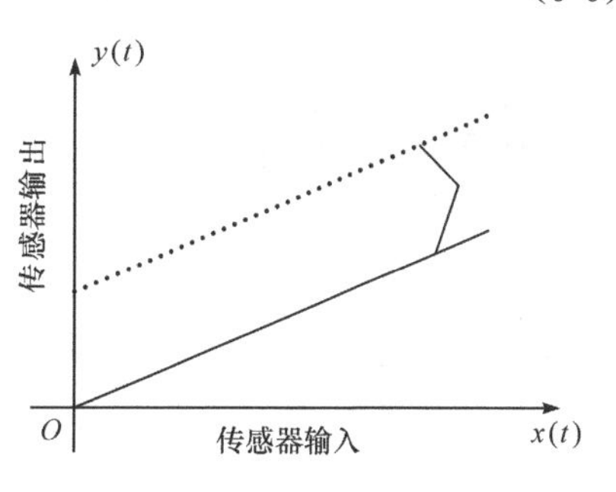

图 5-2　理想传感器输入输出特性

5.1.2　传感器的组成和分类

传感器通常由敏感元件和转换元件组成。其中,敏感元件是指传感器中能直接感受被测量的部分,转换元件是指传感器中能将敏感元件输出转换为适于传输和测量的信号部分。传感器的组成如图 5-3 所示。

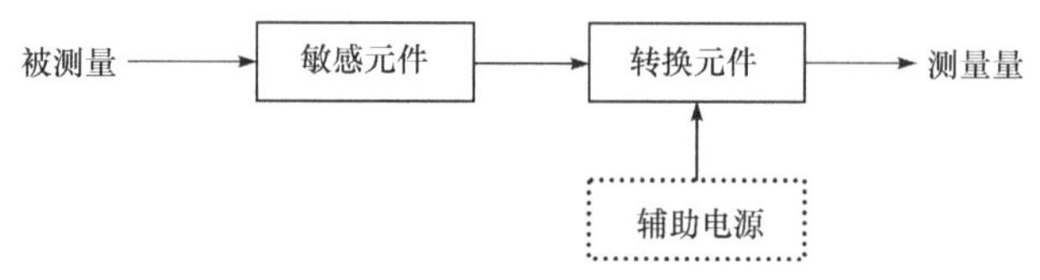

图 5-3　传感器的组成

常用的传感器种类繁多,分类的方法也很多。一般的分类方法如下所述。

(1) 按传感器测量原理分类。传感器可分为电阻式传感器、电容式传感器和电感式传感器等。

(2) 按信号变换特征分类。传感器可分为物性型和结构型。物性型传感器基于特定材料的某种物理或化学效应;结构型传感器基于其机械结构的工作原理。近年来,物性型传感器发展迅速,材料科学中对陶瓷材料、新型压电材料、高分子有机物、某些金属氧化物和铁电体等的研究十分活跃。

(3) 按敏感元件与被测对象之间的能量关系分类。传感器可分为能量转换型与能量控制型。能量转换型传感器是由被测对象输入能量使其工作的,如热电偶温度计、弹性压力表等;能量控制型是从外部供给辅助能量使传感器工作的,并且由被测量来控制外部供给能量的变化。例如热敏电阻温度计,由于被测温度变化引起电阻值变化,流经热电阻的电流或热电阻两端的电压受被测温度的控制。

(4) 按被测量即按用途分类。传感器可分为三大类:

① 按传感器所依据转换原理可分为物理、化学、生物传感器等;

② 按传感器测量量的性质可分为温度、压力、速度、加速度、气体浓度、离子浓度传感器等;

③ 按传感器应用领域可分为汽车、医学、航天传感器等。

目前,最常用的传感器分类方法是按被测量的性质对传感器进行分类。

自动驾驶

复杂的控制系统中,往往安装有多种传感器,而正是由于这些传感器的检测作用,才使控制系统能正确而有效实现其控制目的。例如,新型汽车就配置有多种传感器,如图 5-4 所示。这些传感器主要分为汽车状态传感器(如车速传感器、胎压传感器)和外部环境传感器(如晚间行人红外探测器、车前探测激光雷达)等。随着人们对汽车驾驶安全性、舒适性、便捷性和智能性要求的不断提高,可以预见,将来汽车配置的传感器会越来越多,控制系统也会越来越复杂,相对来说,成本也会越来越高。

5.1.3　传感器的性能要求

传感器性能的好坏直接影响着测量工作的质量,因此,传感器的性能指标是选择传感器的主要依据。描述传感器性能好坏的指标包括静态特性指标和动态特性指标。

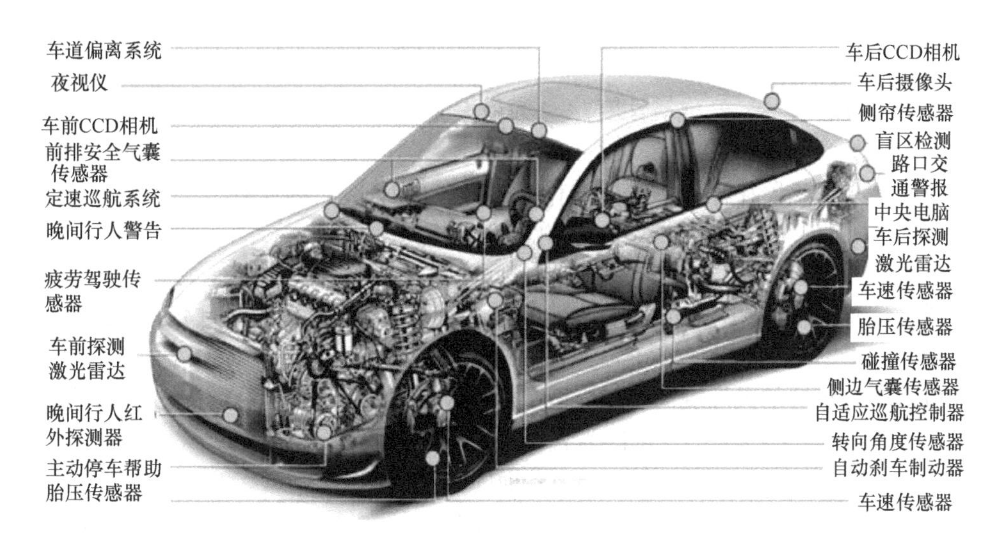

图 5-4　新型汽车主要传感器布局示意图

1) 传感器静态特性

是指在稳定信号作用下的输出-输入特性。衡量传感器静态特性的指标主要有以下几个。

(1) 线性度。

传感器的线性度是指传感器输出与输入之间的线性程度。理想的传感器输出-输入特性是线性的,它具有以下优点。

① 可大大简化传感器的理论分析和设计计算。

② 为标定和数据处理带来很大方便,只要知道线性输出-输入特性上的两点(一般为零点和满度值)就可以确定其余各点。

③ 可使仪表刻度盘均匀刻度,因而制作、安装、调试容易,有利于提高测量精度。

④ 避免了非线性补偿环节,有利于降低传感器结构的复杂性和成本。

需要指出的是,实际上大多数传感器的输出-输入特性是非线性的。在使用非线性传感器时,若非线性项的方次不高,在输入量变化范围不大的条件下,可以用切线或割线等直线来近似代表实际曲线的一段,这种方法称为传感器非线性特性的"线性化",如图 5-5 所示。

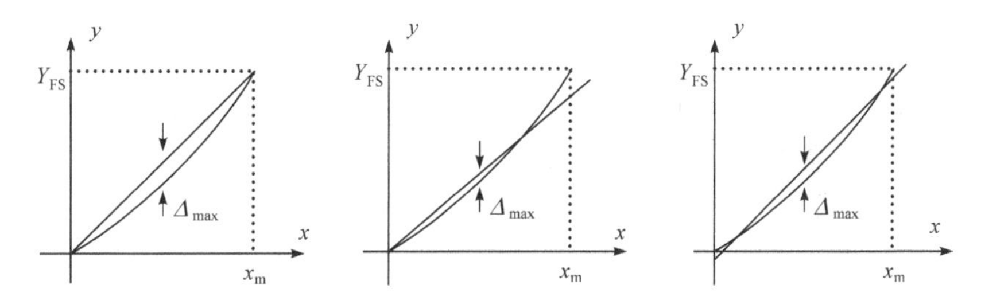

图 5-5　传感器非线性输出-输入特性的线性化

在传感器非线性输出-输入特性的线性化中,所采用的直线称为拟合直线。实际的曲线和拟合直线之间的偏差称为传感器的非线性误差

$$e_1 = \pm \frac{\Delta_{\max}}{Y_{FS}} \times 100\% \tag{5-7}$$

式中，e_1 称为非线性误差，又称线性度；$\Delta_{\max}$为最大非线性绝对误差；Y_{FS}是输出满量程值。

(2) 灵敏度。

灵敏度是指传感器在稳态下输出变化对输入变化的比值，因此有

$$S = \frac{\text{输出量的变化}}{\text{输入量的变化}} = \frac{\mathrm{d}y}{\mathrm{d}x} \tag{5-8}$$

对线性传感器，灵敏度就是其输出-输入特性曲线的斜率，而非线性传感器的灵敏度是一个变量。

一般希望传感器的灵敏度高，且在满量程范围内是恒定的，即希望传感器的输出-输入特性为直线。

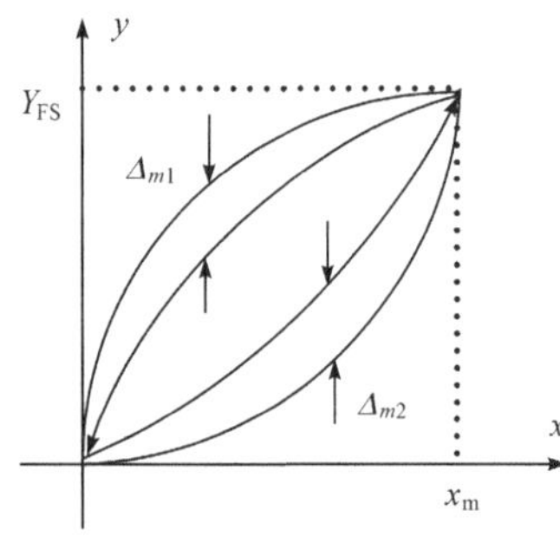

图 5-6　传感器的重复性

(3) 重复性。

重复性是指传感器在输入量按同一方向和两个方向作全量程多次测试时所得特性曲线不一致程度(图 5-6)。

多次重复测试所得曲线重复性好，则误差也小。重复性指标一般采用输出最大不重复误差与满量程输出的百分比表示：

$$e_2 = \frac{\Delta_{\max}}{Y_{FS}} \times 100\% \tag{5-9}$$

实际上，重复性误差是与许多因素有关的，属于随机误差性质，一般服从正态分布，此时按式(5-9)计算就不太合理了，应该根据标准偏差来计算，即

$$e_2 = \pm \frac{(2\sim3)\sigma}{Y_{FS}} \times 100\% \tag{5-10}$$

式(5-10)中的 σ 为标准偏差，可以根据贝塞尔公式来计算：

$$\sigma = \sqrt{\frac{\sum_{i=1}^{n} (y_i - \bar{y})^2}{n-1}} \tag{5-11}$$

式(5-11)中，y_i 为测量值；$\bar{y}$ 为测量值的算术平均值；n 为测量次数。

2) 传感器动态特性

是指传感器对激励(输入)的响应(输出)特性。一个动态特性好的传感器，其输出随时间变化的规律(变化曲线)，应能同时再现输入随时间变化的规律(变化曲线)，即二者具有相同的函数形式。传感器具体的动态特性指标主要有以下几点。

(1) 可靠性。可靠性是指传感器在规定的使用条件和期限内保持其计量性能的能力。在测量领域中，可靠性是选择传感器的首要考虑因素。

(2) 选择性。理想传感器的输出应不受任何非被测量的影响，但实际上这种影响是不可避免的。因此在实际的自动化系统中，对显著影响传感器输出的干扰量应采取必要的措施，以保证传感器输出的准确度。

(3) 超然性。传感器不影响被测系统原来状态的能力称为超然性。实际上，由于传感

器的引入，被测系统必然要与其进行能量交换，使被测系统受其影响而使被测量发生改变，从而导致测量准确度下降甚至影响到被测系统的正常工作，故希望传感器有较好的超然性。

5.2 信息传输设备——信号转换与传输网络

5.2.1 自动控制系统中信息传输的特点

自动控制系统对信息传输的要求是准确、可靠和快速，这些性能的好坏主要受信息传输环节的影响。传输网络结构的差异决定了系统信息传输的特点和性能。

自动控制系统按照其信息传输的途径和特点可以分为点对点控制系统和网络控制系统两大类。

传统控制理论研究的系统大多是点对点控制系统，其结构也就是一般反馈控制系统的结构。它认为系统中信息由一个元件向下一个元件的传输是立即发出并立即到达的，可以认为没有传输的时间延迟(时延)。

网络控制系统的信息传输要经过通信网络，其信号的传输相对比较复杂，如存在传输时延和数据包的丢失等现象。网络控制系统已被广泛应用于大型工业过程控制、因存在危险而无法近距离操作的系统的控制以及局域系统(如航天器、船舶、新型高性能汽车、道路交通、家庭等)控制中。由于将通信网络引入了实际控制系统，系统的信号传输要经过网络，不可避免地存在传统控制系统中未加以考虑的控制时延，从而使系统的分析和设计变得复杂起来。

典型的网络控制系统结构如图 5-7 所示。

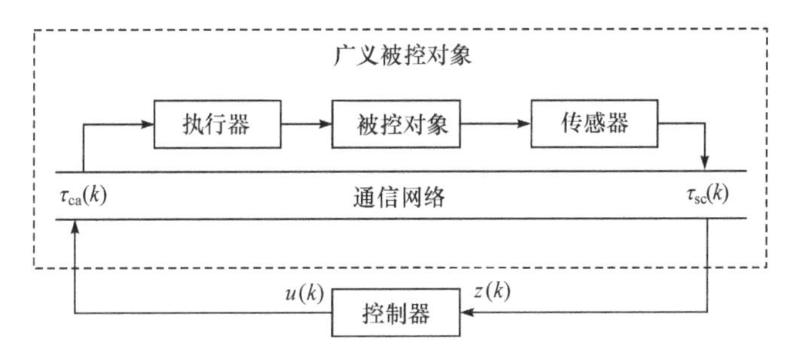

图 5-7　典型网络控制系统结构

网络控制系统的执行器、传感器与控制器之间的信息交换通过网络进行，因此总网络诱导时延为 $\tau(k)=[\tau_{sc}(k)+\tau_{ca}(k)]$，其中 $\tau_{sc}(k)$ 为传感器—控制器时延，$\tau_{ca}(k)$ 为控制器—执行器时延。虽然实际控制系统中，除了这两种时延外，严格来讲，还存在各部件的计算时延，但一般可以将计算时延归到上述两个时延中，这样对整个系统的分析是等价的。

总网络诱导时延随着网络负载情况的变化而变化，是时变、不确定的；对闭环控制系统，时延会给系统带来相位上的滞后，严重时，甚至会导致系统不稳定。当这种时延远小于采样周期时，它的影响可以忽略；而当时延相对于采样周期不可忽略时，对控制系统的分析和设计就必须考虑它的影响。

5.2.2 自动控制系统的信息传输网络

自动控制系统的通信网络有专门的网络，也可以利用商业通信网络。但自动控制系统的通信网络与商业通信网络相比较有本质区别。控制网络属于一种特殊类型的计算机网络，是用于完成自动化任务的网络系统。从控制系统节点的设备类型、传输信息的种类、网络所执行的任务、网络所处的工作环境等方面来看，控制网络都有别于由普通PC机或其他计算机构成的数据网络。自动控制系统的通信网络有如下特点。

(1) 高实时性。网络堵塞以及网络传输引起的大时延在控制系统中都是不允许的。大时延的存在会使得控制系统性能变差，严重时可使系统不稳定。

(2) 高可靠性、高安全性。网络传输过程中引起的信息出错及信息丢失将导致控制系统错控或失控，也是不允许的。

(3) 良好的确定性。网络传输的信息必须语义明确，解释单一。

(4) 数据的有限性。网络传输的信息种类少，数据包一般较小。

1) 控制网络的节点

控制网络的节点大都是具有计算与通信能力的测量控制设备。它们可能具有嵌入式CPU，但功能比较单一，其计算能力远不及普通PC机；也可能没有键盘、显示器等人机交互接口；甚至可能只带有简单的通信接口。

例如，以下具有通信能力的设备都可以成为控制网络的节点成员：①条形码阅读器；②温度、压力、流量、物位等各种传感器、变送器；③PLC、变频器；④数字控制器；⑤各种数据采集装置；⑥智能调节阀和电机控制器；⑦监控计算机、工作站及其外设；⑧作为控制网络连接设备的中继器、网桥、网关等。

2) 控制网络的任务和工作环境

控制网络是由具有通信能力的传感器、执行器、测控仪表等网络节点，遵循一定的网络协议标准构成的开放式、数字化、多节点、测量控制一体的网络系统。控制网络将现场运行的各种信息包括生产现场设备的运行参数、状态以及故障信息等送往控制室的同时，又将各种控制、维护、组态命令等送往位于现场的测量控制设备中，起着提供现场级控制设备之间数据联系与沟通的作用。同时控制网络还可在与操作终端、上层管理网络的数据连接和信息共享中发挥作用。近年来，随着互联网技术的发展，已经开始对现场设备提出了参数的网络浏览和远程监控的要求。

与工作在办公室的普通计算机网络不同，控制网络往往面临工业生产的强电磁干扰、各种机械振动和野外工作环境的影响，因此要求控制网络能适应此类恶劣的工作环境。此外，自动化设备千差万别，实现控制网络的互联和操作往往十分困难，这也是控制网络面临的必须解决的问题。

控制网络的特殊任务和工作环境，使它具有许多不同于普通计算机网络的特点：控制网络的数据传输量相对较小，传输速率相对较低，多为短帧传送，但它要求通信传输的实时性强、可靠性高。

网络的拓扑结构、传输介质的种类与特性、介质访问控制方式、信号传输方式、网络与管理系统等，都是影响控制网络性能的重要因素。为完成自动控制任务，人们在开发控制网络技术时，注意力往往集中在满足控制的实时性、工业环境下的抗干扰、总线供电等控制网络的特定需求上。

3）控制网络的实时性要求

计算机网络一般采用以太网技术，采用带冲突检测的载波监听多路访问的媒体访问控制方式。一条总线上挂接多个节点，采用平等竞争的方式争用总线。节点要求发送数据时，先监听总线是否空闲，如果空闲就发送数据；如果总线忙就以某种规则继续监听，等总线空闲后再发送数据。即使如此也还会有几个节点同时发送而发生冲突的可能性，因而以太网称为非确定性网络。普通以太网计算机网络传送的文件、数据在时间上没有严格的要求，一次连接失败之后还可以继续要求连接，因此这种不确定性不至于造成不良后果。

而控制网络不同于普通计算机网络的最大特点在于：它必须满足控制的实时性要求。实时控制要求对某些变量的数据准确定时刷新。这种对动作时间有严格要求的系统为实时系统。

实时系统的运行不仅要求系统动作在逻辑上的正确性，同时要满足时限要求。实时系统又可分为硬实时和软实时两类。硬实时系统要求任务必须在规定的时限内完成，否则会产生严重的后果；而软实时系统中的实时任务在超过了一定的截止期后的一定时限内，系统仍可以执行处理。

由控制网络组成的实时系统一般为分布式实时系统。其实时任务通常是在不同的节点上周期执行的，任务的实时调度要求通信系统是具有确定性的网络系统。控制网络中传输的信息内容通常有生产装置运行参数的测量值、控制量、开关和阀门的工作位置、报警状态、设备资源和维护信息等。其中，一部分参数的传输实时性要求高，如参数的测量值和控制信息；一部分参数要求周期性刷新，如某些参数的测量值与开关状态；还有一部分参数对时间没有严格要求，如设备的维护信息。所以，要根据不同的情况采取措施，从而使现有的网络资源能充分发挥作用，满足各方面的应用需求。

随着计算机、微电子、通信、网络和自动控制技术的发展，自动化系统的内涵和外延不断拓宽，其结构也已突破了以往的那种自动化“信息孤岛”形式，朝着企业综合自动化方向发展。为适应这种发展的需要，自动化系统的结构正逐步变革为以网络集成信息为基础的分布式结构。现场总线（field bus）正是顺应形势的需要而发展起来的新技术，它是现场通信网络与控制系统的集成。

5.2.3　现场总线

现场总线是 20 世纪 80 年代中期在国际上提出并发展起来的，是计算机、通信网络、微电子、自动控制等技术飞速发展的产物。现场总线控制系统（field control system，FCS）是继基地式仪表控制系统、电动单元组合式仪表控制系统、集中式数字控制系统、集散控制系统（distributed control system，DCS）后的新一代控制系统。

现场总线是用于过程自动化、制造自动化和其他自动化领域中最底层的通信网络，以实现智能化的现场测量控制仪表或智能设备之间的双向串行多节点数字通信。作为网络系统，它具有开放统一的通信协议；以现场总线为纽带构成的 FCS 是一种新型的自动化系统和底层控制网络，承担着生产运行测量与控制的特殊任务。现场总线还可与企业内部网（Intranet）、因特网（Internet）相连，使自动控制系统与现场设备成为企业信息系统和综合自动化系统的一个组成部分。

现场总线技术将专用的微处理器植入传统的测量控制仪表，使它们都各自具有数值计算和数字通信能力，可采用双绞线、同轴电缆、光纤等作为总线，将分散在现场的多个测量控制仪表连接成完整的控制系统，并按照公开、规范的通信协议，在位于现场的各个测量控制仪表之间、现场仪表与远程监控计算机之间，实现数据传输与信息交换，从而构成适应于各种实际需要的自动控制系统。换言之，现场总线技术把单个分散的测量仪表和网络设备变成网络的节点，以现场总线为纽带，将它们连接成可以互相沟通信息、共同完成自动控制任务的网络系统与控制系统。担任节点的现场仪表和设备，如传感器、变送器、执行器和编程器等，已不再是传统的单功能现场仪表，而是具有综合功能的智能仪表。例如，调节阀在其信号驱动和执行控制任务的基本功能上还增加了输出特性补偿、自校验和自诊断等功能。由于现场总线适应了工业控制系统向分散化、网络化、智能化方向发展的趋势，它一出现便很快成为全球工业自动化领域的热点，受到普遍的关注。

现场总线具有开放性、数字化、多点通信等功能，将导致传统的自动控制系统产生革命性变革，变革的范围涉及传统的信号标准、通信标准和系统标准，现有的自动控制系统体系结构、设计方法、安装调试方法和产品结构等。现场总线的应用领域正不断扩大，已从石油工业、食品工业、造纸工业扩展到汽车工业、机器制造业、仓储、邮政、城市排污及楼宇自动化等。

1）现场总线控制系统的技术特点

现场总线控制系统的出现打破了传统控制系统的结构。由于采用了智能现场设备，它能够把原来 DCS 中处于控制室的控制模块、输入输出模块等植入现场设备，加上现场设备具有通信能力，现场的测量变送仪表可以与智能调节阀等执行机构直接传送信号，因而控制系统功能可以不依赖控制室的计算机而直接在现场完成，实现了彻底的分散控制。由于采用了数字信号代替模拟信号，可实现一对电线（总线）上传输多个信号（包括运行参数值、设备状态、故障信息等）；为多个设备提供电源（总线供电）；现场设备以外不再需要 A/D、D/A 转换部件。显然，这为简化系统结构，节约硬件设备、连接电源以及各种安装及维护费用创造了条件。

现场总线出现的本意是通过共享物理媒介来完成数字通信，它在技术上具有以下特点。

（1）系统的开放性。开放是指对相关标准的一致性、公开性，强调对标准的共识与遵从。一个开放系统，是指它可以与世界上任何地方遵守相同标准的其他设备或系统连接。因为通信协议一致公开，各不同厂家的设备之间便可以实现信息交换。现场总线开发者就是要致力于建立统一的企业底层网络的开放系统。用户可按照自己的需要和考虑，把来自不同供应商的产品组成不同功能和规模的系统。通过现场总线可构建自动化领域的开放互联系统。

（2）互可操作性和互换性。互可操作性是指实现设备间或系统间的信息传送与沟通；而互换性则意味着不同生产厂家的、性能类似的设备可实现相互替换。

（3）现场设备的智能化和功能自治性。由于现场总线系统将传感测量、补偿计算、工程量处理与控制等功能都分散到现场设备中完成，因此仅靠现场设备即可完成自动控制的基本功能，并可随时诊断设备的运行状态。

（4）系统结构的高度分散性。现场总线已构成一种新的全分布式控制系统的体系结构，从根本上改变了现有 DCS 集中与分散相结合的集散控制系统体系，提高了可靠性。

(5) 对现场环境的适应性。作为企业网络底层的现场总线,工作在现场前端,是专为现场环境而设计的,可支持双绞线、同轴电缆、光缆、红外线、电力线以及无线等通信模式,具有较强的抗干扰能力,并可满足安全防爆要求等。

2) 现场总线的优点

由于现场总线的技术特点,特别是现场总线系统结构的简化,控制系统从设计、安装到正常运行及其检修维护,都体现出其明显的优势。

(1) 节省硬件数量与投资。由于现场总线系统中分散在现场的智能设备能直接执行多种传感、控制、报警和计算功能,因而可减少变送器的数量。它不再需要单独的调节器、计算单元等,也不再需要 DCS 的信号管理、转换、隔离等功能单元以及复杂接线,还可以用工控 PC 机作为操作站,因而可以节省投资,并可减少控制室的占地面积。

(2) 节省安装费用。现场总线的接线非常简单,一对双绞线或一条电缆上通常可挂接多个设备,因而电缆、端子、槽盒、桥架的用量大大减少,连线设计与接头校对工作量大大减少。当需要增加现场设备时,无须增加新的电缆,可就近连接在原来的电缆上,既节省了投资,也减少了设计、安装的工作量。

(3) 节省维护开销。由于现场控制设备具有自诊断与简单故障的处理能力,并可通过数字通信将相关的诊断维护信息送往控制室,因而,用户可以随时查询所有设备的运行状况,以便早期分析故障原因并快速排除,缩短维护停工时间;同时由于系统结构的清晰、连接简单而减少了维护工作量。

(4) 用户具有高度的系统集成主动权。用户可以自由选择不同厂商提供的设备来集成系统,避免因选择某一品牌的产品而被限制了使用的选择范围;也不存在系统集成中协议、接口的不兼容问题,使系统集成的主动权始终掌握在用户手中。

(5) 提高了系统的准确性和可靠性。由于现场总线设备的智能化、数字化,与模拟信号相比,从根本上提高了测量与控制的精确度,减少了传递误差。原来一些不需要集中控制的变量可以下发到现场设备中去,提高了实时性。同时,由于系统的结构简化,设备连接线减少,现场仪表内部功能加强,系统的可靠性得到提高。

(6) 提高了设备的可控性和可维护性。现场总线提供控制装置与传感器和执行器之间的双向数字通信,可在控制室内定期对现场设备进行定期校定和诊断,提高了系统的可控性和可维护性。由于现场总线的设备标准化、功能模块化,因而系统设计简单,易于重构。

3) 现场总线与计算机控制、DCS 系统

采用计算机控制系统是现代化企业的象征之一,而现场总线与计算机控制系统是不可分离的。由于与现场总线相连的现场变送器、执行仪表等自控仪表和智能设备内部都具有微处理器,都可以植入计算模块,故只需通过变送器、执行器之间的连接,便可组成控制系统,因而,现场总线系统将基本控制功能可完全下放到现场。而通过网关,现场总线可以与计算机局域网相连。通过计算机对现场设备的调度,可实现异地远程自动控制,并可利用上位计算机进行综合优化计算以组成高性能的控制系统,共同完成复杂的控制任务,从而大大提高了数据的利用率。

现场总线技术的发展促使了现场总线控制系统的诞生,而且其发展趋势是逐步取代现在的集散控制系统。

5.3　信息处理设备——控制器

在自动控制系统中，控制器是其核心，控制系统设计工作的主要任务之一是设计合适的控制器以达到控制目的。

5.3.1　控制器的作用与组成

控制器的作用是把控制对象输出的实际值和参考输入（参据量）进行比较，以得到偏差，并根据偏差产生一个控制信号，使偏差减小到期望的范围之内。控制器以这种方式产生控制信号，称为控制作用。因此，简单地说，控制器即是指在控制系统中根据控制算法而进行决策的装置。

下面以日常生活中常见的空调器为例，来具体说明控制器的作用和控制过程。常用空调器的外形和显示器如图 5-8 所示。

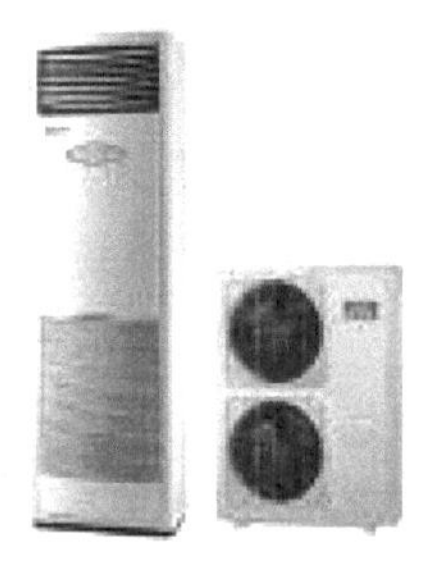

(a) 空调器外形图

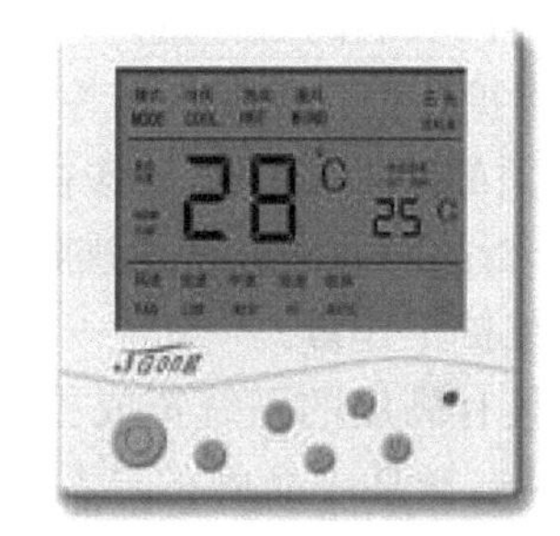

(b) 空调器显示器图

图 5-8　空调器的外形和显示器

目前，家用空调器主要是热泵式空调器，具有制冷和制热的双重功能，其制冷和制热过程互为逆过程。所以，可仅以制冷过程为例来分析控制器的作用和具体控制过程，其具体过程如图 5-9 所示。

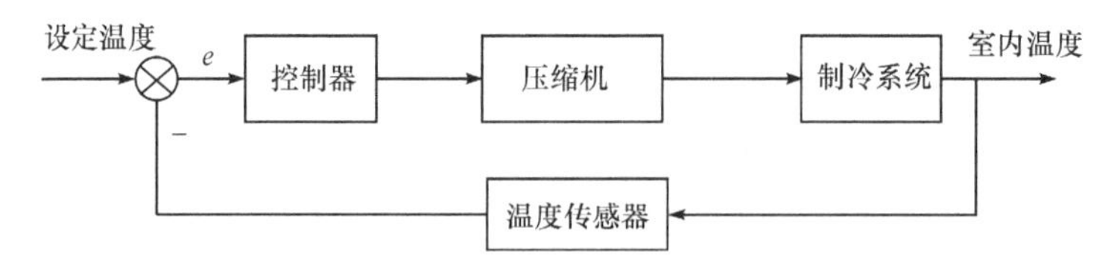

图 5-9　空调器制冷过程反馈控制图

在图 5-9 所示的制冷过程反馈控制系统中，假定开机时设定温度低于传感器所实测的室内温度，其偏差不为零，控制器得到其偏差信号并据此偏差信号将压缩机与电源接通，从而压缩机运行并驱动制冷系统工作，将室内热量逐步转移到室外，使室内温度下降（制冷）；当室内温度下降到设定温度以下某一范围值时，控制器根据偏差信号将压缩机与电源断开，制冷系统停止工作；而经过一段时间后，当室内温度重新高于设定温度的某一范围值时，控制器又重新将压缩机与电源接通，再进行制冷运行。这样的循环过程就达到了空调器制冷的目的。

通过以上分析可以看出，控制器是整个控制系统的“大脑”，也是整个控制系统的核心。控制器的组成也根据控制要求和设计要求各不相同，如果在空调器制冷过程中，控制器只需要完成对偏差的识别和对压缩机开关的控制，则可以用简单的具有一段不敏感区的比较电路构成；而如果要求控制器还具有存储、逻辑、判断等功能(如模糊控制空调器)，则控制器一般由单片机(一种微型计算机)构成，这时的控制器组成不仅包括硬件部分，还包括软件部分，而体现其不同控制方式和控制能力的往往是软件。

目前，在工业现场和日常生活中，由于需要完成的控制任务越来越复杂，具有存储、计算等功能的控制器，如由单片机、DSP、PLC 及工业控制计算机和普通 PC 机为核心构成的控制器，越来越得到普遍的应用。在这些控制器中，软件的作用变得越来越重要。正是由于软件的作用使得硬件得到充分发挥，控制器的功能才变得越来越强大。

5.3.2　控制器的分类

从不同的角度出发，控制器的分类方法也有很多种。下面介绍两种最常见的分类方法。

1) 按照信号输入和输出的性质分类

常用工业控制器按照信号输入和输出的性质可分为模拟和数字控制器两种。模拟控制器的输入和输出信号都是连续信号，而数字控制器的输入和输出都是离散信号。

常用工业模拟控制器根据其作用可划分为以下三种。

(1) 双位或继电型控制器。

这类控制器的输出一般只有两个状态，相当于简单的开和关，如 5.3.1 节中的家用空调器。其数学描述可表示为

$$u(t)=\begin{cases}U_1, & e(t)>0\\ U_2, & e(t)<0\end{cases} \tag{5-12}$$

图 5-10、图 5-11 所示为双位或继电型控制器的方框图。

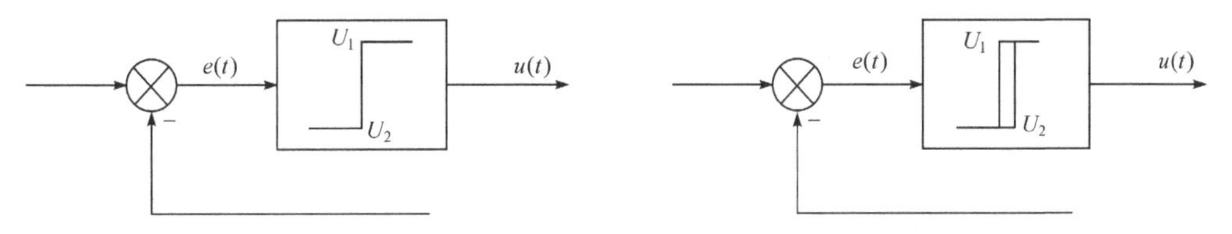

图 5-10　继电型控制器方框图　　图 5-11　带差动间隙的继电型控制器方框图

双位控制器的输出在两个状态之间转换，在转换发生之前，作用误差信号必须移动的范围称为差动间隙。这种差动间隙将使控制器的输出得以保持原有值，直到作用误差信号变动得超出零值为止。在某些情况下，差动间隙是由无意中造成的摩擦和空转导致的。但是，为了防止继电器型机构动作过于频繁，通常人为引进差动间隙。

(2) 比例控制器(P 控制器)。

比例控制器的输出是作用误差信号的比例关系，其实质上是一种增益可调的放大器。比例控制器的优点主要有：控制及时，通过与偏差量大小成正比的“纠差力”减少偏差；其缺点是不能消除偏差。

(3) 积分控制器(I 控制器)。

积分控制器的输出是作用误差信号的积分。积分控制器的特点是：如果作用误差信号

$e(t)$的值加倍，则控制器输出 $u(t)$的变化速度也加倍；而当作用误差信号为零时，控制器输出保持不变。积分控制作用也称为复位控制。

积分控制器的优点主要有：

① 积累作用。只要偏差存在，积分就起作用——可消除系统静差。

② 记忆作用。不会因一时的偏差为零而失去积分作用。

积分控制器的缺点主要有：

① 延缓作用。输入突变时，输出不会突变，降低了系统的反应速度。

② "滞后"控制作用。

除了上述几种典型控制器外，还有 PI 控制器、PD 控制器和 PID 控制器，这些在第 4 章中已有介绍。实际上，可以认为前几种控制器都是 PID 控制器的特例。

数字控制器是随着微机技术的发展而出现的，其控制器主要是由微处理器等数字运算装置组成，控制器的输出输入关系取决于其中的控制算法(控制规则)。例如，如果控制算法是 PID 控制，则是数字 PID 控制器；如果控制算法是智能控制，则称为智能控制器。因此，数字控制器的种类很多，难以一一列举。

2) 按照所采用的控制方法分类

如果按照采用的控制方法来分类，主要有 PID 控制器(目前 PID 控制器是工程上最常用的控制器)和智能控制器(进一步可细分为：模糊控制器、专家系统控制器、神经网络控制器等)等。在这里，控制器的分类是一个发展的概念，随着控制方法的日新月异，新的控制器也将不断出现。

5.4 信息应用设备——执行器

执行器是控制系统中的功率部件，是对被控对象的直接驱动装置。

5.4.1 执行器的作用

执行器是自动控制系统中的一个重要组成部分，它是控制作用的最终实行者。一般情况下，控制器的输出通常为标准仪表信号或数字信号，不能直接驱动被控对象，而驱动被控对象并使其状态按照期望的要求变化是由执行器完成的。因此，执行器就是根据控制器的输出指令对被控对象需要控制的物理量完成控制功能的装置。

从信息传输和处理角度看，执行器是信息处理的落足点，是信息流对能量流、物质流的转换装置。执行器可实现对信息的应用，将控制信号变换为导致被控量按要求变化所需要的能量或物质。

5.4.2 常用工业执行器

在实际的控制系统中，执行器的种类繁多，这里仅介绍几种常用的工业执行器。

1) 电磁铁和电磁继电器

电磁铁和电磁继电器都是利用电磁力(或力矩)把电能(或电信号)转换成机械能(或位移信号)的电磁元件，在控制系统中执行开、关驱动。按照产生电磁吸力的原理，电磁铁可分为三大类，即拍合式、吸入式和旋转式。其结构如图 5-12 所示。

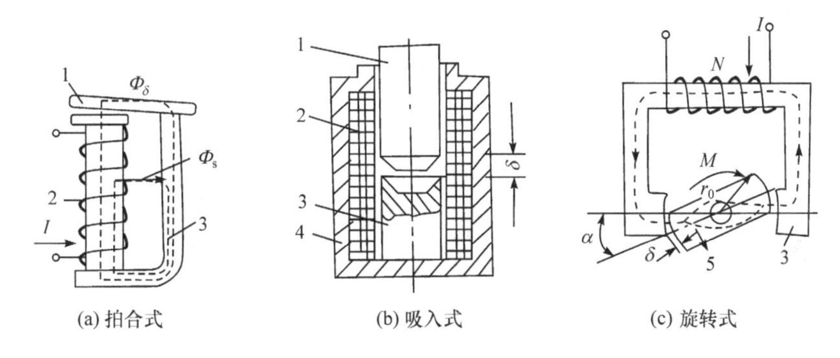

图 5-12　电磁铁和电磁继电器结构

1-动铁心；2-线圈；3-静铁心；4-导磁外壳；5-旋转衔铁

由图 5-12 可看出：电磁铁主要由励磁线圈、静止铁心、衔铁（动铁心）和返回弹簧等组成。不同种类电磁铁工作原理基本相似，如图 5-12(a)所示的拍合式电磁铁，当励磁线圈通电后，电磁铁铁心和衔铁端面上出现了不同极性的磁极，彼此相吸，使衔铁向铁心运动。电磁继电器、接触器的工作原理与电磁铁相同，只是结构上增加了触头（或触点）环节。

按励磁电流的不同，电磁铁可分为直流和交流电磁铁两大类。

2）直流伺服电动机

电机（特别是电动机）是控制系统中广泛使用的一类执行器，许多工程控制问题本质上是对电动机转速和角速度的控制。旋转电机按照其特性一般可以分为直流电机、交流电机和控制电机三大类。

直流电机是人类最早发明和应用的一种电机，它包括直流发电机和直流电动机两大类。直流发电机将机械能转换为直流电能；直流电动机则是将直流电能转换为机械能去拖动生产机械。虽然目前直流电机已不如交流电机应用普遍，但是，由于直流电动机具有优良的调速和制动性能，故仍广泛应用于如轧钢机、矿山用电动车和城市电车、音像设备中。在对快速性和调速范围要求很高的自动控制系统中，直流电动机的应用极为广泛。

直流伺服电动机是自动控制系统中作为执行元件用的直流电动机，其基本结构（如图 5-13所示）和电磁关系均与一般工业驱动用的直流电动机相同。

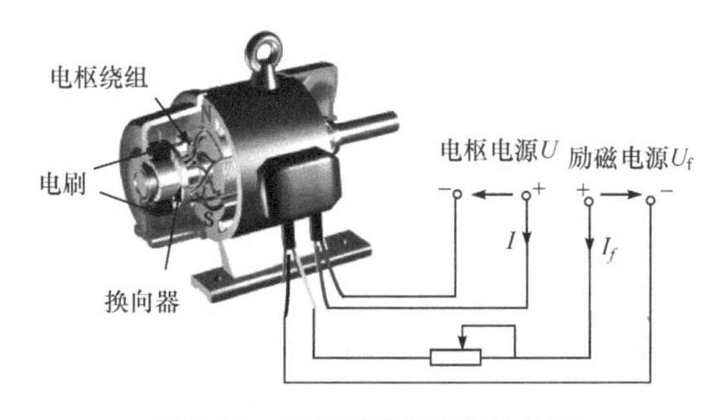

图 5-13　直流伺服电动机结构图

3）交流伺服电机

采用交流电励磁的电机统称为交流电机，按其工作原理的不同，主要可分为同步电机和异步电机（亦称感应电机，如图 5-14 所示）两大类。在固定的电网频率下，电机转子的转速随负载大小而改变的电动机称为异步电动机;异步电机通常作为电动机使用,但也可作为发电机使用于控制系统中,如异步测速发电机。

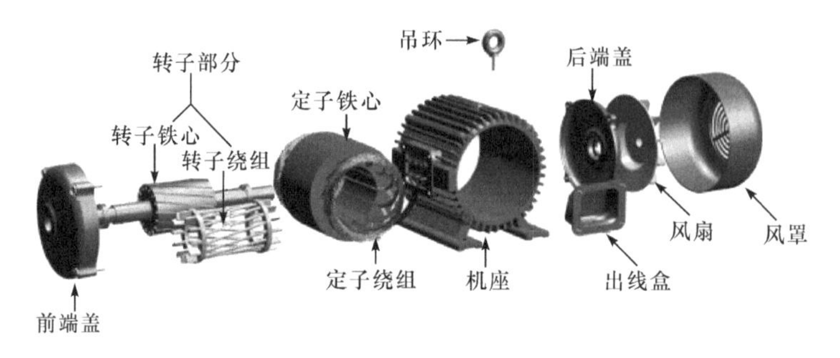

图 5-14　交流电机结构图

交流异步电机与其他类型的电机相比较,具有结构简单、价格便宜、运行可靠、维修方便等优点。根据定子所加交流电相数的不同,它可分为三相、单相和两相异步电动机。三相异步电动机功率一般都比较大,常用于轧钢设备、金属切割机床、起重运输机械、水泵等生产设备中;单相异步电动机容量较小,性能较差,常用于家用电器。

4) 步进电动机

步进电动机又称脉冲电动机,它是由脉冲信号控制的一种特种电动机,是控制电机的一种。对应于每一个电脉冲,电机将产生一个恒定量的步进运动,即产生一个恒定量的角位移或直线位移;电动机运动的步数由脉冲数决定,其运动方向由脉冲相序控制,而在一定时间内转过的角度 θ 或移动的距离 s 由脉冲频率决定。其特性如图 5-15 所示。

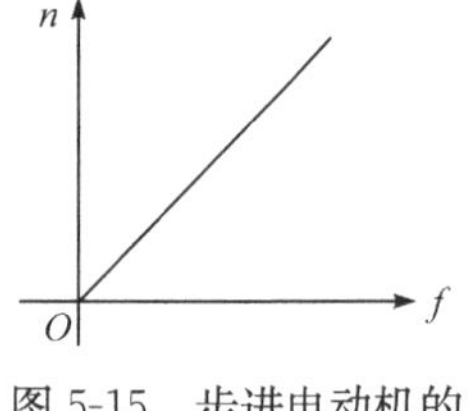

图 5-15　步进电动机的控制特性

在负载能力范围内,步进电动机这些关系不会因电源电压、负载大小、环境条件的波动而变化。步进电动机能够快速启动,正、反转和制动,并且可通过改变脉冲频率在很宽的范围内调速。由于步进电动机可以实现数字信号转换,因此,目前它是自动控制系统以及数字控制系统中被广泛采用的执行元件,如在数控机床、打印机、绘图仪、机器人控制、石英钟等场合。

步进电动机的定子绕组可以是任意相数的,最常用的有三相、四相和五相。根据转子结构不同,步进电动机可分为反应式、永磁式和永磁感应式步进电动机三类。其中以反应式步进电动机结构最简单,应用最广泛。

5) 调节阀

在过程控制系统中,执行器也称为调节阀,它由执行机构和控制机构(调节机构)两部分组成。在过程控制系统中,执行机构接受控制器传来的控制信号,并将其转换为直线位移或角位移,操纵控制机构,实现对过程变量的控制。

调节阀的工作原理见图 5-16。它的执行机构由信号转换、解算装置,阀门位置检测和位置负反馈等环节组成。来自调节器的输入信号,经信号转换单元,与来自执行机构的位置负反馈信号比较,其信号差值输入到解算装置,以确定执行机构动作的方向和大小,其输出的力或位移控制信号,驱动控制机构(调节阀芯),改变调节阀的流通面积,从而改变被调介质的流量。当位置反馈信号与输入信号相等时,系统处于平衡状态,调节阀也稳定在某一开度。

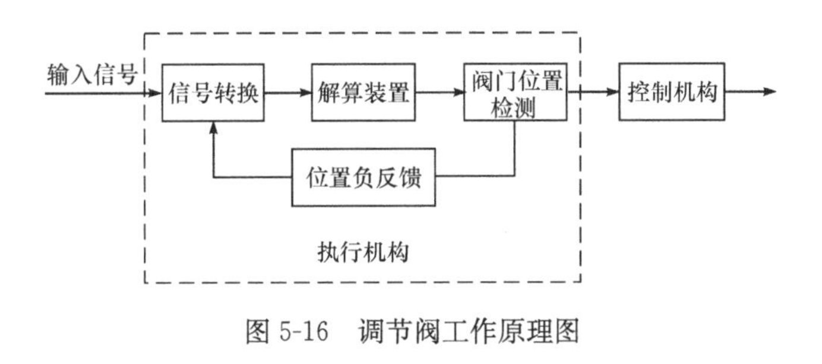

图5-16　调节阀工作原理图

5.5* 自动控制系统集成与优化

自动化技术已经渗透进各行各业，工业自动化是社会生产力发展的重要保障，自动化设备的制造、自动化工程的实施都已形成庞大的产业。因此必须根据自动控制任务的要求，合理地选择自动化设备，构建有效的自动控制系统。

系统集成的内涵可概括性地描述为两个或两个以上的单元（要素、系统）组合成为一个有机整体（系统）的过程。所集成的新系统（集成体）不是要素的简单叠加和堆积，而是按照一定的集成方式和模式进行构造和关联，其目的在于更大程度地提高集成体（系统）的目标。因此，从本质上讲，集成强调人的主体行为和集成体形成后功能倍增性和适应进化性，这无疑是构造系统的一种理念，同时也是解决复杂系统问题和提高系统整体功能的方法。

系统集成源于一般系统理论的发展。一般系统认为任何事物都是系统与要素的对立统一体，系统与要素之间的对立统一是客观事物的本质属性和存在方式，它们相互依存、互为条件，在事物的运动和变化中，系统和要素总是相互伴随而产生、相互作用而变化。控制理论与信息论几乎和系统理论同时发展起来。控制理论研究系统各个部分如何进行组织，以便实现系统的稳定和有目的的行为；控制理论的研究对象是系统，是为了实现系统的稳定和功能，系统需要取得、使用、保持和传递能量、材料和信息，也需要对系统的各个构成部分进行组织；信息理论的基本思想和特有方法完全撇开了物质与能量的具体运动形态，而把任何通信和控制系统看作是一个信息的传输和处理系统，把系统的有目的的运动抽象为一个信息变换过程，通过系统内部的信息交流才使系统维持正常的、有目的性的运动。任何实践活动都简化为多股流，即人流、物流、财流、能流和信息流等，其中信息流起着支配作用。通过系统内部信息流作用，系统才能维持正常的有目的运动，它调节着其他流的数量、方向、速度、目标，并按照人和物进行有目的、有规律活动。

系统优化即是使所构建的系统最合理：首先是由所选取的自动化设备有机地组合起来的自动控制系统能完成给定的自动控制任务，达到给定的性能指标要求；其次要把系统要求的性能指标分解，分配到组成系统的各自动化设备上，确定各自动化设备的性能指标并选取符合要求的设备。此外，还要考虑各自动化设备组合时相互的匹配性等。系统的合理性还要从性价比的角度去考虑。

作为一个自动化专业人员，现在一般很少甚至不需要自己去设计和开发一个自动控制系统所需的所有自动化设备，但必须要能根据自动控制任务的目的、目标和要求，合理地选择相关的自动化设备，并在系统集成的思想下，构建出一个有效的自动控制系统。

5.6 本章小结

自动控制系统的本质是信息的测量、处理和利用，其控制功能的发挥必须通过一系列基本元件和设备——即传感器、控制器和执行器——来完成。

自动控制系统的信息获取主要是通过各种传感器的感测实现的。在复杂的控制系统中，往往安装有许多不同特性的传感器，因此学习并掌握不同传感器的检测原理和特点是自动控制系统设计的基础。

控制器是自动控制系统的“大脑”。控制器的组成会根据控制要求各不相同。一个简单的控制器只要具有一段不敏感区的比较电路构成，而一个复杂的智能控制器则需要由单片机（一种微型计算机）构成，不仅包括硬件，还包括含复杂控制算法的软件。

执行器是控制动作的实施者，以及功率放大者，其主要功能是执行控制器发出的控制指令，并将控制信号变换为导致被控量按要求变化所需要的能量或物质。

在控制系统中，传感器、控制器和执行器只有通过适当的控制网络连接起来才能发挥应有的作用。控制系统中要求信息的传输具有快速性、可靠性和准确性，因此，控制系统中信息的传输具有自身的特点和不同的媒介。现场总线适应了工业控制系统向分散化、网络化、智能化方向发展的趋势，正成为全球工业自动化领域的热点。

最后，本章还简要介绍了自动控制系统集成与优化的概念和特点。

思考题

1. 试从你熟悉的一个实际自动控制系统中找出采用了哪些传感器？描述一下这些传感器的工作原理和特点，并指出其中用于控制过程的传感器的作用。由此，你会想到要学习哪些课程？
2. 对一个自动控制系统（如电动汽车的控制系统）来说，是不是配置的传感器越多越好？为什么？
3. 为什么说控制网络是一种特殊类型的计算机网络？
4. 对一城市交通控制系统，试描述其控制网络的可能节点成员。
5. 传统控制系统和现场总线控制系统的基本元件有哪些不同？
6. 试分析 FCS、DCS 和计算机控制系统的联系和区别。由此，你会想到要学习哪些课程？
7. 简述控制器的一般作用，并根据本章分析的家用空调器制冷过程，试分析其制热过程中控制器的功能。
8. 试从发展的角度，对控制器设计涉及的先进控制理论和相关技术进行简要说明（提示：可参考本书第 8 章中的表 8-1 和表 8-2）。
9. 简述执行器的作用，它与控制器的关系是什么？由此，你会想到要学习哪些课程？
10. 什么是系统的集成和优化？其主要意义何在？

扩展认识——六足机器人的主要功能部件

六足机器人的主要功能部件包括处理器、各类传感器及执行机构。如下给出了在图 K4-3(d)所示机器人上使用的典型型号产品，读者可根据自己的需要自行从市场采购获得类似功能部件，并了解相应的技术说明。

1）处理器

该机器人采用的处理器为 STM32F407ZGT6，主频 168MHz，集成 FPU 和 DSP 指令，具有 192KB 的静态随机存取存储器(SRAM)、1024KB的快闪存储器(FLASH)、12个16位定时器、2个32位定时器、6个串口、2个控制器局域网络(CAN)、3个12位模数转换器(ADC)、2个12位数模转换器(DAC)、1个摄像头接口、112个通用IO口等。图K5-1为STM32F407ZGT6芯片的实物图。

图K5-1　STM32F407ZGT6芯片实物图

该芯片丰富的IO口和多种类的IO口功能能够满足六足机器人的设计所需。芯片自带1M字节FLASH,并外扩1M字节SRAM和16M字节FLASH,使芯片具有强大的读写功能,可以满足六足机器人的大内存需求和大数据存储需求。

STM32系列芯片具有一整套的编程和系统开发工具,包括C语言编译器、程序调试器/软件仿真器等。另外,该系列芯片还具有强大的函数库以及丰富的开发例程,方便使用者学习开发。

六足机器人系统的处理器通常放置在机器人的主控电路板上,用于获取环境信息,进行判断并下达指令。处理器外设具有定时器、模数转换和串行通信等模块。定时器模块可以产生脉冲信号用来控制电机转动,从而控制机器人各个关节的运动;模数转换模块可以以较高的精度进行模拟量和数字量之间的转换,从而为机器人处理传感器信号提供便利,节省了烦琐的模数转换电路设计与成本;串行通信模块能实时向上位机传输数据,使用者可以通过相应的通信软件实时观测六足机器人的状态量变化。

2) 传感器

为了使六足机器人稳定行走在非结构环境,为其配备了由丰富的传感器组成的传感系统,包括实时监测机身倾角以及加速度信息的MPU6050六轴陀螺仪,监测关节转角的绝对值编码器,判断足端受力状态的压力传感器,还有采集环境信息的工业相机等。

图K5-2　MPU-6050实物图

机身姿态是反映稳定性的特征之一,使用六轴陀螺仪对机器人三轴姿态、三轴加速器进行监测可以得到六足机器人的实时位姿和运动趋势,根据其姿态信息进行运动学反解,可以获得实时关节角度信息,结合运动趋势,为下一步的运动规划提供参考。图K5-2所示的MPU-6050即为一款6轴运动处理组件传感器。

MPU-6050集成了3轴MEMS陀螺仪,3轴MEMS加速度计,以及一个可扩展的数字运动处理器DMP,可用I2C接口连接一个第三方的数字传感器,比如磁力计。扩展之后就可以通过其I2C或SPI接口输出一个9轴的信号(SPI接口仅在MPU-6000可用)。MPU-6050对陀螺仪和加速度计分别用了三个16位的A/D转换器,将其测量的模拟量转化为可输出的数字量。为精确跟踪快速和慢速的运动,传感器的测量范围均是用户可控的。

绝对编码器是一种检测关节绝对转角的传感器,绝对编码器光码盘上有许多道光通道刻线,每道刻线依次以2线、4线、8线、16线编排,在编码器的每一个位置,通过读取每道刻线的通、暗,获得一组从2的零次方到2的$n-1$次方的唯一的二进制编码(格雷码),即为n位绝对编码器。这样的编码器是由光电码盘进行记忆的。绝对编码器由机械位置确定编码,它无须记忆,无须找参考点,而且不用一直计数,什么时候需要知道位置,什么时候就去读取它的位置。这样,编码器的抗干扰特性、数据的可靠性大大提高了。

此外,压力传感器是能感受压力信号,并能按照一定的规律将压力信号转换成可用的输出电信号的器件或装置。压力传感器通常由压力敏感元件和信号处理单元组成。视觉系统采用的设备为SuperHD-U120,USB2.0工业相机,这款相机集成了高灵敏度CMOS感光芯片、高速FPGA和USB控制器等。

3) 执行机构

六足机器人的执行机构采用串行总线舵机,各舵机通过机械结构连接,从而实现机器人的驱动。其中,舵机一般可以分为模拟舵机、数字舵机和总线舵机。其中模拟舵机接收固定频率的脉冲宽度调制(PWM)信号,根据信号的占空比驱动舵机转动,难以响应一些速度要求高的场景。数字舵机较模拟舵机多了一个微控制器,可以获得更快的响应频率。然而在实际开发过程中,每一个数字舵机都需要占用一个处理器 IO 口,六足机器人关节数量较多,往往面临 IO 口不足的问题,串行总线舵机可根据一个 IO 口输出的数字信号来控制多个舵机以解决上述问题。

图 K5-3　总线舵机实物图

图 K5-3 展示了一款国产的串行总线舵机。该串行总线舵机由无刷电机、减速齿轮、12 位磁编码传感器、舵机控制板等模块组成,舵机之间通过 RS-485 协议通信,位置分辨率为 0.088°,额定扭矩为 2.5N·m。舵机内部具备位置、速度、电压、电流、负载和温度反馈信息,同时具备过热、过载、过压和过流保护功能。

以上控制元件相互有机地连接起来,由硬件控制电路为各功能模块的功能实现提供基本保证,由软件(如采用 C 语言编写的软件)实现机器人的各种控制策略。这样,一个能稳定行走的六足机器人就产生了。

第 6 章　控制与自动化技术的应用

6.1　机械制造自动化系统

6.1.1　机械制造自动化系统概述

机械设计与制造自动化是以机械设计和制造为基础，研究机械加工过程自动化的一门学科。其内容涵盖了机械设计与制造的基础理论和微电子技术、计算机技术、信息处理技术和计算机辅助设计及制造技术（computer aided design，CAD；computer aided making，CAM）等专业基础知识。

机械制造自动化，是指利用机械设备、仪表和电子计算机等技术手段自动完成产品的部分或全部机械加工的生产过程。机械制造自动化的范围较广，包括产品设计自动化、加工过程自动化、物料存储和输送自动化、产品检验自动化、装配自动化以及生产管理自动化等。机械制造属于离散生产过程，与石油化工等连续生产过程相比，实现自动化的难度较大，因此进展较慢。20 世纪 60 年代以来，检测技术、电子技术尤其是电子计算机的发展，促进了机械技术与电子技术的结合，出现了数控机床、加工中心和工业机器人等，使机械制造自动化产生新的变革，并取得了迅速发展。70 年代出现了适应多品种中小批量生产的柔性制造系统。80 年代及以后开始把各自独立发展起来的计算机辅助设计和制造、机器人、各类功能性管理系统（如物料需求计划系统（material requirements planning，MRP）及 MRP II、配置资源计划系统（distribution resource planning，DRP））和供应链管理系统（supply chain management，SCM）等技术综合为一体，研制出计算机集成制造系统，目前正在向智能制造方向发展。一般地，机械制造自动化发展过程可分为以下五个阶段。

第一阶段：自动生产线（automatic production line，APL）。1943 年美国福特汽车公司与克罗斯公司共同研制出一条自动生产线，在生产线上的金属材料或半成品自动按顺序地移动，并连续不断地被加工。它可以节省劳动力，缩短生产周期，提高生产率，降低生产成本。20 世纪 50 年代中期，这种单一品种、大批量生产的自动生产线的发展达到了高峰。尽管 70 年代以来除了用自动机床和组合机床构成自动生产线，铸造、锻压、焊接、热处理、电镀、喷漆和装配等过程也实现了自动化，但基于该类生产线进行产品生产的灵活性不高。

第二阶段：加工中心（machining center，MC）。数控机床的出现，不仅解决了采用常规方法难以解决的复杂零件加工问题，而且为单一品种中小批量生产加工自动化开辟了新途径。以计算机数控机床为基础，配以刀具库及通用工作台，即构成了加工中心。它可根据加工程序自动更换刀具和夹具，可适合一定型谱的工件的加工；工件在一次装夹之后，可以完成四个面甚至五个面上的各种加工工序。加工中心的应用大大减少了设备台数和占地面积，减少了工件周转时间和装夹次数，有利于工艺管理，同时也提高了生产率和加工精度。

第三阶段：柔性制造系统（flexible manufacturing system，FMS）。在数控机床、加工中心的基础上，再配以柔性的工件自动装卸、自动传送和自动存取装置，并利用计算机进行管理和监督，组成可自动连续加工多种零件的柔性制造系统。应用柔性制造系统可以减少制品的库存量和进一步提高设备利用率。

第四阶段:计算机集成制造系统(computer integrated manufacturing system,CIMS)。20世纪50年代以来,在生产的工艺准备与制造、经营管理、设计过程中各自独立发展起来的计算机应用技术,为计算机集成制造系统形成奠定了基础。70年代后期以来,成组技术、柔性制造系统、自动化仓库、计算机辅助设计与计算机辅助制造技术、工业机器人相结合,形成了高度自动化的计算机集成制造系统,从而进一步提高了生产率和产品质量,缩短了新产品的研制周期,减少了产品的库存量。

第五阶段:新一代智能制造系统(请见6.7节)。

6.1.2　一种数控机床进给控制系统

现以一种数控机床进给控制系统为例,介绍控制与自动化技术在该领域的具体应用。

数字控制(简称为数控,numerical control,NC)是近代发展起来的用数字化信号对机床运动及其加工过程进行控制的一种自动化技术。数控机床就是装备了数控系统的机床。数控系统是自动阅读输入载体上事先给定的数字值,并将其译码,以驱动机床动作和加工零件的控制系统。数控系统包括读入装置、数控软件、PLC、主轴驱动及进给驱动装置等部分。

数控机床是一种高度机电一体化的产品。它与普通的金属切削机床的区别在于普通的金属切削机床是操作者通过不断地改变刀具与工件之间的运动参数(如位置、速度等)加工零件;而数控机床是把刀具与工件的运动坐标分割成一些最小的单位量(即最小位移量),事先编成加工程序,由数控系统按照零件加工的要求,使坐标移动若干个最小位移量,从而实现刀具与工件的相对运动,以完成零件的加工。加工过程中没有人的参与,因此加工精度高,一致性好。

数控机床的加工过程是工件与刀具尖之间的相对运动过程。因此,数控机床的驱动系统主要有两种:进给控制系统和主轴控制系统。前者控制机床各坐标轴的切削进给运动,后者控制机床主轴的旋转运动。进给控制系统和主轴控制系统提供了数控机床切削过程中所需要的转矩和功率,并实现任意调节运转速度。

驱动系统的性能决定了数控机床的性能。数控机床的最高移动速度、跟踪精度、定位精度等重要指标均取决于驱动系统的动态和静态性能,因此,研究并开发高性能的数控机床进给控制系统及主轴控制系统是现代数控机床发展的关键技术之一。

1) 主要控制目标

各种数控机床加工的对象不同,工艺要求不同,所以对进给控制系统的要求不尽相同,但其基本要求是一样的,大致有四个方面。

(1) 高精度。使用数控机床主要是解决零件加工质量的稳定性、一致性,减少废品率,解决复杂空间曲面零件的加工精度,缩短制造周期等。为了满足这些要求,必须保证数控机床的定位精度和加工精度。数控机床加工时是按预定的程序自动进行的,避免了操作者的人为误差。不像普通机床那样,操作者须随时用手动操作来调整和补偿各种因素对加工精度的影响。因此,要求定位精度和轮廓切削精度能达到数控机床要求的指标。在位置控制中要求有高的定位精度,如1.0μm,甚至0.1μm;而在速度控制中,要求有高的调速精度、强的抗负载扰动的能力。

(2) 快速响应。为了保证轮廓切削形状精度和低的加工表面粗糙度,除了要求有较高的定位精度外，还要求有良好的快速响应特性，即要求跟踪指令信号的响应要快。要求过渡过程时间要短，约在 200ms 以内，一般是几十毫秒；同时为了满足超调要求，要求过渡过程的前沿陡，上升率要大。

(3) 调速范围宽。调速范围 R_N 指额定负载时，生产机械要求电机能提供最高转速 N_{max} 和最低转速 N_{min} 之比。对于少数负载很轻的机床，也可以是实际负载时的转速比。在各种数控机床中，由于加工用刀具、被加工零件的材质及加工要求的不同，为保证在任何情况下都能得到最佳切削效果，就要求进给驱动必须具有足够宽的调速范围。目前数控机床的进给速度范围是，脉冲当量为 1μm 时，进给速度是 0～240m/min 连续可调。

(4) 低速大转矩。根据机床的加工特点，即大都是在低速进行重切削，要求在低速时进给驱动要有较大的转矩输出。

2) 控制过程及其特点

数控机床的进给控制系统有开环和闭环控制系统。开环控制系统没有位置的检测及反馈；闭环控制系统则有位置的检测及反馈。现代的高中档数控系统都采用闭环控制系统，只有在经济型的用步进电机作为驱动元件的系统中才采用开环控制系统。

闭环控制系统是一种位置伺服系统，它是根据反馈控制原理工作的。即把被控变量与输入的指令值进行比较，以形成误差值，并用此误差来控制伺服机构向着消除误差的方向运转(负反馈)，最终达到驱动的目的。位置控制的职能是精确地控制机床运转部件的坐标位置，快速而准确地跟踪指令运动。

为了获得反馈就需要检测元件。检测元件的功能是对被控变量进行检测与信号变换，使之变成与指令信号可比的形式，以达到控制的目的。

现代数控机床进给控制系统的结构如图 6-1 所示。这是一个双闭环系统，内环是一个速度环，外环是一个位置环。用作速度反馈的检测元件，一般是测速发电机或者脉冲编码器。在这里，速度控制单元是一个独立的单元部件，它由速度调节器、电流调节器及功率驱动放大器等部分组成。

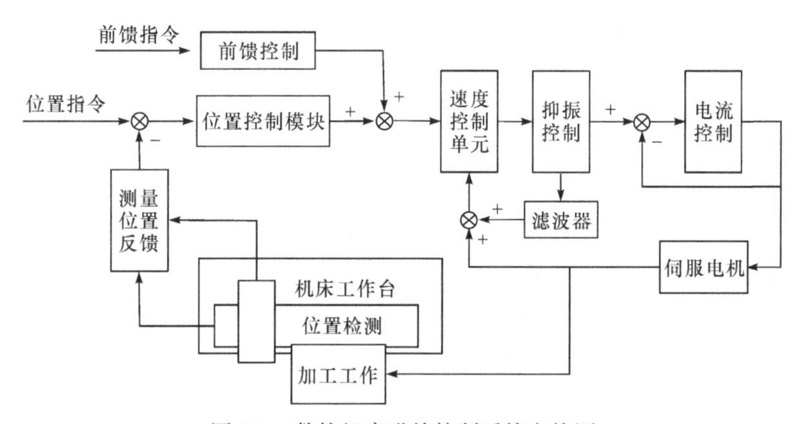

图 6-1　数控机床进给控制系统方块图

位置环是由计算机数字控制装置(computer numerical control，CNC)中的位置模块、速度控制单元、位置检测及反馈控制等部分组成。位置控制主要是对数控机床进给运动的坐标位置进行控制。例如工作台前后左右移动，主轴箱的上下移动，围绕某一个直线轴的旋转运动等。轴控制是数控机床上要求最高的位置控制，不仅对单个轴的运动速度和精度的控制有严格要求,而且在多轴联动时,还要求各移动轴有很好的动态配合,以保证曲面加工时的加工精度和表面粗糙度要求。

3) 采用的控制方法与技术

在新型的数控机床上,为了实现机械加工的超高速及高精度,在伺服系统中,位置控制采用了平滑高增益(smooth high gain,SHG)伺服单元。为避免高增益而产生振荡,在速度控制单元后增加了抑振控制,有效地减少了机械振动。为了提高伺服系统动态响应,减少加工时的形状误差,大多数伺服系统还采用了前馈控制。

采用了 SHG 控制及前馈控制之后,其圆度误差仅为原来伺服系统的 1/20～1/100,位置定位时间仅为原来的 1/ 3(约为 60ms)。

20 世纪 80 年代以来,由于交流(alternating current,AC)伺服电机在材料、结构及控制理论和方法上均有突破性进展,AC 驱动及伺服系统发展很快,已有逐渐取代直流(direct current,DC)系统的趋势。AC 系统的最大优点是 AC 电机制造简单,几乎不需要维修,适合在较恶劣的环境中使用。

AC 伺服系统向数字化方向发展,适应高速及高精度的需要。系统中的电流环、速度环和位置环的反馈控制实现了全部数字化,全部伺服的控制模型和动态补偿均由高速微处理器及其控制软件进行实时处理,采样周期只有零点几毫秒。采用前馈和反馈结合的复合控制可以实现高精度和高速度。

新型的智能型伺服控制系统,被称作“学习控制”,在周期性的高速、高精度跟踪中,几乎可以消除第一个周期以外的全部伺服误差。

6.2 过程工业自动化系统

6.2.1 过程工业自动化系统概述

过程控制系统是以表征生产过程的参数为被控制量,使之接近给定值或保持在给定范围内的自动控制系统。这里“过程”是指在生产装置或设备中进行的物质和能量的相互作用和转换过程。例如,锅炉中蒸汽的产生、分馏塔中原油的分离等。表征过程的主要参数有温度、压力、流量、液位、成分、浓度等。通过对过程参数的控制,可稳定生产、增加产量、提高质量和减少能耗。

过程控制在石油、化工、电力、冶金等部门有广泛的应用。20 世纪 50 年代,过程控制主要用于使生产过程中的一些参数保持不变,从而保证产量和质量的基本稳定。60 年代,随着各种组合仪表和巡回检测装置的出现,特别是数字计算机在过程工业中的应用,过程控制开始过渡到集中监视和控制。70 年代,出现了过程控制最优化与管理调度自动化相结合的多级计算机控制系统。这一系统具有五个层次的功能:①调度;②操作模式确定;③质量控制;④反馈控制(自动调节)和前馈控制;⑤故障的防止和弥补。80 年代,过程控制系统开始与企业信息系统相结合,出现了所谓的管理控制综合系统,并具有更多的功能。管理控制综合系统在企业管理人员与自动化系统之间提供了人机交互功能,各种显示屏幕能显示过程设备的状态、报警和过程变量数值的流程图,并能在屏幕的一定区域显示过去的信息。管理控制综合系统还能统一处理销售、设计、内部运输、存储、包装、行情调查、会计、维修、管理等环节的信息,沟通企业内部和企业内外的信息,并能根据使用人员的需要有选择地提供信息报告。

过程工业自动化系统经过长期不断的发展，特别是在充分利用计算机技术的基础上取得了很大的进步，在生产过程中已发挥极其重要的作用，成为生产过程安全、稳定、自动化运行不可缺少的工具。目前，过程工业自动化主要包括集散控制系统(DCS)、现场总线控制系统(fieldbus control system，FCS)和以工业计算机为基础的开放式控制系统(open control system，OCS)等。

6.2.2　一种纸浆浓度控制系统

造纸工业的发展使生产过程日益复杂，人们对产品质量要求也更加严格。于是精度高、构造复杂的自动检测仪表和各种类型的自动控制系统成为造纸工业的重要组成部分。现以一种纸浆控制系统为例，介绍控制与自动化技术在过程工业自动化的具体应用。

造纸生产自动化是过程工业自动化中一个重要领域，它是指制浆、造纸、碱回收等工段的工艺过程参数的自动检测和控制。

造纸生产包括制浆和造纸两部分，生产过程既有物理作用，也有化学反应。生产过程的工艺参数有温度、压力、流量、液位、有效碱浓度、打浆度、定量、水分、灰分、光滑度、透气度等。随着生产的发展，还会提出一些新的参数。热工量可以使用常规自动化仪表被检测，其他的参数则必须使用专用的传感器检测。通常，将检测仪表与电子计算机或自动调节器连接起来，构成适用于造纸生产过程的各种自动控制系统，如纸张定量水分、灰分的控制系统、碱回收锅炉燃烧的控制系统、熔融物还原率控制系统、纸浆蒸煮质量控制系统、漂白控制系统等。

纸张是纸厂的最终产品，纸张的定量和水分是表征其质量的基本参数和指标。影响定量和水分的因素有很多，其中一个重要的因素就是纸浆的浓度。

1) 主要控制目标

(1) 浓度测量范围：1.0%～6.0%重量百分比。

(2) 灵敏度：0.01%重量百分比。

(3) 浓度测量精度：测量值×0.5%或0.01%重量百分比。

(4) 测量响应时间：10s。

(5) 浓度控制精度：测量值×0.1%。

2) 控制过程及其特点

纸浆浓度控制系统主要由浓度传感器、现场浓度控制计算机(又称浓度控制仪)和电动调节阀三大部分构成。浓度传感器连续地检测输浆管内浆料浓度并转换成标准电流信号输送到浓度控制仪，控制仪对浓度信号进行处理，排除各种干扰信号，按一定的换算关系计算出实际检测到的浓度值，与按工艺要求的设定浓度值相比较，根据偏差自动调节补水阀开度，从而调节稀释水量，达到稳定输浆管出口浆料浓度的目的。浆料浓度控制系统是靠调节稀释水量的大小来控制浆料浓度，它只能将较高浓度的浆料稀释到工艺要求的浓度，不能将低于工艺要求浓度的浆料浓缩。

某纸浆浓度测量控制系统如图 6-2 所示。

S900C 纸浆浓度测量控制系统具有两个功能，即测量纸浆浓度和将纸浆浓度控制在设定值上。S900C 纸浆浓度测量控制系统的传感器利用剪切力来测量纸浆浓度，工作时主机内精密电源稳定系统通过连接电缆向传感器提供精密稳定电压驱动电机旋转，浸在纸浆中

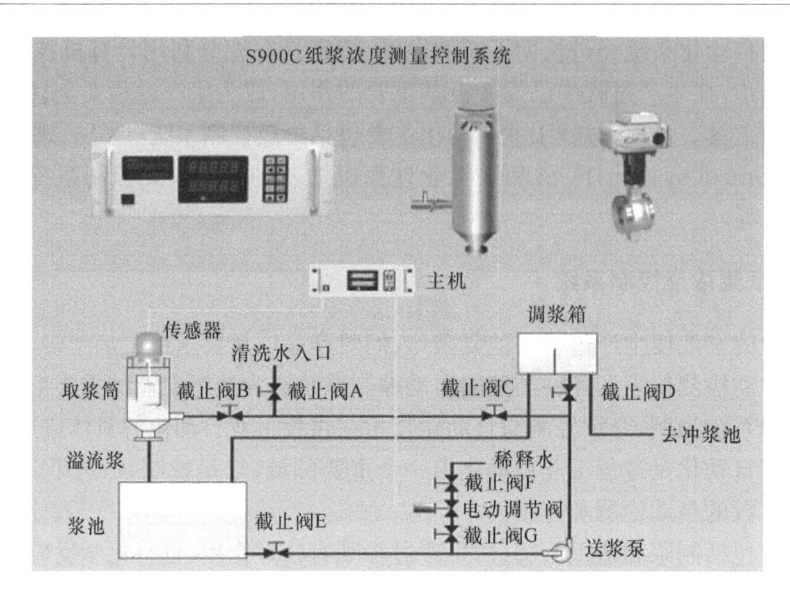

图 6-2　S900C 纸浆浓度测量控制系统

的叶片通过旋转获取阻力信号，传感器将该阻力信号转化为电信号并通过连接电缆传送给主机（即浓度控制仪），主机内部的微型计算机根据该信号计算出纸浆浓度。

根据具体工艺情况选择希望的纸浆浓度设定值（set point，SP），主机将测量的纸浆浓度 C 与预期的纸浆浓度设定值 SP 相比较，如果有偏差，则根据一定的控制算法，计算出相应的控制量（调整命令），调整命令通过连接电缆传送给调节阀，调节阀作出相应的动作，从而改变浆路中的加水量，使纸浆浓度 C 渐进以达到纸浆浓度设定值 SP。由于自动测量纸浆浓度和自动控制纸浆浓度是连续同时进行的，从而使纸浆浓度 C 始终保持在浓度设定值 SP 上。

3）采用的控制方法与技术

S900C 纸浆浓度测量控制系统所采用的控制方法：根据该系统模型简单但干扰和参数变化范围大的特点，控制器选用自整定 PID。选用自整定 PID 是基于下面几点考虑。

（1）PID 控制器能够基本满足性能要求。鲁棒性强，在本系统的参数变化范围内能保证稳定性。

（2）PID 控制器是工程技术人员所熟悉的，易于使用。

（3）经过改进 PID 控制器能达到很好的性能指标。

该控制算法对 PID 控制器的改进是引入智能自整定技术，通过引入智能自整定技术，可以实现以下功能。

（1）在系统初始投入生产时，自动整定参数，省去人工系统测试、计算和设定等烦琐工作。

（2）在系统参数出现随机变化时，通过自整定参数，使系统保持较高的性能指标。

（3）在纸机变化生产品种时，通过自整定参数，使系统适应变化的生产参数，省去人工干预。

整个系统就是一个完全自主的，并且时刻保持高性能指标的“开机即用”系统。

6.3 电力系统自动化系统

6.3.1 电力系统自动化系统概述

电力系统自动化系统是指对电能生产、传输和管理实现自动控制、自动调度和自动化管理的系统。电力系统是一个地域分布辽阔，由发电厂、变电站、输配电网络和用户组成的复杂大系统。电力系统自动化的领域包括生产过程的自动检测、调节和控制，系统和元件的自动安全保护，网络信息的自动传输，系统生产的自动调度，以及企业的自动化管理等。电力系统自动化的主要目标是保证供电的电能质量(频率和电压)，保证系统运行的安全可靠，提高经济效益和管理效能。

20世纪50年代以前，电力系统容量在几百万千瓦，单机容量不超过10万千瓦；电力系统自动化多限于单项自动装置，且以安全保护和过程自动调节为主。例如，电网和发电机的各种继电保护、汽轮机的危急保安器、锅炉的安全阀、汽轮机转速和发电机电压的自动调节、并网的自动同步装置等。五六十年代，电力系统规模发展到千万千瓦级，单机容量超过20万千瓦，并形成区域联网，这在系统稳定、经济调度和综合自动化方面提出了新的要求。厂内自动化方面开始采用炉、机、电单元式集中控制，系统开始采用模拟式调频装置和以离线计算为基础的经济功率分配装置，并广泛采用远动通信技术。各种新型自动装置如晶体管保护装置、可控硅励磁调节器、电气液压式调速器等得到推广使用。七八十年代，以计算机为主体配有功能齐全的整套软硬件的电网实时监控系统 (supervisory control and data acquisition，SCADA)开始出现。20万千瓦以上火力发电机组开始采用实时安全监控和闭环自动起停全过程控制。水力发电站的水库调度、大坝监测和电厂综合自动化的计算机监控开始得到推广。各种自动调节装置和继电保护装置中已广泛采用微型计算机。

按照电能的生产和分配过程，电力系统自动化包括电网调度自动化、火力发电厂自动化、水力发电站综合自动化、电力系统信息自动传输系统、电力系统反事故自动装置、供电系统自动化、电力工业管理系统的自动化7个方面，并形成一个分层分级的自动化系统。其中，由区域调度中心、区域变电站和区域性电厂组成最低层次；由省(市)调度中心、枢纽变电站和直属电厂组成中间层次；由总调度中心构成最高层次。而在每个层次中，电厂、变电站、配电网络等又构成多级控制。

1) 电网调度自动化

现代的电网自动化调度系统是以计算机为核心的控制系统，包括实时信息收集和显示系统，以及供实时计算、分析、控制用的软件系统。信息收集和显示系统具有数据采集、屏幕显示、安全检测、运行工况计算分析和实时调度的功能。发电厂和变电站的信息收集部分称为远动端，位于调度中心的部分称为调度端。软件系统由静态状态估计、自动发电控制、最优潮流、自动电压与无功控制、负荷预测、最优机组开停计划、安全监视与安全分析、紧急控制和电路恢复等程序组成。

2) 火力发电厂自动化

火力发电厂的自动化项目包括：

(1) 厂内炉、机、电运行设备的安全检测，包括数据采集、状态监视、屏幕显示、越限报警、故障检出等。

(2) 计算机实时控制,实现由点火至并网的全部自动启动过程。

(3) 有功负荷的经济分配和自动增减。

(4) 母线电压控制和无功功率的自动增减。

(5) 稳定监视和控制。采用的控制方式有两种形式:①计算机输出通过外围设备去调整常规模拟式调节器的设定值而实现监督控制;②用计算机输出外围设备直接控制生产过程而实现直接数字控制。

3) 水力发电站综合自动化

需要实施自动化的项目包括大坝监护、水库调度和电站运行三个方面。

(1) 大坝计算机自动监控系统。包括数据采集、计算分析、越限报警和提供维护方案等。

(2) 水库水文信息的自动监控系统。包括雨量和水文信息的自动收集、水库调度计划的制订,以及拦洪、蓄洪和泄洪水量调度方案的选择等。

(3) 厂内计算机自动监控系统。包括全厂机电运行设备的安全监测、发电机组的自动控制、优化运行和经济负荷分配、稳定监视和控制等。

4) 电力系统信息自动传输系统

简称远动系统。其功能是实现调度中心和发电厂变电站间的实时信息传输。自动传输系统由远动装置和远动通道组成。远动通道有微波、载波、高频、声频和光纤通信等多种形式。远动装置按功能分为遥测、遥信、遥控三类:把厂站的模拟量通过变换输送到位于调度中心的接收端并加以显示的过程称为遥测;把厂站的开关量输送到接收端并加以显示的过程称为遥信;把调度端的控制和调节信号输送到位于厂站的接收端实现对调节对象的控制的过程,称为遥控或遥调。远动装置按组成方式可分为布线逻辑式远动装置和存储程序式逻辑装置。前者由硬件逻辑电路以固定接线方式实现其功能,后者是一种计算机化的远动装置。

5) 电力系统反事故自动装置

反事故自动装置的功能是防止电力系统的事故危及系统和电气设备的运行。在电力系统中装设的反事故自动装置有两种基本类型。

(1) 继电保护装置。其功能是防止系统故障对电气设备的损坏,常用来保护线路、母线、发电机、变压器、电动机等电气设备。按照产生保护作用的原理,继电保护装置分为过电流保护、方向保护、差动保护、距离保护和高频保护等类型。

(2) 系统安全保护装置。用以保证电力系统的安全运行,防止出现系统振荡、失步解列、全网性频率崩溃和电压崩溃等灾害性事故。系统安全保护装置按功能分为四种形式:①属于备用设备的自动投入,如备用电源自动投入、输电线路的自动重合闸等;②属于控制受电端功率缺额,如低周波自动减负荷装置、低电压自动减负荷装置、机组低频自起动装置等;③属于控制送电端功率过剩,如快速自动切机装置、快关气门装置、电气制动装置等;④属于控制系统振荡失步,如系统振荡自动解列装置、自动并列装置等。

6) 供电系统自动化

包括地区调度实时监控、变电站自动化和负荷控制三个方面。地区调度的实时监控系统通常由小型或微型计算机组成,功能与中心调度的监控系统相仿,但稍简单。变电站自动化发展方向是无人值班,其远动装置采用微机可编程的方式。供电系统的负荷控制常采用工频或声频控制方式。

7）电力工业管理系统自动化

管理系统的自动化通过计算机来实现，其主要项目有电力工业计划管理、财务管理、生产管理、人力资源管理、资料检索以及设计和施工方面等。

6.3.2 电动汽车锂离子电池管理控制系统

现以某电动汽车锂离子电池控制和管理为例，介绍控制与自动化技术在电动汽车领域的具体应用。

锂离子电池管理系统（battery management system，BMS）是监控电池组运行状态、优化电池性能、保障电池安全可靠的核心设备，也是上层控制器（即整车管理系统）获取相关电池信息和处理上层决策控制指令的“管家”。以主从模式架构为例，BMS 的拓扑结构如图 6-3所示。

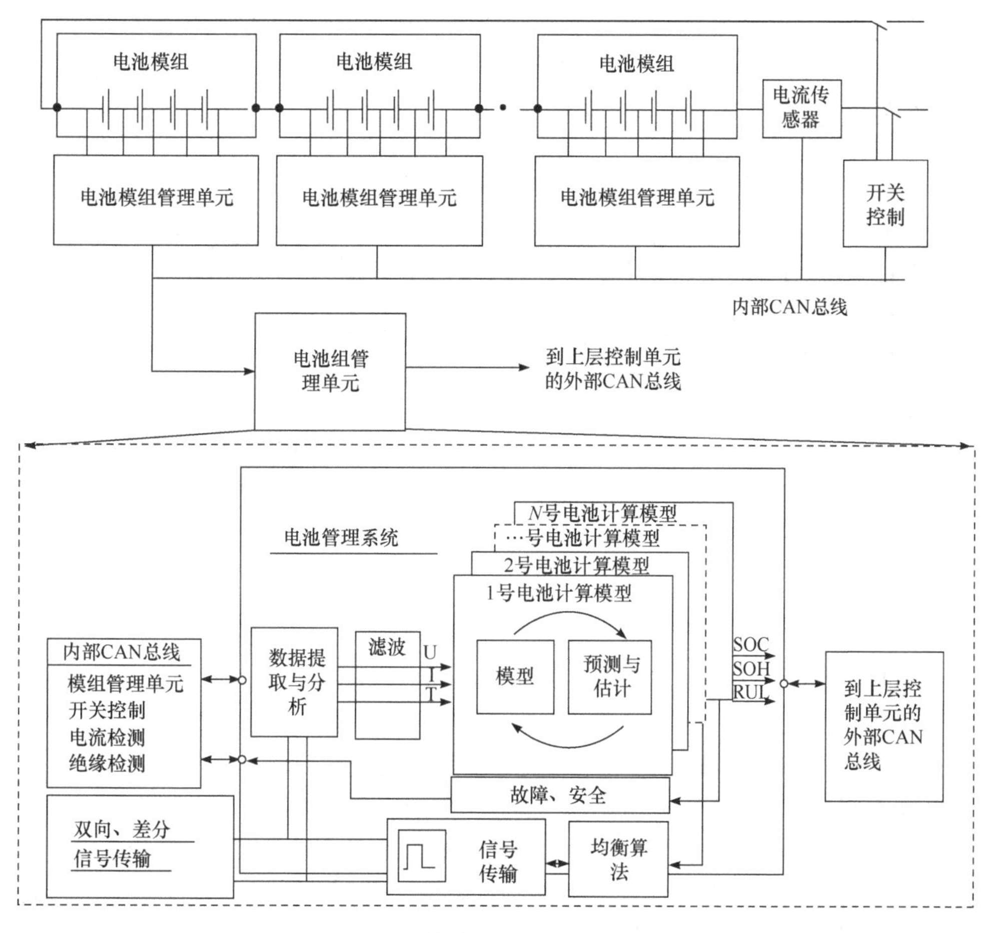

图 6-3　电池管理系统拓扑与功能示意图

其中电池模组管理单元作为 BMS 从机主要负责电池单体电压与组内温度信息采集工作，并将信息通过内部控制器局域网总线（internal controller area network，iCAN）传送到电池组管理单元，即 BMS 从机。电池组管理单元还可通过 iCAN 获取整组的母线电流，并通过开关控制器控制整组电池的充放电。同时电池组可以通过外部控制器局域网总线(external controller area network,eCAN)将电池系统的运行信息发送给整车管理控制器。电池组管理单元利用采集到的电压、电流与温度信息,依据内嵌电池模型和相应的状态估计算法估计得到表征其剩余存储能量的荷电状态(state of charge,SOC)、表征其老化程度的健康状态(state of health,SOH)与表征其寿命状况的剩余可用寿命(remaining useful life,RUL)等,进而还可评估电池的故障与安全信息,并生成优化电池组性能的控制指令,管理模组管理单元与开关控制器。

1) 控制系统的目标

在纯电动汽车中,锂离子电池储能系统是一种具有高度非线性、环境敏感、性能衰减及故障突发等特性的复杂动态系统。以安全、高效、可靠、持久运行为控制目标,BMS 的控制和管理包含以下三个关键因素:

(1) 确保电池系统安全性,即保障各类参数不超越安全极限;

(2) 确保电池健康运行,即避免电池发生过早老化,影响电池寿命;

(3) 在安全和健康的前提下,优化电池系统运行的时间和经济效率。

2) 控制过程及其特点

电动汽车 BMS 控制过程如图 6-4 所示。整体而言,BMS 控制过程可以分为信息测量、状态估计、均衡控制、保护与报警、优化控制策略五个步骤。

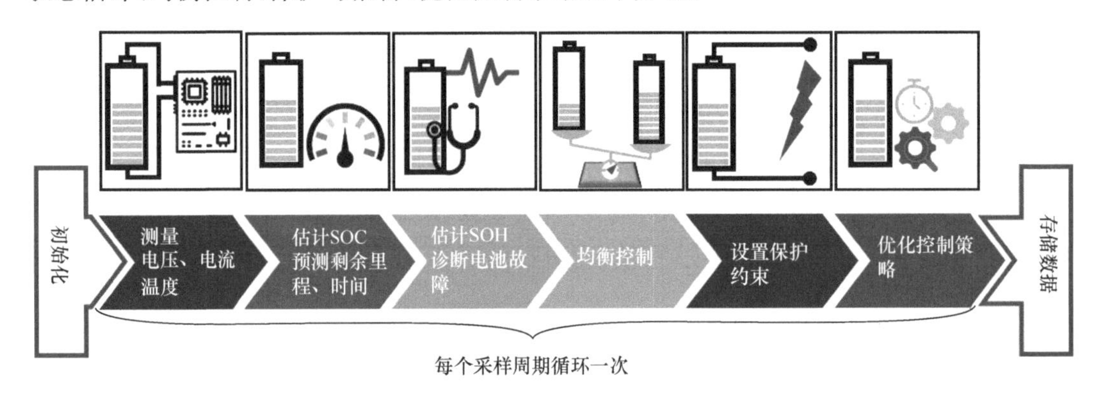

图 6-4　BMS 控制过程示意图

(1) 信息测量。由于传感器技术的限制,目前 BMS 仅能测量电池外部母线电流、端电压和表面温度。电流测量一般采用霍尔电流传感器;端电压测量目前市面上已有较为成熟的测量芯片;电池的温度测量常采用热电偶传感器进行测量。

(2) 状态观测。由于影响电池安全和健康工作的主要因素是电池内部化学反应相关参数,这些参数无法直接测量,需要利用电池外部可直接测量变量对电池内部状态通过设计状态观测器对其进行估计。在电池众多状态之中,电池 SOC 和 SOH 是反映电动汽车续航里程和剩余寿命的重要量化指标,是电池充放电策略、保护阈值设置的基础。设计状态估计器的主要要求是如何保证其全寿命周期内的准确性、自适应性和强鲁棒性。

(3) 均衡控制。由于锂离子单体电池的电压与容量有限,实车储能系统一般需要成百上千个电池单体串并联成组使用。对于整个电池组的参数监控必然会导致运算复杂度增加。同时,电池单体间参数不一致,会制约电池组整组的性能,降低其可用容量并限制其充放电功率。因此,电动汽车电池系统需要配备均衡控制系统,对单体电池内部的能量进行均衡分配。

(4) 保护与报警。为防止电池过充过放,保障电池安全健康运行,BMS需要根据电池动态行为机理,基于内部参数估计和外部参数测量结果,对电池运行参数,如电压、电流、SOC及温度等进行限制,对电池系统进行保护,并根据电池实时运行数据,设置不同的报警等级,对电池潜在的故障和安全性问题进行预警。

(5) 优化控制策略。以电池快充控制为例,电动汽车充电时间过长是制约其广泛普及的主要瓶颈问题之一。快充控制是在不诱发安全性和过早老化问题的前提下,尽可能缩短电池的充电时间。BMS主要是根据电池动态行为模型,生成电动汽车快充建议曲线,并将该曲线和电池实时数据发送给充电桩,实现对电动汽车充电过程的控制。

3) 采用的控制方法与技术

电动汽车电池系统是多物理场动态行为高度耦合的动态系统。电池内部复杂的电化学反应导致电池具有高度动态非线性、时变性和参数不确定性,使得对电池系统的控制很困难。以电池快充控制为例,现有文献从基于规则、基于模型、数据驱动和基于学习的控制算法对电池快充控制策略进行了研究。

(1) 基于规则。模型无关方法主要是利用经验设置一系列充电规则,实现电池的充电控制。应用最为广泛的方法是恒流恒压。优势是逻辑简单、容易实现,缺点是并未考虑电池老化和安全运行的行为机理,或多或少会对电池寿命和安全造成负面影响。

(2) 基于模型。基于规则的方法无法从根本上避免极化效应增加及老化等副反应的发生。基于模型的方法首先根据电池行为特征构建描述电池动态行为的数学模型,并据此设计电池模型参数辨识、SOC估计以及SOH估计算法,在线监测电池运行信息;然后结合电池安全运行约束条件,构建一个含单目标或多目标的(非线性)优化问题;最后利用各种最优化方法求解。尚存两点不足:一是对模型准确性的依赖度很高;二是非线性优化算法的复杂度过高。

(3) 数据驱动。为了克服模型驱动算法的缺陷,一些研究者从"大数据"的角度切入,基于机器学习方法开发了一系列数据驱动型的快充优化策略。首先利用海量电池早期循环测试数据,训练能预测电池寿命的机器学习模型;进而确定不同SOC阶段对应的恒流电流。该算法可以平衡训练过程中的"探索"(不确定性高的策略)和"利用"(具有高预测寿命的策略)决策,以优化可以延长循环寿命的快充曲线。优点是避免了复杂的机理建模过程,更为灵活和易于实现;缺点是需要耗时和耗能的测试实验,用于生成训练数据集,并且算法性能高度依赖于数据集规模和质量。

(4) 基于学习。为了克服模型驱动和数据驱动快充策略的弊端,一些研究开始尝试利用强化学习方法对电池快充问题进行求解。强化学习是一种有效的机器学习方法,可以用于解决复杂的优化问题,但在针对包含复杂耦合动态的受限快充优化问题的理论研究和具体应用中仍然面临许多新的挑战。

6.4　飞行器控制系统

1903年12月17日,莱特兄弟(W. Wright & O. Wright)进行了人类历史上的首次有动力、可操纵持续飞行试验。试验中，飞机成功地飞行了约 260m 距离。1905 年，他们制造出了一架能够在空中停留半个多小时的飞机，从而揭开了有动力飞行器发展的序幕。

在地球大气层内或空间飞行的物体，统称飞行器。飞行器通常分三类：航空器（大气层内）、航天器（大气层外）、火箭和导弹。

6.4.1　飞行器控制系统概述

1）飞行器的结构及操纵装置

飞行器种类繁多，结构和形状各异。在此仅以飞机为例介绍飞行器的结构和操纵装置。

到目前为止，除了少数特殊形式的飞机外，大多数飞机都由机翼、机身、尾翼、起落装置和动力装置五个主要部分组成，如图 6-5 所示。

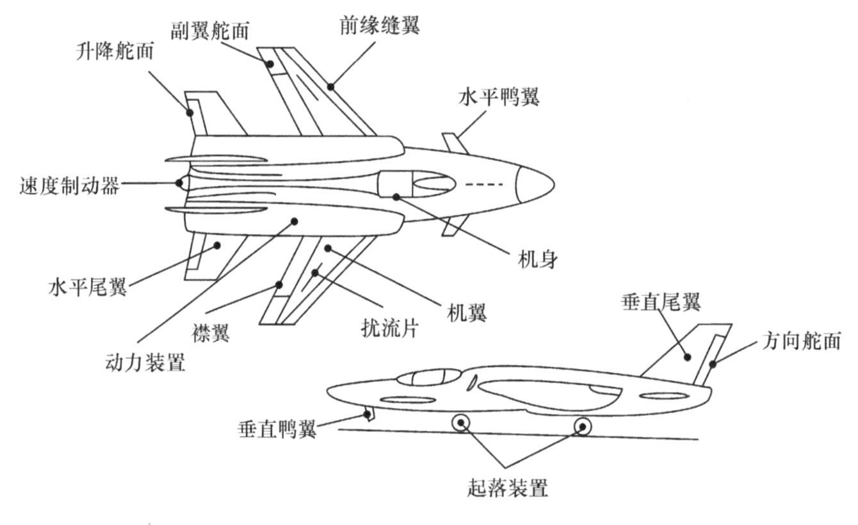

图 6-5　飞机的结构及操纵面

同时，根据飞机操作和执行任务的需要，飞机上还装有各种仪表、通信设备、领航设备、安全设备等其他设备。

2）飞行器控制系统的组成与功能

飞行器控制系统是指驾驶员（或自动控制装置）通过对飞行器的副翼、升降舵、方向舵以及扰流板、襟翼、缝翼和水平稳定面及其他作动装置的操纵，控制飞行器的俯仰、横滚和偏航等姿态所需软硬件的有机整体。

飞行控制系统可实现以下功能：①改变并保持姿态和航向；②增稳或控制增稳；③控制空速（飞行速度）；④控制航迹；⑤自动导航；⑥自动着陆；⑦地形跟随、地形回避；⑧自动瞄准；⑨编队飞行；⑩配合自动空中交通管制等。

飞行控制主要是稳定和控制飞机的角运动（偏航、俯仰与滚转）以及飞机的重心运动（前进、升降与左右运动）。飞行器控制系统采取的是反馈控制原理。广义上讲，飞行器是被控制对象，自动控制系统是控制器。飞行器和自动控制系统按负反馈的原理组成闭环回路（飞行控制回路），从而实现对飞机的稳定与控制。在这个闭环回路中被控制量主要有飞行器的姿态角、飞行速度、高度和侧向偏离等，控制量是各气动控制面的偏角、油门杆的位移或推力装置的开度。运用经典控制理论或现代控制理论可以分析和综合飞行器控制回路，从而设计出飞机飞行器控制系统。

飞行控制系统一般由测量飞机姿态及其他飞行参数用的敏感元件（姿态、位置、大气等飞行状态测量设备）、形成控制信号或指令的计算机、驱动飞机舵面的执行机构等组成，如图 6-6所示。

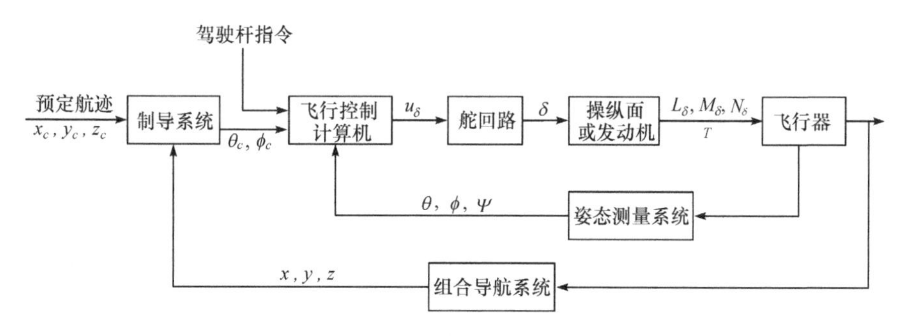

图 6-6　飞行器控制系统组成

其一般工作过程如下：如果处于人工操纵模态，则由驾驶员操纵驾驶杆和油门杆，经位移传感器测量后变换为电压信号送入飞行控制计算机。飞行控制计算机分别接收指令信号和由姿态测量系统反馈的飞行器姿态信息，然后进行控制规律计算，输出舵回路控制电压信号 u_δ 到舵回路。舵回路将该电压信号转换为转角位置信号，带动操纵面（或发动机油门）进行偏转。操纵面（或发动机油门）偏转后，产生相应的力和力矩，从而改变飞行器的姿态和位置。

如果处于自动飞行模态，则调用存储在飞行器上的预定航线信息，生成预定航迹送入制导系统。制导系统的作用是通过制导规律将预定航迹和由组合导航系统获得的飞行器当前航迹之间的误差转换为姿态和发动机油门指令，并输出到飞行控制计算机进行控制规律计算。后续过程与人工操纵模态类似。人工操纵模态和自动飞行模态的转换由飞行控制计算机来完成。

6.4.2　飞行器控制系统的发展及技术特点

1）简单飞行操纵系统

1903 年 12 月莱特兄弟首次动力飞行成功，就出现了最简单的由连杆机构操纵的开环飞行控制系统，如图 6-7 所示。此时飞机飞行速度低、操纵力小，而且飞机本身就具有足够的稳定性。

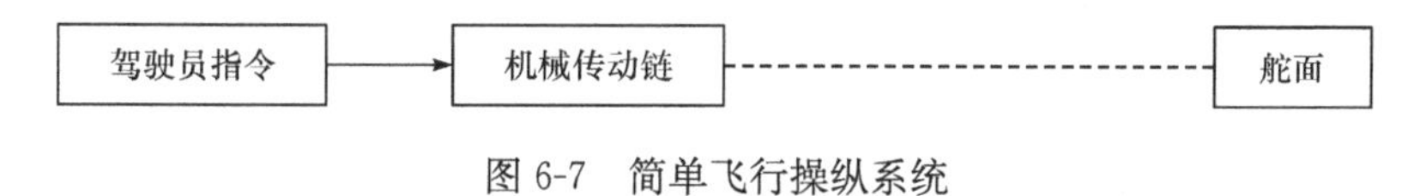

图 6-7　简单飞行操纵系统

2）机械操纵系统

飞机上通过机械方式组成的可操纵各气动舵面，从而实现飞行控制目的的机构，称为机械操纵系统。由拉杆、摇臂或钢索、滑轮及人工感觉系统或助力器等组成，如图 6-8 所示。

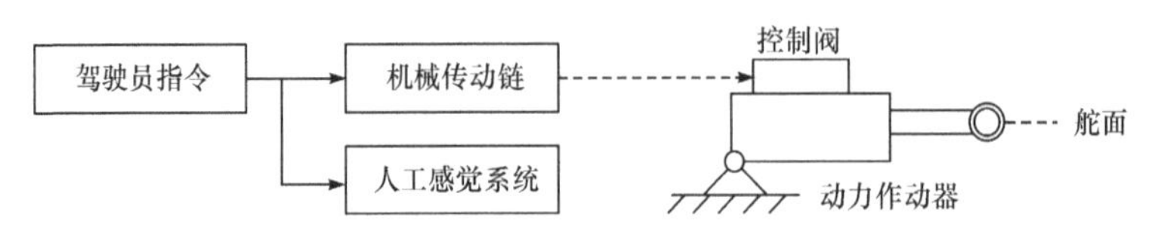

图 6-8　机械操纵系统

3）电子增稳系统

在上述机械操纵系统的基础上，应用反馈控制原理而设计的，旨在提高飞机动态稳定性的一种飞行控制系统，如图 6-9 所示。

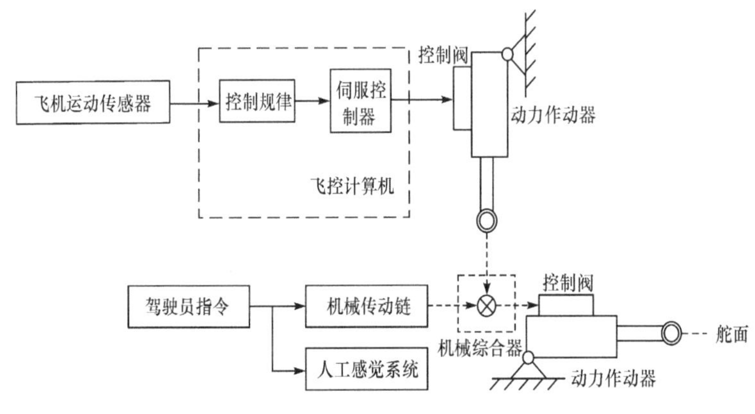

图 6-9　电子增稳系统

它在保持原机械操纵的同时，利用传感装置测量飞机的角速率、过载和迎角、侧滑角等，并将其变换成电信号，然后反馈到飞行控制计算机，根据预先设定的控制规律解算出舵面运动指令，并将该指令送到伺服装置，驱动飞机气动舵面，从而产生气动力矩为飞机提供附加的运动阻尼和稳定性。

4）控制增稳系统

为了解决稳定性和机动性的矛盾，在增稳系统中引入驾驶员的操纵指令，如图 6-10 所示。

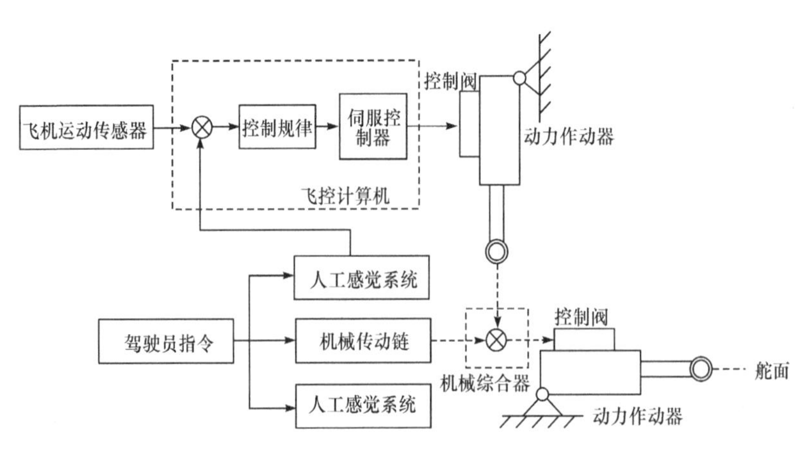

图 6-10　控制增稳系统

5）电传飞行控制系统

利用电气信号形式，通过电缆实现驾驶员对飞机运动进行操纵的飞行控制系统，完全去掉了机械传动链，如图 6-11 所示。

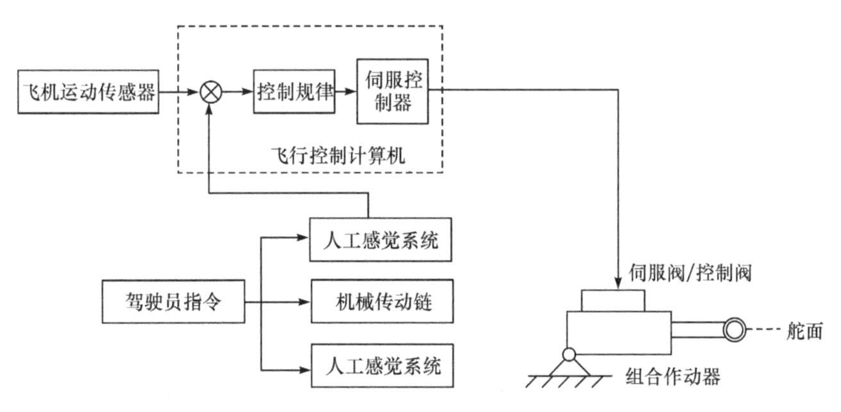

图 6-11　电传飞行控制系统

其优点是：①减轻了飞行控制系统的体积和重量；②可采用多余度技术，提高飞机的安全性；③降低了系统安装、维护费用；④改善了飞机的操纵品质，消除了机械系统的非线性、摩擦、滞环等影响；⑤利于飞行控制系统构型的改变；⑥增强了自诊断能力，提高维护性等。

6）光传飞行控制系统

飞行器的飞行操纵系统应用光纤作为信息传输的媒介，以光形式代替电信号传输，如图 6-12所示。它被誉为继电传操纵后的第三代操纵系统，是 21 世纪飞行操纵的必然发展趋势。

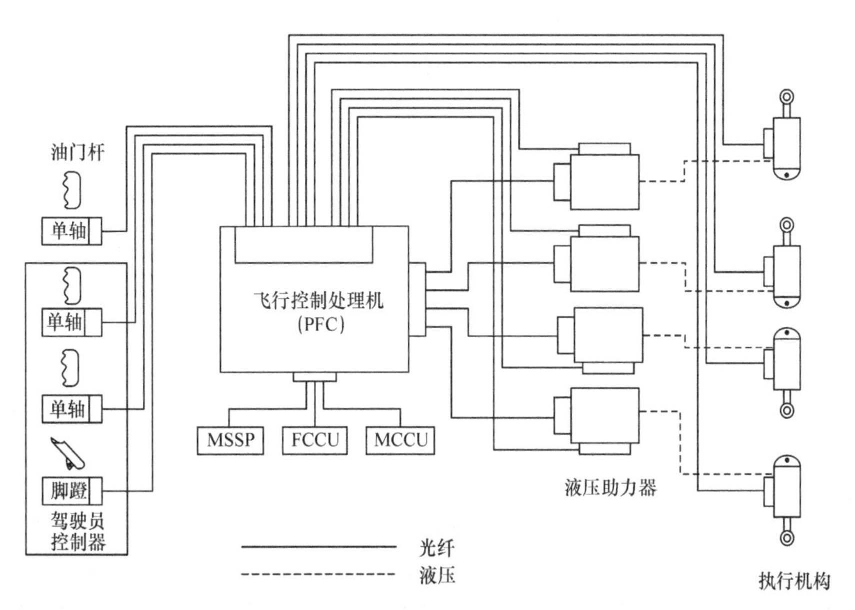

图 6-12　光传飞行控制系统

其优点是：①可有效地防御电磁干扰、雷电冲击、核爆辐射，消除各信号通道间的串扰；②可极大地减轻飞机重量，增加飞机上的可用空间；③光纤传输损耗低，频带宽，如采用多路复用技术将使信息传输量得到极大提高等。

数字式电传操纵和光传操纵技术的发展使得飞行器实现了全自动飞行。简单地说，飞行器控制系统的发展主要经历了以下五个阶段。

(1) 20 世纪初到 40 年代，由简单的自动稳定器发展成自动驾驶仪。

(2) 20 世纪四五十年代，由自动驾驶仪发展成飞行自动控制系统。飞机性能不断提高，要求自动驾驶仪与机上其他系统耦合形成飞行自动控制分系统。这些分系统的总和称为飞行自动控制系统。为适应飞行条件的剧烈变化，飞行自动控制系统的参数随飞行高度或动压而变化，这样的系统称为调参式飞行自动控制系统。

(3) 20 世纪 60 年代出现自适应飞行自动控制系统。此外，在歼击机上开始安装由增稳系统和自动驾驶仪组合的复合系统。

(4) 20 世纪七八十年代，飞行自动控制系统发展成主动控制系统。70 年代，数字式电传操纵系统得到发展。电传操纵系统易于与机上其他系统(如火控系统、推力控制系统、导航系统等)交联。80 年代出现航空综合系统(如火控-飞行综合控制系统等)。

(5) 20 世纪 90 年代至今，随着计算机技术和控制理论的发展，飞行器控制系统的设计方法也发生了变化，从最初的经典控制方法，发展到了自适应控制、模糊控制、神经网络控制、容错控制等现代控制方法。飞行器结构的复杂化和种类的多样化注定了飞行器控制系统必将成为现代控制理论研究的热点领域。

6.5 自动化仓储系统

人类生活的各个方面都与物流密不可分。物流是指物资实体的物理流动过程，即完成物资实体的储存和运输。物流系统是指在一定的时间和空间里，由所需位移的物资与包装设备、搬运设备、装卸设备、仓储设备和人员等若干要素所构成的具有特定功能的有机整体。

仓储是现代物流的重要组成部分，在物流系统中是物品的暂存场所，起到对物品缓冲、保护等作用。仓储系统指的是产品分拣或储存接收中使用的设备和运作策略的组合。根据设备和运作策略的不同组合，可以分为手工仓储系统、半自动仓储系统和自动化仓储系统。自动化仓储系统主要有两种类型：一种是由运行在固定轨迹上的堆垛机等机器进行货物存储和检索的仓储系统，称为自动化立体仓库；而另一种是由可自由移动的机器人及货架构成的仓储系统，称为多机器人仓储系统。

6.5.1 自动化立体仓库

1) 自动化立体仓库的发展

自动化立体仓库又称立库、高层货架仓库、自动仓储(automatic storage & retrieval system, AS/RS)，如图 6-13 所示。它是自动化技术与仓储管理系统的结合，充分利用自动化技术的优势和特点，实现仓库信息管理自动化和物品出入库作业的自动化。

自动化立体仓库是以高层立体货架(托盘系统)为主体，以成套搬运设备为基础，以计算机控制技术为手段的高效率物流、大容量存储的机电一体化高科技集成系统。它集机械、电子、计算机、通信、网络、传感器和自动控制等多种技术于一体，以搬运机械化、控制自动化、管理微机化、信息网络化为特征，成为现代物流的重要组成部分。

图 6-13　自动化立体仓库

由于自动化立体仓库具有很高的空间利用率和很强的出入库能力，已成为企业物流和生产管理不可缺少的仓储技术，成为现代化企业的重要标志之一。

自动化立体仓库的重要作用主要表现在以下几个方面。

(1) 科学储备，提高了仓储自动化水平。通过对仓库的自动控制和管理，使物料在存储过程中合理利用各种资源，有效合理利用空间，优化仓库存储水平，适应了多种存储要求。

(2) 缩短了库存物资的周转周期，降低了物流成本。作为生产过程的中间环节，使各种物料库存周期缩短，从而降低了物流成本。

(3) 提高了企业生产管理水平。自动化立体仓库采用先进的自动化搬运设备，通过计算机控制和管理实现对货物在仓库内按需要自动存取，建立了物流与企业的实时连接。

自动化立体仓库起始于美国。美国于 1959 年开发了世界上最早的自动化立体仓库，并在 1963 年最早使用计算机进行自动化立体仓库的管理。之后德国和日本等也相继开发了自动化立体仓库。进入 20 世纪 80 年代，自动化立体仓库在世界各国发展迅速，使用范围几乎涉及所有行业。1974 年在郑州纺织机械厂建成我国第一座自动化立体仓库，这座仓库是利用原有厂房改建而成，用于存放模具。1980 年，由北京起重机研究所等单位研制的我国第一座自动化立体仓库在北京汽车制造厂投产。该自动化仓库属于整体式结构，采用计算机进行控制和数据处理。从此以后，自动化立体仓库在我国得到迅速发展。

美国学者怀特(J. A. White)将仓储技术(包括立体仓库)的发展分为五个阶段：人工仓储、机械化仓储、自动化仓储、集成化仓储和智能化仓储。

(1) 人工仓储。人工仓储阶段是仓储系统发展的最原始阶段。这一阶段物资的输送、存储、管理和控制主要依靠人工实现，具有投资少、简单实用等优点。

(2) 机械化仓储。机械化仓储阶段包括通过各种传送带、工业输送车、机械手、吊车、堆垛机和升降机来移动和搬运物料；用货架、托盘和移动式货架存储物料；通过人工操作机械存取设备；用限位开关、螺旋机械制动和机械监视器等控制设备的运行。机械化在减轻人工体力的同时,更满足了人们对存取速度、精度和搬运等方面的要求。

(3) 自动化仓储。20 世纪 50 年代末之后,自动化技术发展与应用对仓储技术的发展起到了重要作用,自动导引小车、自动货架、自动存取机器人、自动识别系统、分拣系统、旋转式立体货架、移动式货架和巷道式堆垛机等进入了系统控制设备的行列,大大提高了工作效率和仓储利用率。尽管此时自动化设备很多,但只是各个设备的局部自动化并独立应用,被称为"自动化孤岛",自动化仓储在当前仓储行业仍占有重要地位。

(4) 集成化仓储。在 20 世纪 70 年代末,自动化技术被越来越多地应用到生产和分配领域,"自动化孤岛"被集成。在集成系统中,整个系统有机协作,使总体效益和生产的应变能力大大超过各部分独立效益的总和。

(5) 智能化仓储。在 20 世纪 90 年代后期,人工智能技术的发展推动了仓储技术的发展。智能仓储系统是集物料搬运、仓储科学和智能技术为一体的一门综合科学技术工程,它利用计算机的运算速度优势,结合人工智能、优化算法实现系统决策。

2) 自动化立体仓库组成

自动化立体仓库主要包括以下部分。

(1) 高层货架。高层货架是用于存储货物的钢结构,在钢结构各单元格内存放有托盘。它是构成自动化立体仓库的最基本单元。

(2) 货物存取系统。货物存取系统由堆垛机(又称提升机)组成,主要完成单元货物入库到货格和从货格中取出的操作,是自动化立体仓库系统的重要设备。

(3) 出入库输送系统。出入库输送系统是立体仓库的主要外围搬运设备,负责将货物输送到堆垛机上下料位置和货物出入库位置。输送机种类很多,常见的有皮胶带输送机、辊道输送机(图 6-14)、链条输送机、自动导引小车等。

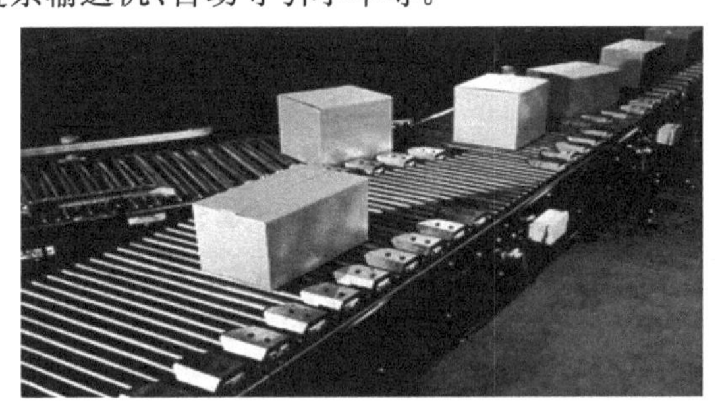

图 6-14　辊道输送机

(4) 控制和管理系统。一般采用计算机进行控制和管理。自动化立体仓库按不同情况有不同的控制方式。例如单台控制方式,只对存取堆垛机、出入库输送机进行单台 PLC 控制,机与机之间无联系,对各单台机械进行联网控制;分布式控制方式,由管理计算机、堆垛机、出入库输送及现场可编程控制器等组成,实现对立体仓库的集中管理和分散控制。

3) 自动化立体仓库发展趋势

(1) 自动化程度不断提高。近年来采用 PLC 控制搬运设备的仓库及采用计算机管理与 PLC 联网控制的全自动化仓库在全部立体仓库中的比重不断增加。

(2) 堆垛机方面,不断推出具有新的物理外形和更高性能的设备。最新的开发包括提高电子和控制技术,在使堆垛机具有更高定位精度的同时,提高搜索能力和运行速度,以期获得更短的操作周期和更大的处理能力。

(3) 提高仓库运转的可靠性与安全性。在仓库自动控制与信息传输中采用高可靠性的硬、软件,增强抗干扰能力。

(4) 规模小、反应快、用途广的自动化仓库系统成为发展趋势。由于它结合了先进的控制技术,保持了高度的柔性和高生产率,满足了工业库存搬运的需要。

自动化立体仓库正呈现自动化、智能化和柔性化发展的趋势。

6.5.2　多机器人仓储系统

1) 多机器人仓储系统的发展

多机器人仓储系统(robotic mobile fulfillment systems,RMF)是近些年最受关注的一类自动化仓储系统,该系统以多移动机器人为执行主体,具有搬运可移动仓储货架的能力。在运行过程中,机器人动态地将可移动货架运输到人工工作台前,供人工操作员进行货物的拣选。多机器人仓储系统的结构布局如图 6-15 所示,它是电子商务发展背景下诞生的仓储系统,能够高效地适应多品种、小批量的商品仓储需求。

图 6-15　多机器人仓储系统的结构布局示意图

多机器人仓储系统的概念模型早在 1989 年就被提出了,但直到 2008 年才正式进入大众的视野中。2008 年,蒙兹(M. Mountz)等以专利的形式展示了一种多移动机器人驱动的仓储系统,称为 Kiva 系统。Kiva 系统后来被亚马逊公司(Amazon)收购,开始应用到很多亚马逊的工厂及仓库中。随着 Kiva 系统的成功应用,移动机器人仓储系统受到了广泛的关注,甚至有学者,如班克(S. Banker),认为 Kiva 系统将最终改变仓储的面貌。近些年来,国内也陆续出现了一些主研多机器人仓储系统的公司,如极智嘉科技、快仓智能等,这些公司的出现极大地推动了智能无人仓储的落地。

2) 多机器人仓储系统的组成

多机器人仓储系统由三个部分组成:

智能移动机器人:主要负责将可移动货架运输到人工工作台处供操作员进行补货或进货。在整个仓储系统中,常常是多个机器人协同工作,它们既可以由计算机集中控制也可以是分布式控制。

可移动货架:用于存储货物,它的最大特点是可移动,没有了自动化立体仓库固定货架位置的限制。在机器人运输的过程中，允许实现货架位置的动态调整以实现仓储运作的优化。

人工工作台：是按照人体工效学而精心设计的适合于操作员进行补货、拣选、打包等操作的专门场所。

3) 多机器人仓储系统发展趋势

(1) 利用机器学习、数据挖掘等前沿技术实现系统优化。近年来机器学习、数据挖掘等技术展现出了巨大的潜力，这些技术能够在货物的存储分配、货架位置的动态调整以及多机器人的协同操作上提供重要帮助。

(2) 在需要人参与的情形下提升人-机器交互的效率。虽然当下仓储的自动化水平不断提高，但人仍然是仓储系统不可或缺的要素之一。通过优化人和机器之间的交互方式来进一步提高仓储系统的工作效率，同时提高人类工作者的舒适度仍然显得十分必要。

(3) 逐步实现无人参与的智能仓储系统。近年来各种机器人及智能设备已经可以在某些特殊的领域或功能上取代人类，完全基于机器人或智能设备的无人仓储系统有可能在不久的将来被应用到实际的物流过程中。

6.6 智能交通系统

6.6.1 智能交通系统概述

随着社会经济建设的快速发展，车辆作为人类活动的工具在人们的日常生活中起着越来越重要的作用。随着车辆的增多，带来了诸多的交通问题，如道路时常堵塞、交通事故频繁发生、能源浪费且导致环境污染，这严重地制约了交通运作效率，也成为制约经济发展的“瓶颈”问题。自20世纪90年代以来，国际上出现了利用现代信息技术与通信技术等手段来提高交通路网通行能力的新型交通系统——智能交通系统(intelligent transportation systems，ITS)。

智能交通系统最初在欧洲被称为道路交通信息(road transportation informatics，RTI)，后又被称为先进道路遥测(advanced transportation telematics，ATT)。日本的各有关省厅在开展这项工作的时候曾先后用过各种不同的名称。在美国，这系统起初被称为“智能车辆-道路系统”(intelligent vehicle-highway system，IVHS)，1994年以后改称智能交通系统。现在，智能交通系统已经成为国际上对此系统最通用的名称。

智能交通系统是在传统的交通工程基础上发展起来的新型交通系统。由于各国具体情况不同，发展交通的重点也不一致，对智能交通系统研究的内容更不相同。但一般而言，人们普遍认为智能交通系统是把卫星技术、信息技术、数据通信技术、控制技术和计算机技术结合在一起的运输(交通)自动引导、调度和控制系统。智能交通系统通过人、车、路的和谐、密切配合提高交通运输效率，缓解交通阻塞，提高路网通过能力，减少交通事故，降低能源消耗，减轻环境污染，是未来道路交通发展的方向。

目前，智能交通系统包括的功能分系统大致如下。

(1) 先进的交通信息服务系统。由信息、通信及其他相关技术组成。该系统可实时向交通参与者提供道路交通信息、公共交通信息、换乘模式和时间、交通气象信息、停车场信息以及与出行相关的其他信息。当车上装备了自动定位和导航系统时，该系统还可以帮助驾驶员自动选择行驶路线。旅客利用该系统能够在家里、办公室、车站等地点方便地获取所需要的出行信息，作为决策参考，以顺利到达目的地。

(2) 先进的交通管理系统。主要供交通管理者使用，利用监测、通信及控制等技术，将交通监测所得的交通状况经由通信网络传输到交通控制中心，中心再结合其他方面所获得的信息，制定和评估交通控制策略，执行整体性的交通管理，以达到运输效率最大化及运输安全等目的。本系统主要特色是强调系统间协调与实时控制的功能。

(3) 先进的公共交通系统。这个系统的主要目的是改善公共交通的效率，依据道路监测、公交车辆信息、信息网、调度与控制平台等使道路上的交通流运转呈最佳状态，并保证交通安全。它包括向公众发布交通工具的实时运营信息，以改善服务水平，提高营运效率，增强公共运输的吸引力。

(4) 先进的车辆控制系统。本系统结合传感器、计算机、通信及自动控制技术应用于车辆上，当前可以分为两个层次：车辆辅助安全驾驶系统；自动驾驶系统。本系统主要特色是利用传感器弥补人类感官功能的不足，减少危险的发生，提高自动控制的程度，实施更安全、准确、可靠的驾驶控制。

(5) 货运管理系统。指以高速道路网和信息管理系统为基础，利用物流理论进行管理的智能化的物流管理系统。其用以提升运输效率及安全，并减少运输成本，提高生产力。

(6) 自动收费系统。运用先进的电子信息技术使车辆能以较高的速度通过收费站。车辆的全部信息，包括车辆本身的技术参数、车主及工作单位、纳税情况及银行账号等信息全部存入电子卡中，当车通过收费站时，车内通信器与收费站的天线进行双向无线通信，由收费站自动通过车主的银行账号收取通行费。

(7) 紧急救援系统。当道路发生交通事故后，该系统负责快速处理事故，及时救治伤员，合理疏导交通。本系统包括车辆故障与事故求援、事故救援派遣、救援车辆优先通行等部分，使意外能在最短时间获得解除，最大限度降低伤害程度。

从上述各分系统的功能与组成可以发现，智能交通系统是由通信系统将运输系统中的人、车、路三要素紧密地结合在一起，最大限度地发挥整个交通系统的运输和管理效率。各类系统的关键在于采用自动化的技术自动采集、传递和处理信息，并结合管理学等其他相关理论作出相应的决策。虽然各个分系统的功能和组成各有不同，但是从信息处理的角度来看其本质都是相似的，只是最后的功能侧重点各有不同。

6.6.2　自动收费系统的一般原理

自动收费系统也叫不停车收费系统，或称电子收费系统(electronic toll collection, ETC)。电子收费系统是集车辆检测、计算机网络、视频监控、图像识别与处理以及自动控制技术等于一体的综合多功能智能化系统。ETC 系统的基本工作原理如图 6-16 所示，其主要单元的功能和实现方法如下所述。

(1) 控制单元。它接收其他子系统(单元)传递过来的信息，按照一定的规则进行加工处理，产生相应的动作指令和数据，再传递给对应的装置、设备，控制它们做出必要的反应，完成电子收费系统的现场控制功能。更具体地说，控制单元的各种数据处理和设备控制功能可以划分为几个部分：①电子化收费，如费额计算、车道-车辆通信控制等；②车道的控制与管理，包括车型识别、强制系统(栏杆、摄像机等)控制、信号灯控制等。这些功能不仅存在

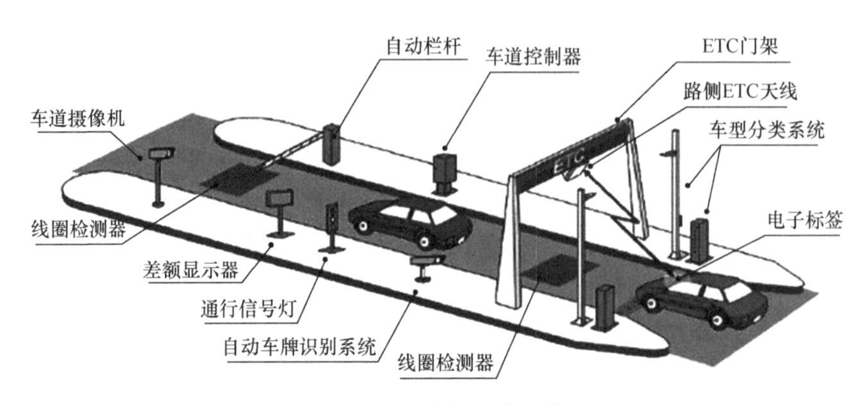

图 6-16　ETC 系统的基本工作原理

于电子收费系统中，在传统收费系统中也有体现。

(2) 车上单元。在电子收费系统中，使用电子货币式的付费方式，因此，用户必须有一个电子钱包；同时由于收费过程在车辆行驶的状态下进行，这个电子钱包必须具有无线通信功能；此外，这个钱包还应该具有一定的人机交互功能，使用户能够了解支付情况等信息。

在车上单元的组成结构中，微处理器是其中的核心，它对其他部分的工作起着指挥、控制的作用。微波通信电路直接与天线相连，它们共同实现车上单元的通信功能。对用户交互装置来说，其主要功能是以声、光等媒介向用户提供必要的信息，如当前处理结果等。外部存储装置主要指的是集成电路卡(IC 卡)及其读写器。

(3) 通信子系统。在电子收费系统中，通信的双方是站上设备和车上单元，它们各有一套通信装置。由于电子收费过程中的通信是双向的，既有站上设备发送给车上单元的信息，也有车上单元发送给站上设备的信息，因此，无论是站上设备一方，还是车上单元一方，都同时具有发送信息和接收信息的功能。

(4) 车型识别系统。在电子收费系统中，由于收费过程实现自动化，车辆直接驶过收费站而不停车，因此对车型判定提出了更高要求，要求真正统一标准，准确迅速地识别、归类。常见的车辆识别方法有：轮廓扫描、车轴计数、号牌自动识别等。

(5) 强制收费系统。由于电子收费系统是不停车收费系统，所以在处理违规车辆方面要比传统收费系统更难，所采用的具体方法、手段也不尽相同。最基本的处理方法，是在车道上设置栏杆，拦下不正常付费的车辆。更常用的手段是对违规车辆拍照或摄像，将照片或图像递交有关处理机关，辨认出违规车辆及其所有者后进行处理。

6.7　智能制造与管控一体化系统

6.7.1　面向智能制造的人-信息-物理系统概述

我国经济已由高速增长阶段转向高质量发展阶段。制造业是实体经济的主体，是供给侧结构性改革的主要领域，必须要加快推动制造业实现质量效益提高、产业结构优化、发展方式转变。中国制造业转型升级对智能制造提出了强烈需求。

广义而论，智能制造是一个大概念。智能制造是新一代信息技术与先进制造技术的深度融合，贯穿于产品、制造、服务全生命周期的各个环节及相应系统的优化集成，实现制造的数字化、网络化、智能化，不断提升企业的产品质量、效益、服务水平，推动制造业创新、协调、绿色、开放、共享发展。从系统构成的角度而言，智能制造是为了实现特定的价值创造目标，由相关的人、信息系统以及物理系统有机组成的综合智能系统，即人-信息-物理系统(human-cyber-physical systems，HCPS)。可以认为智能制造的实质就是设计、构建和应用各种不同用途、不同层次的 HCPS。其中，物理系统是主体，信息系统是主导，人是主宰。同时，HCPS 也揭示了智能制造的技术机理，构成了智能制造的技术体系。

1) 面向智能制造的 HCPS 进化过程

面向智能制造的 HCPS 随着相关技术的不断进步而不断发展，呈现出发展的层次性和阶段性，如图 6-17 所示，其发展过程可以概括为 4 个阶段：

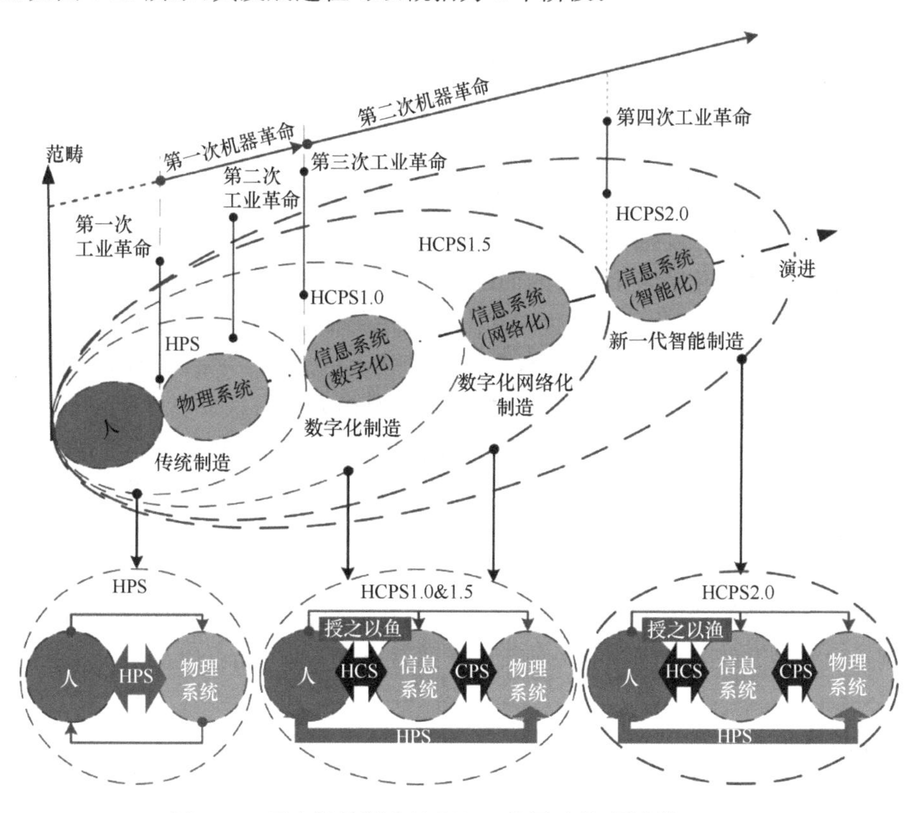

图 6-17　面向智能制造的 HCPS 发展过程(周济等，2019)

(1) 基于人-物理系统的传统制造。

随着第一次工业革命和第二次工业革命的到来，各种动力机器系统开始大量出现。这些制造系统由人和物理系统(如机器)两大部分组成，称为人-物理系统(human-physical system，HPS)。其中物理系统是主体，工作任务通过物理系统完成，而人是主宰和主导，人是物理系统的创造者，同时又是物理系统的使用者，完成工作任务所需的感知、学习认知、分析决策与控制操作等均由人来完成。

(2) 基于 HCPS1.0 的数字化制造。

随着第三次工业革命的到来，制造系统进入了数字化制造时代。数字化制造可定义为第一代智能制造。与传统制造相比，数字化制造最本质的变化是在人和物理系统之间增加了一个信息系统，称为人-信息-物理系统。信息系统是由软件和硬件组成的系统，其主要作用是对输入的信息进行各种计算分析，并代替操作者去控制物理系统完成工作任务。面向数字化制造的 HCPS 可定义为 HCPS1.0。在 HCPS1.0 中，物理系统仍然是主体，信息系统成为主导，而人依然起着主宰的作用。

(3) 基于 HCPS1.5 的数字化网络化制造。

随着互联网技术的发展，制造业从数字化向数字化网络化转变。数字化网络化制造本质上是“互联网＋数字化制造”，可定义为第二代智能制造。数字化网络化制造系统仍然是基于人、信息系统、物理系统三部分组成的 HCPS，但这三部分相对于面向数字化制造的 HCPS1.0 均发生了变化。其中最大的变化在于信息系统：互联网和云平台成为信息系统的重要组成部分，既连接信息系统各部分，又连接物理系统各部分，还连接人，是系统集成的工具；信息互通与协同集成优化成为信息系统的重要内容。面向数字化网络化制造的 HCPS 可定义为 HCPS1.5。

(4) 基于 HCPS2.0 的新一代智能制造。

新世纪以来，新一代人工智能已经成为新一轮科技革命的核心技术。新一代人工智能技术与先进制造技术的深度融合，形成新一代智能制造技术，成为新一轮工业革命的核心驱动力。相比于面向数字化网络化制造的 HCPS1.5，面向新一代智能制造的 HCPS 又发生了重大变化，其中最重要的变化仍然发生在起主导作用的信息系统。信息系统增加了基于新一代人工智能技术的学习认知部分，不仅具有更加强大的感知、决策与控制的能力，更具有学习认知、产生知识的能力；信息系统中的“知识库”是由人和信息系统自身的学习认知系统共同建立，它不仅包含人输入的各种知识，更重要的是包含着信息系统自身学习得到的知识，尤其是那些人类难以精确描述与处理的知识，知识库可以在使用过程中通过不断学习而不断积累、不断完善、不断优化。面向新一代智能制造的 HCPS 可定义为 HCPS2.0。

2) 面向新一代智能制造的 HCPS 内涵

面向新一代智能制造的 HCPS 既是一种新的制造范式，又是一种新的技术体系，是有效解决制造业转型升级各种问题的一种新的普适性方案，其内涵可以从系统和技术两个视角进行描述。

(1) 系统视角。

从系统构成看，面向新一代智能制造的 HCPS2.0 是为了实现一个或多个制造价值创造目标，由相关的人、信息系统以及物理系统有机组成的综合智能系统。其中，物理系统是主体，是制造活动能量流与物质流的执行者，是制造活动的完成者；拥有人工智能的信息系统是主导，是制造活动信息流的核心，帮助人对物理系统进行必要的感知、认知、分析、决策与控制，使物理系统以尽可能最优的方式运行；人是主宰，一方面，人是物理系统和信息系统的创造者，即使信息系统拥有强大的“智能”，这种“智能”也是人赋予的，另一方面，人是物理系统和信息系统的使用者和管理者，系统的最高决策和操控都必须由人牢牢把握。

(2) 技术视角。

从技术本质看，面向新一代智能制造的 HCPS2.0 主要是通过新一代人工智能技术赋予信息系统强大的“智能”，从而带来三个重大技术进步：

① 信息系统具有了解决不确定性、复杂性问题的能力，解决复杂问题的方法从“强调因果关系”的传统模式向“强调关联关系”的创新模式转变，进而向“关联关系”和“因果关系”深

度融合的先进模式发展，提高了制造系统建模的能力，有效实现制造系统的优化。

② 信息系统拥有了学习与认知能力，具备了生成知识并更好地运用知识的能力，显著提升知识作为核心要素的边际生产力。

③ 形成人机混合增强智能，使人的智慧与机器智能的各自优势得以充分发挥并相互启发地增长。

6.7.2 管控一体化系统概述

高度集成化是智能制造的一个重要特征。管理控制一体化系统(这是国内工业控制业界的通俗叫法，国际上称为工业自动化系统与集成)是智能制造背景下企业内部研发、生产、销售、服务、管理等过程纵向集成的表现。

在知识经济时代，企业所处的市场环境发生根本性的变化，市场竞争日趋激烈，顾客需求个性化，技术创新不断加速，产品生命周期不断缩短，工业时代的管理模式和生产方式已越来越不适应。首先，企业必须对各种企业资源建立完善的管理网络使各方面资源充分调配、平衡和控制，最大限度地发挥其效能；其次，必须形成市场、经营、开发和生产之间紧密的协作链，提高市场反应的敏捷性和产品转型的灵活性，时刻保持产品高质量、多样化和领先性；最后，必须实现企业生产制造资源与其他资源管理的一体化集成，实现生产现场在线设备动态管理，降低成本。这些要求，必须通过企业管理控制一体化系统来实现。

1) 管控一体化系统内涵

管理控制一体化(简称管控一体化)就是通过控制系统理论、信息工程理论、通信工程理论和现代企业管理理论的深入融合，建立全集成的、开放的、全企业综合自动化的信息平台，把企业的横向通信(同一层不同节点的通信)和纵向通信(上、下层之间的通信)紧密联系在一起，通过对经营决策、管理、计划、调度、过程优化、故障诊断、现场控制等信息的综合处理，形成一个具备开放、灵活、实时和高处理能力的优化的综合管理控制自动化系统。

(1) 管控一体化系统中的控制。

管控一体化系统中的控制包含两层意思，分别是管理控制和设备控制。

① 管理控制：包括财务控制、生产计划控制、人力资源控制和其他控制。财务控制又包括预算控制和财务指标控制。生产控制包括对供应商控制、库存控制和质量控制。人力资源控制指根据企业的战略目标在适当的时候配备适当的人员。

② 设备控制：指设备的运转控制和设备状态参数检测，以保证设备的正常运行和产品生产的高质量。设备控制是管理控制的基础，是为管理控制服务的。

(2) 管控一体化系统中的一体化。

所谓一体化就是集成。集成包括信息集成、过程集成、人员集成和设备集成等。

① 信息集成：目的是改变企业已有的“信息孤岛”，使信息能够真正实现共享与交换。首先要建立设计方法和软件工具的标准化与规范化；其次要解决异构环境下的信息集成(包括不同通信协议的共存、不同数据库的互访和不同应用软件之间的接口)；最后是数据库设计的标准化与规范化。

② 过程集成：指采用并行工程方法缩短产品开发周期，减少设计、修改与反复。其关键技术是产品设计开发过程的重构与建模、协同工作环境(computer-supported cooperative work，CSCW)、产品数据管理(product data management，PDM)和并行工程工具(如DFAdesign for assembly、DFM-for manufacturing)等。

③ 人员集成:是现代企业必须解决的最关键问题之一。人的集成研究包括人在企业运作中的地位和作用,人-机系统中人的作用与影响,组织结构与组织模型,其目的是最大限度地发挥人的主观能动性,使人与人、人与系统、人与环境和谐统一。

④ 设备集成:目的是将所有设备连接起来,由系统来控制设备的状态参数、运行顺序、设备状态信息的采集与发送、设备维护与保养,保证企业所有设备都在控制之中。

管控一体化关系着企业的竞争力和生存寿命。因此,管控一体化是企业(特别是流程行业和制造行业)发展的紧迫需要,是企业生产自动化和管理现代化的发展趋势。

管控一体化技术基础是信息的集成、互通和共享,强调信息的获取、管理、加工、共享利用过程,目标是支持企业生产、管理和决策过程。

2) 管控一体化系统模型

管控一体化基本模型反映了人们对管控一体化的基本认识,也反映了管控一体化应该包含的内容。然而,到目前为止尚无一种统一的管控一体化模型。

回溯管控一体化问题的提出和发展历史,可将从事管控一体化研究的学者分为两大类。第一类研究者拥有控制背景与专业,原来从事工业现场控制及其相关问题的研究或开发。当现场控制的局部资源(以设备为主)的优化控制目标达成后,他们认识到需要在企业全局的层面及企业各种资源领域里进行优化和控制,其优化结构方法(柴天佑,2007)如图 6-18 所示。第二类则是管理和控制的综合者。管理和控制是两个解耦的、边界清晰的子系统,但二者在很多问题和看问题的视角上,都需要信息的沟通,需要集成,即需要管控一体化。第一类以我国的柴天佑院士为代表;第二类则以实业界的众多国际大公司为代表,如 Rockwell、Rosemount、Matrikon 等。

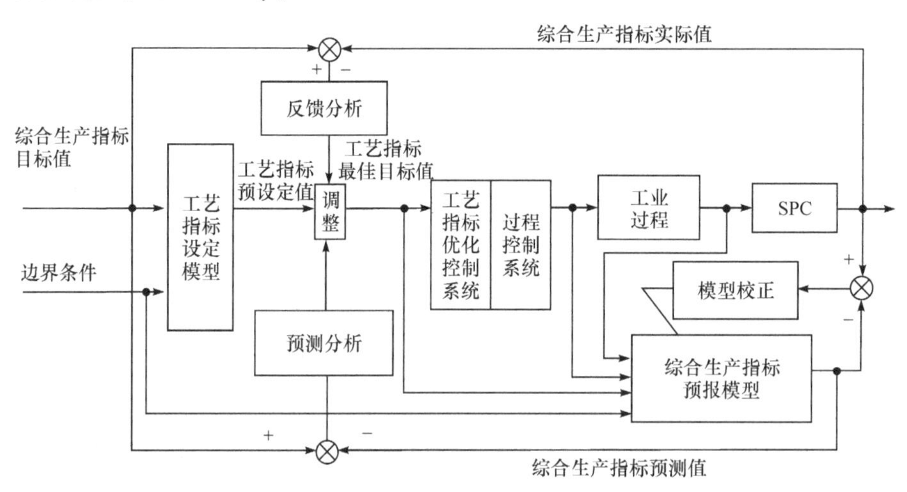

图 6-18　管控一体化系统优化方法结构图

管控一体化重点突出"集成"的概念,而系统集成技术的发展现在已经进入标准化阶段。目前世界上本领域内得到广泛认可的 ISO 15745,即"工业自动化系统与集成——开放系统应用集成框架"国际标准于 2003 年正式发布,其内容如图6-19所示。

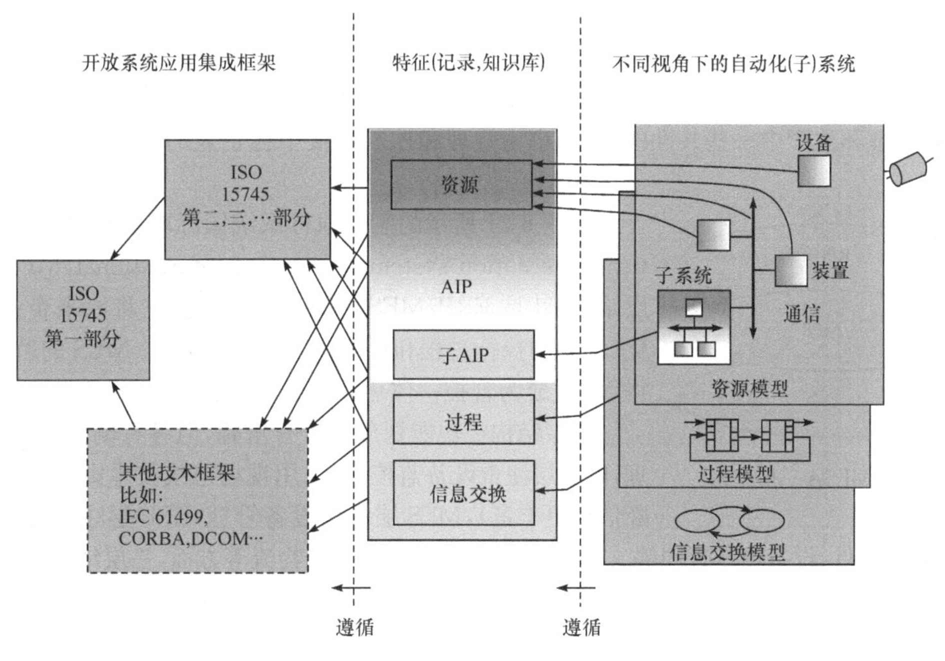

图 6-19　ISO 15745 内容

该标准分为四个部分:通用参考描述、以 ISO11898 标准为基础的控制系统的参考描述、以 IEC61158 标准为基础的控制系统参考描述、以以太网标准为基础的控制系统的参考描述。

从比较浅显、易于理解的角度,管控一体化可以表示为如图 6-20 所示模型。此模型即普渡企业参考体系结构(Purdue enterprise reference architecture,PERA),是实施流程企业计算机集成制造系统的体系结构,由过程控制、过程优化、生产调度、企业管理和经营决策五个层次组成。不过有学者认为 PERA 模型显然将生产过程的控制和管理明显分开,忽视了生产过程中的物流、成本、产品质量及设备的在线控制与管理。按这一模型实现的计算机集成制造系统结构复杂、层次多,不便形成平台技术,难以推广,也难以适用于扁平化管理模式。

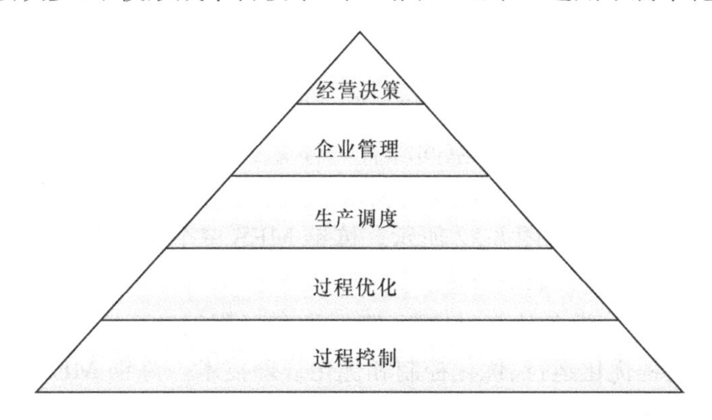

图 6-20　管控一体化五层模型

在管控一体化技术的发展过程中,体系结构经过了十多年的发展,流程工业已由 PERA 的五层结构模型简化为三层结构模型,即经营计划系统(business planning system,BPS)、制造执行系统(manufacturing execution system,MES)、过程控制系统(process control system,PCS)。鉴于BPS层是以企业资源计划(enterprise resource planning,ERP)为主,通常三层结构表述为ERP/MES/PCS,简述为计划层/执行层/控制层或管理层,这样解决了企业管理和生产中一些共性的问题,也为管理和控制链接中各企业的个性问题提供了解决方法。

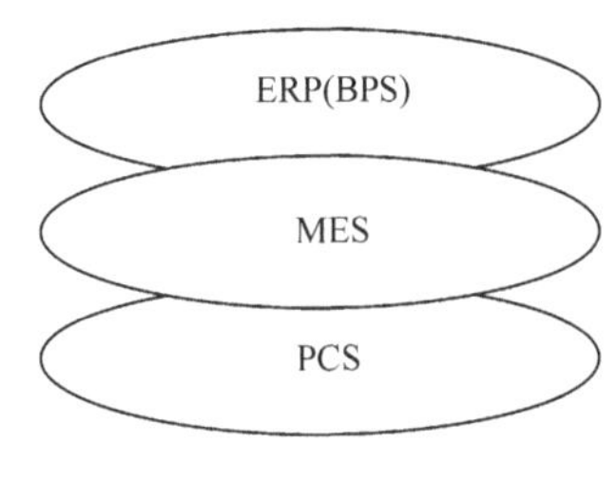

图6-21　MESA三层结构

如图6-21所示的制造执行系统国际联盟组织(manufacturing execution system association international,MESA)三层结构,就是ERP/MES/PCS三层结构,它将原来企业级优化、计划的执行过程和反馈的管理过程纳入MES的范畴,使得MES成为管控一体化系统的核心。

三层结构在功能划分上虽有重叠,但各有侧重,如设备管理,PCS层注重设备监控(如采用现场总线技术则设备故障诊断信息更丰富),MES层注重设备管理,ERP层注重设备维修计划、备品备件、设备资产管理等。其他生产计划、调度、成本、物流等方面,三层结构对数据的应用上也与此类似。关于石化企业多变量预测控制等先进控制功能模块,有些企业将其放在PCS层,也有些企业将其放在MES层。

3) 炼钢企业的管控一体化系统案例

钢铁生产过程兼有连续和断续的性质,它有别于石油、化工的连续生产过程,也不同于机械行业的离散制造过程。钢铁企业的生产是复杂的,整个生产经历了复杂的物理变化和化学变化,且每个工序都有其自身的特殊处理工艺约束。其具体特点是:①产品品种众多;②工艺约束复杂;③生产路径复杂、设备众多。正是钢铁企业的这些特点决定了其管控系统的复杂性。

要实现这样一个复杂系统的管控一体化,首先要实现从计划层(BPS)、执行层(MES)到控制层(PCS)的一体化。这就是说,在钢铁企业综合自动化系统的BPS/MES/PCS三层体系结构下,首先要解决以计划调度为主线的炼钢MES与钢铁企业BPS及炼钢厂PCS协调集成的问题。

为了适应协同制造的要求,集成的MES发展成为协同的MES,以协同为核心的一体化集成已成为MES进一步的发展趋势。

以协同为核心的一体化集成,要实现"三个一体化",即从计划层—执行层—控制层的一体化、时间到空间的一体化、时间和空间综合一体化。炼钢MES要实现以计划调度为主线,以价值链为核心的一体化,同样也要实现以上三个一体化。协同炼钢MES三个一体化的体系结构(黄辉 等,2008)如图6-22所示。炼钢MES三个一体化的理念、内部各子系统与功能模块的协调、集成关系如下所述。

为实现对能耗、物耗、设备的实时控制,降低生产过程动态成本,提高设备的运转率,炼钢MES采用生产过程优化运行、优化控制和优化管理技术。炼钢MES是实现生产过程优化运行与管理的技术核心系统,通过对信息流的有效控制,实现对炼钢厂物流、信息流、价值流的闭环控制。

一方面,炼钢MES与钢铁企业BPS相互协调、渗透,根据钢铁公司BPS系统下达的合同计划,通过批量计划、日生产计划的编制及生产调度过程组织生产,对炼钢厂的生产过程

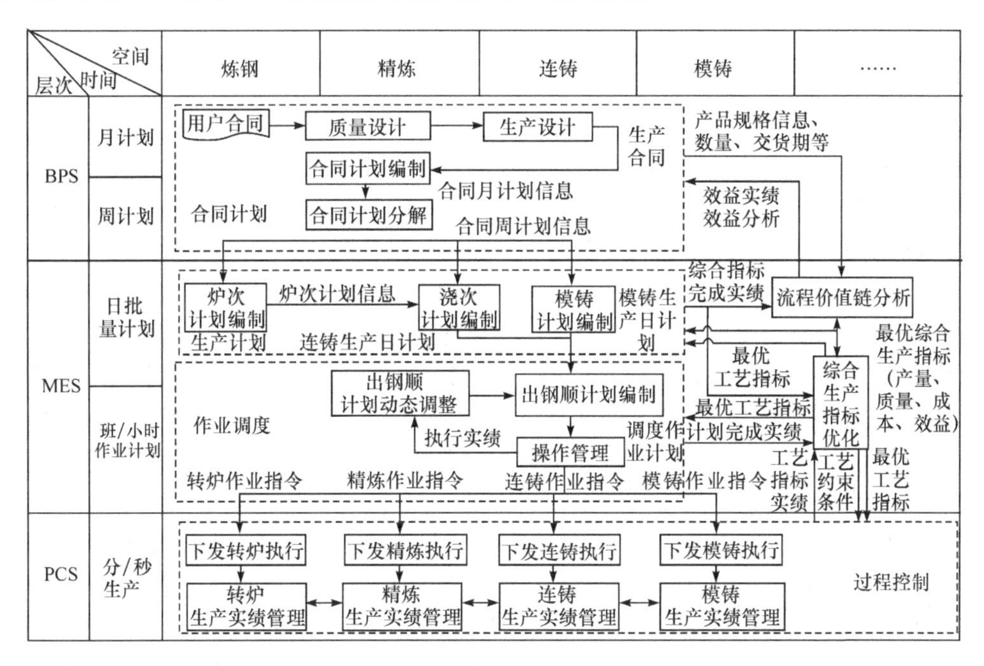

图 6-22　协同炼钢 MES 三个一体化体系结构

数据(信息)加以采集、过滤、传递和加工处理,传递给炼钢 MES 的计划、调度等系统,并及时呈报给上层 BPS 作为下次制订合同生产计划的依据。另一方面,钢铁公司 BPS 把制定的综合生产指标下达给炼钢 MES,炼钢 MES 通过生产计划编制、作业计划调度等系统将综合生产指标在不同时间尺度上细化、逐层分解,并以生产指令形式下达给过程控制系统 PCS,转化为生产运行的工艺指标。生产开始以后,炼钢 MES 从过程控制系统 PCS 采集相关生产实际数据,计算综合生产指标是否满意,并分析原因,作出相应的调整。

由此可见,炼钢 MES 起着将从生产过程中产生的信息和从经营计划管理活动中产生的信息,以及生产管理活动中产生的信息进行转换、加工、传递的作用,是生产活动与管理活动信息协调、集成的重要桥梁和纽带。通过炼钢 MES 将钢铁企业经营计划系统 BPS 与炼钢厂过程控制系统 PCS 协调、集成在一起,使钢铁企业上层经营管理部门制定的中长期生产计划、综合生产指标能够通过炼钢 MES 贯彻到炼钢厂的日常生产之中,而对于炼钢厂每天的生产运行状况,通过炼钢 MES 上层经营管理部门也能了解和获得必要的信息。总之,以计划调度为主线的炼钢 MES 是从计划层、执行层到控制层实现一体化的关键所在。

其次,还需要实现时间层次和空间层次上的一体化。时间层次上的一体化,具体来说就是钢铁企业经营计划系统 BPS 对销售部门接收的销售订单、用户合同,通过质量设计、生产设计,形成生产合同,再通过合同计划的编制,生成炼钢、精炼、连铸、模铸等各个工序的合同月计划,再分解到合同周计划,下发给炼钢 MES。炼钢 MES 接收到合同周计划后,根据设备的定期检修计划、设备的生产能力、板坯库存信息,并按照生产制造标准和工艺规程,编制日生产批量计划,即炉次计划、连浇计划、模铸计划等。将编制好的连铸、模铸日生产计划根据班组人员情况、设备产能信息等分解成可执行的班生产计划,进而根据生产现场设备资源状况进行出钢计划的编制,即生成班作业计划,并以生产指令的形式下达到过程控制系统 PCS 中进行生产。同时,炼钢 MES 以分钟为单位监视着生产现场的运行情况。综上所述就是以计划调度为主线的炼钢 MES 在时间层次上的一体化集成。

空间层次上的一体化指的是集成空间中的各工序。对于炼钢 MES 来说，就是从炼钢、精炼到连铸、模铸工序横向衔接，从相对孤立的各工序单独编制计划转变成炼钢、精炼、连铸、模铸工序生产计划协同编制、统一调度，从而达到精确平衡物流，实现整个生产线产能的合理发挥和资源的均衡分配，有利于实现生产组织的最优化。

最后，还需要实现时间空间综合一体化。在横向上，即空间工序轴上，以计划调度为主线的炼钢 MES 与前工序炼铁 MES、后工序的热轧 MES 进行着信息上的沟通与交互、功能上的协调与集成。炼铁 MES 与炼钢 MES、热轧 MES 以及冷轧 MES 等共同组成钢铁企业的 MES。炼钢 MES 与炼铁 MES 进行着以铁水供需为主的信息交互，以便炼铁厂的高炉作业计划和铁水调度能互相协调。炼钢 MES 与热轧 MES 进行着以板坯供需为主的信息交互，以便协调编制炼钢连铸热轧一体化生产计划。

在纵向即时间轴上，从钢铁企业 BPS 层中长期生产经营计划、合同计划，到炼钢厂炼钢、连铸、模铸的月、周、日生产计划，调度作业计划的逐层分解，再到以生产指令形式下发至炼钢厂 PCS 层进行生产，以及生产过程中发生异常时的动态调度，更加凸显了以计划调度为主线的炼钢 MES 在 BPS/MES/PCS 三层结构的钢铁企业综合自动化系统中的桥梁和纽带作用。

6.8 指挥控制系统

6.8.1 指挥控制系统概述

凡提到指挥控制系统，一般都是指军事指挥控制系统。现代战争中，参战人员和各种武器装备都不是孤立参加战斗，而是协调一致地完成作战任务的。为了及时、准确地指挥部队及科学、合理地使用武器，最大可能地发挥他们的作战效能，出现了与各种武器系统配套的指挥控制系统，用于评估目标威胁，分配作战任务和制定指挥决策等。指挥控制系统是现代作战指挥必备的指挥自动化系统的核心分系统，是武器作战效能的倍增器，是各种武器和兵力的“黏合剂”，是信息化乃至智能化战争时代必备的一种复杂信息系统。

1）指挥、指挥控制与指挥控制系统

指挥，又称作战指挥（或军队指挥、军事指挥），是军事指挥员和指挥机关对所属部队的作战行动和其他军事活动实施指挥及组织领导而采取的一系列措施。控制是指挥的要素之一，其目的是为保证指挥命令得以正确地贯彻执行，并能不断地根据战场形势和环境因素对已定的决策作相应的调整。指挥是正向的引导，控制是反向的约束，两者是相辅相成、不可分割的整体。

依据《中国军事百科全书》的释义，可将指挥控制与指挥控制系统定义为：指挥控制是在军队指挥系统中，运用以电子计算机为核心的一系列自动化设备和软件系统，辅助指挥员自动或半自动地生成作战指挥决策，以实现对所属部队和战斗行动的快速和优化处理，又称指挥自动化；而指挥控制系统则是为指挥员提供作战辅助决策的（参谋）人员和硬软件设备按一定的结构关系组成的有机整体，以实现军事情报（信息）的收集、传递、处理自动化，简称指控系统，它是我军作战指挥自动化系统的核心组成部分。指控系统不能代替指挥员指挥作战,但系统中的所有软件都应能体现指挥员(或指挥员群体)的意志、思想和风格,它的一切功能都是为指挥员了解情况、分析判断、指挥决策、使用部队、完成战斗(战役)的指挥任务服务的,它是指挥员各种器官(五官、大脑、神经等)的延伸。利用指控系统可大大拓展指挥员作战指挥的能力及提高指挥决策的效率,从而能最大限度地发挥部队的战斗力和作战效能。指挥自动化是一个渐进过程,是系统发展追求的目标。一般讲,人仍然是处于主导地位,离开人,系统就不可能正常发挥作用。

2) 指挥控制系统的任务

不同层次与领域的指挥员,其责任与职权有极大的差异。然而,指挥员及其指挥机关在军事行动中的工作程序大致相同,其主要任务如下。

(1) 受领任务。

在这一阶段,指控系统的任务仅是接收与记录上级下达的有关作战的信息,以备查询。

(2) 收集信息。

敌、我、友、战场环境(地理、气候、交通……)各方面不断变化的信息均属收集范围。信息收集过程包括信息的侦测、检验、显示、录入、传输、汇集。指控系统中的各种传感器、通信设施与计算机共同担负着这一任务。

(3) 融合信息。

对从各种渠道汇集的、带有背景噪声的信息中,排除干扰、提取待估对象的相关信息,从而对待估对象的性质、现状与发展趋势作出估计的科学谓之为信息融合。由于信息融合过程都是在数字计算机中以数字计算方式完成的,故信息融合也称作数据融合。融合信息的过程包括信息的分类、分析、评价与预测。信息融合为制定作战决策所需的敌方威胁估计及战场态势估计提供了基础。

(4) 制定决策。

制定作战决策即制定作战计划。其依据:作战指导方针及战略、战术原则;历次作战战例所提供的经验;由信息融合得到的当前敌、我、友、环境的态势。指挥员在作战过程中所需做出的绝大多数决策(如侦察与搜索、兵力部署、火力分配、行动计划、后勤补给、维修保障、人员规划与管理等)均可借助于先进的计算机硬、软件技术辅助生成,此即辅助决策。

(5) 形成指挥决策、下达作战命令。

形成作战决策,下达作战命令,这是指挥员不可推卸的责任。实际的作战决策可能是备选的作战决策之一,也可能是被修改的某种作战辅助决策,还可能是指挥员自定的新决策,其正确与否,将由战斗的胜负来判定,而这正显示了指挥员指挥艺术的优劣。作战命令应被录入指挥系统之中,以供战后评估。

(6) 执行与监视作战命令。

执行作战命令属于指挥员辖下的所有火控、制导、导航、通信等系统以及下级指控系统的责任。为了监视作战命令的执行情况,随着战斗过程的持续,敌、我、友、战场环境态势所发生的变化信息均应被继续收集。这种循环将一直持续到战斗结束。

指挥员以及指挥机关在战斗中所遵从的上述循环工作程序,除了第五项形成指挥决策、下达作战命令外,都可由具体的装备来承担。这正体现了指控系统是指挥自动化系统核心的内涵。

3）指挥控制系统的发展

在过去，指挥员的作战计划一直是由参谋人员根据敌情、我情、战场环境辅助制定的，只是在电子数字计算机出现之后，作战决策才可能（部分地）由机器自动地辅助完成。能够提供威胁度判断、火力任务分配的早期炮兵指挥系统是美国于20世纪50年代开发的SAGE半自动化防空系统。

电子、通信、计算、控制技术的飞跃发展，满足各种不同需求的、多种多样的自动化系统相继问世，部队的技术装备也越来越多。利用一个规范化的计算机网络将某级作战单位的所有指挥、控制、通信与情报系统综合成为一种集成化的 C^3I 系统（command, control, communication & intelligence system），该系统在20世纪70年代由美国最先投入使用。早期的 C^3I 系统主要用于战略防空，随着作战需求的不断提高，战术级的 C^3I 系统，如师、团、营……直到单兵 C^3I 系统亦先后得到发展。

在西方国家，C^3 和 C^3I 系统的名词说法与内容概念是随着技术进步、时代变化而逐步发展形成的，并仍在继续发展。

在20世纪50年代，首先出现的是 C^2（command & control），即指挥与控制，是指挥官在完成任务过程中对所属部队行使权力和下达指示的活动。C^2 这一名词的出现，是对第二次世界大战以来逐步形成的军队指挥控制系统的肯定。

20世纪60年代，在 C^2 的基础上增加了通信（communication）内容，成为 C^3。其背景是随着远程武器的发展，特别是各种战略导弹和战略轰炸机的大量装备部队，指挥决策与作战行动执行单位之间可能彼此相隔数千公里甚至更远，单一的 C^2 系统已无法胜任现代化战争的指挥与控制任务，无法实时地进行大量情报信息的传输。C^3 这个缩略词的出现，表明在现代高技术战争中，指挥、控制与通信已经逐渐融合为一个整体，其中，指挥控制是目的，通信是达到目的必不可少的手段。

C^3I 是1977年以后美国出现的新提法。当时，美国国防部设立了一名助理国防部部长，负责指挥、控制、通信与情报（intelligence）工作，首次正式将 C^3 与情报结合起来。这种新提法，把情报作为指挥自动化不可缺少的一个要素，显然，这是指挥自动化的又一个重大发展。

1983年以后，美国武装部队通信电子协会（AFCEA）在 C^3 的基础上又增加了一个新的“C”（computer），使之成为 C^4（指挥、控制、通信与计算机），强调了计算机在军队指挥控制系统中的核心地位和在信息处理、自动控制中的重要作用。但是，C^4 并不完全等于 C^2、C^3 或 C^3I。在以往的 C^2、C^3 或 C^3I 系统中，都是以通信为核心的。虽然所有的指挥控制系统都毫无例外地使用计算机，但计算机只是处于从属的地位，它是代替手工作业进行指挥控制和情报分析的辅助工具。而 C^4 则更强调了在最新一代军队指挥控制系统中计算机所应有的核心地位与关键作用，它使指挥控制系统具有了前所未有的多种特殊功能，如自动化情报分析与综合、数据融合、方案制定与辅助决策等。于是，C^4I 系统便自然产生了。C^4I 系统与指挥自动化系统的概念更加一致。

C^4I 系统的出现，可确保“各种兵力、兵器之间在探测、情报、识别、跟踪、火控、指挥、攻击等方面信息的通畅”，实现“总体力量结合”，使各种武器平台的作战效能成十倍甚至数十倍地提高，最终引发了武器装备的信息化和数字化，为“信息战”和“网络中心战”这些新的战争形式的产生提供了直接的物质基础。

从本质上讲，上述各术语代表的意思是相似的，术语上的差别仅反映在细节上，是时代的印记。指挥自动化系统是现代军事高技术和军队指挥相结合的产物，它的概念和含义是随着历史进程的发展而发展的，因此它是一个历史范畴的概念，其本身也不是静止和绝对的。

指挥自动化系统是我国军方学术界对指挥控制通信与情报系统（即 C^3I 系统）的一种叫法，最近根据信息技术的新发展，又将其称为综合军事信息系统，或指挥信息系统，与西方的 C^4ISR（C^4I＋surveillance＋reconnaissance）系统相对应。

1991 年的海湾战争宣告了由数字化部队进行信息战争时代的到来。这是一种依托于大量先进技术装备的作战体系之间的对抗，其特点是分散配置、统一指挥、快速反应、机动作战、隐蔽突防、准确打击。为了保证这一目标的实现，一个把指挥、控制、通信、计算机、情报、监视（surveillance）与侦察（reconnaissance）有机地结合在一起，使指挥系统、作战系统和保障系统高度集成的 C^4ISR 系统被初步建立起来。它的一个重要功能是将战区内的所有各类武器平台（飞机、舰船、车辆、导弹、单兵与分队）作为终端，用统一的数字无线通信网络将它们连接成为一个作战体系；所有武器平台之上可完成指挥、射击、驾驶、通信任务，传感、显示、辨识、执行机构等也不再分成各个独立的子系统，而是按战区综合电子信息系统的需求和规范，建立各种武器平台综合控制系统，并在战区综合电子信息系统的统一管理与控制下，共同执行战斗任务。C^4ISR 系统的开发与运用和数字化战场的建立以及数字化部队的使用实际上是一致的。

6.8.2 指挥控制系统的组成与功能

1）基本组成

指挥控制系统的组成可从技术、物理实体、功能角度划分。

（1）技术组成。

从技术角度来分，指挥控制系统一般可分为四个分系统，分别是信息收集分系统、信息处理分系统、信息传输分系统 、信息利用分系统。它们将探测器（传感器）测得的各种环境信息收集到指挥控制系统中，加以处理、传输和利用。

（2）物理组成。

指挥控制系统是以人为主导的人机系统。在指挥控制系统中，虽使用大量的计算机和通信网络等设备使信息的获取、传输、处理高度自动化、科学化和快速化，但指挥控制系统的运用和其功能的发挥，必须在人的干预和控制下才能完成。所以系统的物理实体包括人员、设备及其他设施。

（3）功能角度。

以上各种物理实体为完成某种功能按一定的顺序排列、互连，就构造成指挥控制系统的物理节点。系统的物理节点与部队编制、作战原则、系统的使命和工作状态有密切关系。按照从高层指挥所到基层指挥所的纵向链，可将系统划分为若干功能独立的物理节点。一般来说，指挥控制系统中较典型的包括信息收集工作站、指挥工作站（如图 6-23 所示）、武器引导工作站、检测维修工作站几种。

一个典型的防空指挥控制系统如图 6-24 所示。

2）基本功能

指挥控制系统作为一种现代信息化装备，主要用于快速全面地收集和处理信息，适时准确地分发信息，为指挥员提供辅助决策方案，提高部队的快速反应能力和整体作战效能。因此，从本质上讲，指挥控制系统是一个军事信息处理系统。

图 6-23　某防空系统装备的车载自动化指挥工作站

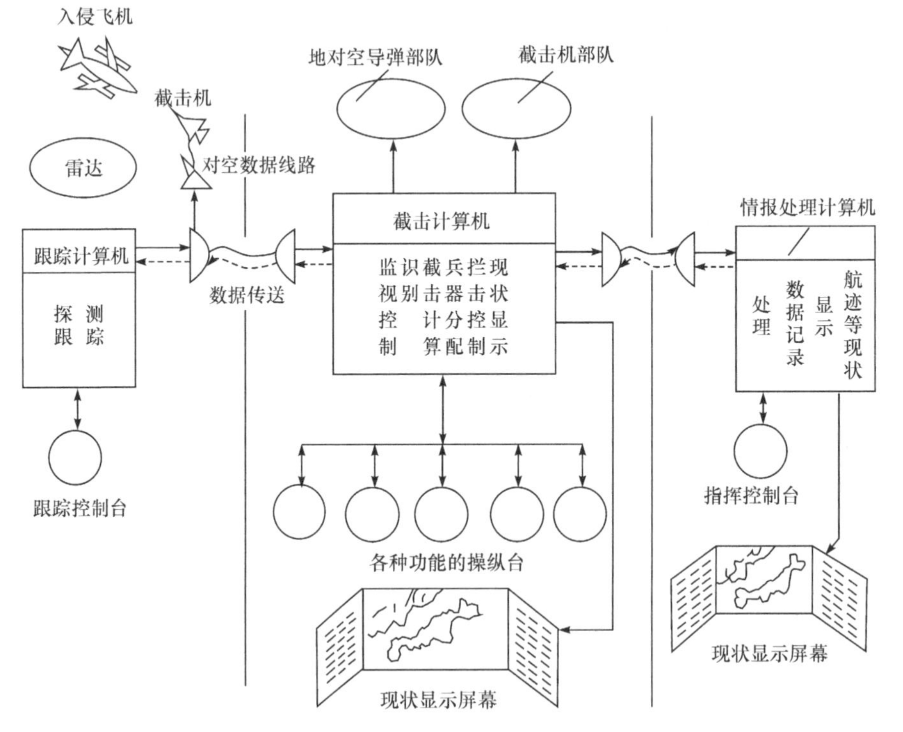

图 6-24　典型防空指挥控制系统示例

作为指挥自动化系统核心的指挥控制系统,其功能可归纳为威胁管理、任务管理和决策指挥管理三大功能,三大功能间的层次关系如图 6-25 所示。

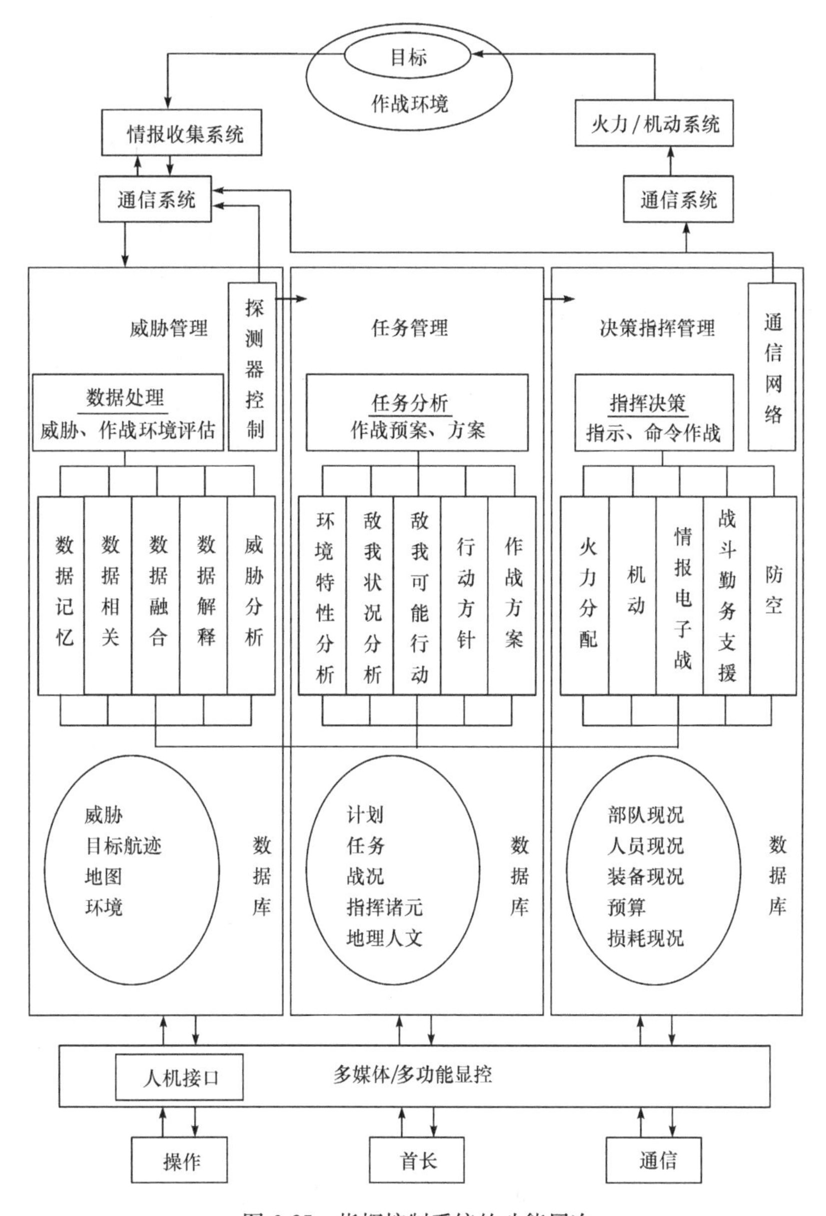

图 6-25　指挥控制系统的功能层次

由图 6-25 还可看到,指挥控制系统是通过综合运用计算机技术、通信技术、探测技术、控制技术等现代高新技术,利用计算机通信网络,将现代战场上各传感器、各级指挥机构、各类武器系统、各级作战人员有机地联为一体,提高了部队的作战指挥决策能力、武器控制能力、快速反应能力、态势感知能力,从而提高了部队的整体作战效能。正因如此,指挥控制系统被称作是军事系统作战效能的倍增器。

6.8.3 指挥控制系统中的反馈控制过程

由于管理是为了充分利用各种资源来达到一定的目的，而对各类资源施加的一种控制，因此，指挥控制系统的基本功能又可以描述为信息处理、控制和决策。信息处理和控制的最终目的是向指挥员或决策者提供准确的、实时的信息，以便其作出决策，因此任何一个指挥自动化系统必须包括指挥行动和控制行动两个基本的单元，并且它们之间通过以通信设备为基础设施的各类硬、软件联系起来。

指挥单元的主要功能是根据控制单元提供的实时信息进行决策，而控制单元则执行指挥单元发布的命令，于是整个指挥控制系统构成了闭环控制，如图 6-26 所示。事实上，正是这种闭环控制原理，奠定了指挥控制系统实现决策的理论基础。正确的决策要求指挥系统提供实时、准确的状态信息，并由这些有关的信息构成一个控制对象的态势图，决策者根据态势图进行决策，决策一经做出，立即将之转换为执行中适合的形式，并传给控制群，即所有被控对象的集合。执行的结果如果再反馈给决策者，这就构成了完整的闭环控制系统。

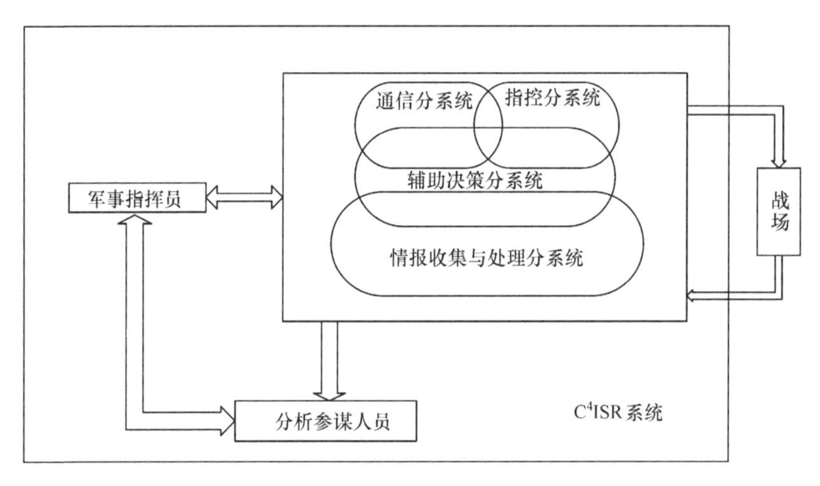

图 6-26　指挥控制系统的反馈控制过程

6.9 智能无人系统

6.9.1 智能无人系统概述

智能无人系统(intelligent unmanned systems，IUS)是能够通过先进的技术进行操作或管理而不需要人工干预的人工系统。结构上，智能无人系统由无人平台及若干的辅助部分组成，无人平台是智能无人系统的结构主体；信息层面，智能无人系统具有信息获取、信息处理及信息交互的能力；智能层面，智能无人系统具有基于知识的学习、推理及决策能力。此外，智能无人系统还具有伦理、法律等方面的社会属性。智能无人系统将机械化、电气化、自动化、信息化和智能化技术集成融合为一体，将人类认识世界、改造世界、利用世界的能力提高到一个新的历史高度，推动生产方式、生活方式、作战模式、社会文化以及社会治理等发生深刻甚至颠覆性的变革。

相比于基于规则的、或由人类或其他机器远程控制的普通无人化平台，智能无人系统的发展目标是用于替代人类完成复杂的行为,解决生产、生活等领域的关键问题,具有三大特征:自主性、智能性和协作性。自主性表示智能无人系统是一个行为主体,能够根据预先的目标和意图,独立地采取行动和做出决策,而不需要依赖人为的操控;智能性是智能无人系统具有类人的智能,即要能够通过大量的知识和经验进行学习和推理,同时还要有自省、自查能力,能够在和环境交互的过程中发现自身行为的错误,并及时纠正和调整;协作性主要体现在系统间的群体协作和人-系统之间的协作这两个方面,当从事复杂和具有挑战性的任务时,智能无人系统需要寻求密切的协调和合作、发展无人系统之间高层次的集体行为,可以说,人-系统(机器)之间的协作是实现高工作效率的重要渠道。

各种类型的智能无人系统相继出现,包括无人车、无人机、服务机器人、空间机器人、海洋机器人和无人车间/智能工厂等。无人机是最早(1917年)诞生的一种智能无人系统。无人系统的发展大致可以分为三个阶段:基于编程的自动无人系统、智能化程度较低的无人系统和高智能化的无人系统。基于编程的自动无人系统具有较大的局限性,这类系统根据预先编好的程序指令进行运动,只能适应规范化的环境,当环境发生动态变化时,系统将会失去应对能力;智能化程度较低的无人系统具有一定程度的自主性和智能性,这类系统可以感知到环境的部分改变,从而调整自身的决策和控制策略来适应变化的环境;高智能化的无人系统具有高级的自主性和智能性,这类系统能够像人类一样学习和推理,能够在许多任务上达到人类的水平,甚至超越人类的表现,这主要受益于人工智能技术的发展。

根据交互方式,可以将智能无人系统分为三类:单智能主体无人系统、多智能主体协作无人系统和人-机器协作智能无人系统。典型的单智能主体无人系统包括单个的机器人、无人车、无人船、无人机、太空探测器等;典型的多智能主体协作无人系统有:机器人集群、无人机集群、无人车队、多交通路口的协同控制系统、智能工厂等;典型的人-机器协作智能无人系统如老人看护机器人系统、人-机械臂协作装配系统等。

6.9.2　典型案例:一种无人化学实验系统

化学实验不仅需要以专业的化学反应知识为基础,同时需要重复测试不同物质反应的结果,是一项费时费力的工作。智能无人化学实验系统能够自主进行化学实验,从而将实验操作者从日常、重复的实验操作中解放出来,是未来化学实验自动化发展的重要趋势。本节介绍一种智能无人化学实验系统,该系统通过多机器人的协作,利用人工智能等相关技术实现了真实场景中的化学实验自动化。

1) *无人化学实验系统概述*

该无人化学实验系统如图6-27所示,它使用协作的多机器人来进行化学实验,也可称为机器人化学实验系统,可以并行开展多组的比较实验,具有较高的实验效率。此外,该实验系统无须人类操作者的参与,能够保障实验的安全性。

该机器人化学实验系统由多个分系统及相关的软件组成,如图6-27(a)所示。该系统的软件部分包括一个仿真的数字孪生系统和用于通信和控制的中央控制软件,如图6-27(b)所示。其硬件系统由两个分系统构成,分别是导轨操作平台和移动操作平台,如图6-28所示。基于AGV小车的移动操作平台主要负责化学反应原料的转移和运输,而导轨操作平台中的移液工作站主要用于将反应原料加入反应容器中,除此之外的大部分操作都由固定在直线导轨上的六轴机械臂完成。其主要负责将反应容器移动到相应的操作位置,并进行加热或搅拌，待反应结束后将反应容器放置在待检测区域。

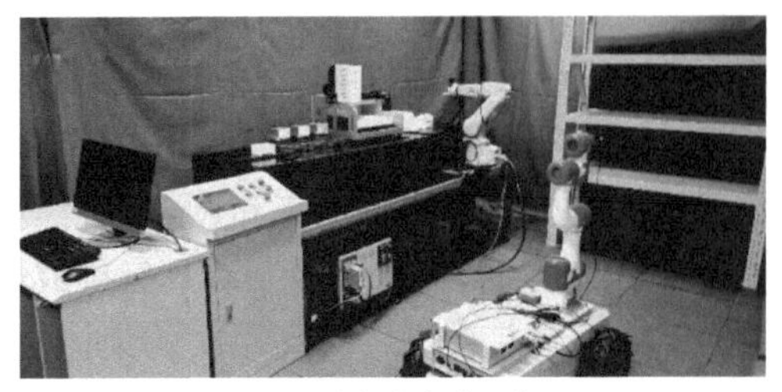

(a) 无人化学实验系统

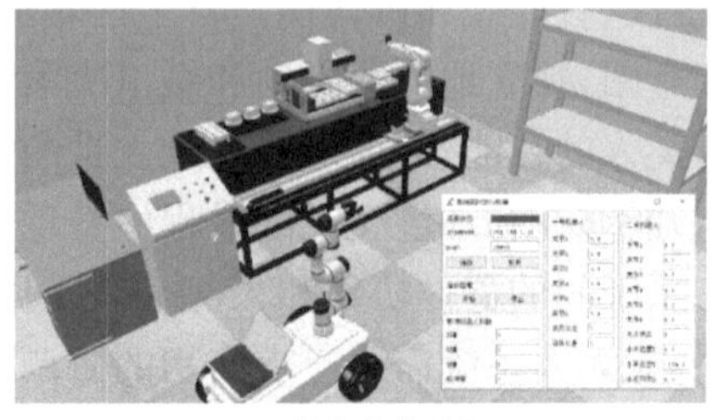

(b) 数字孪生系统

图 6-27　无人化学实验系统及其数字孪生系统

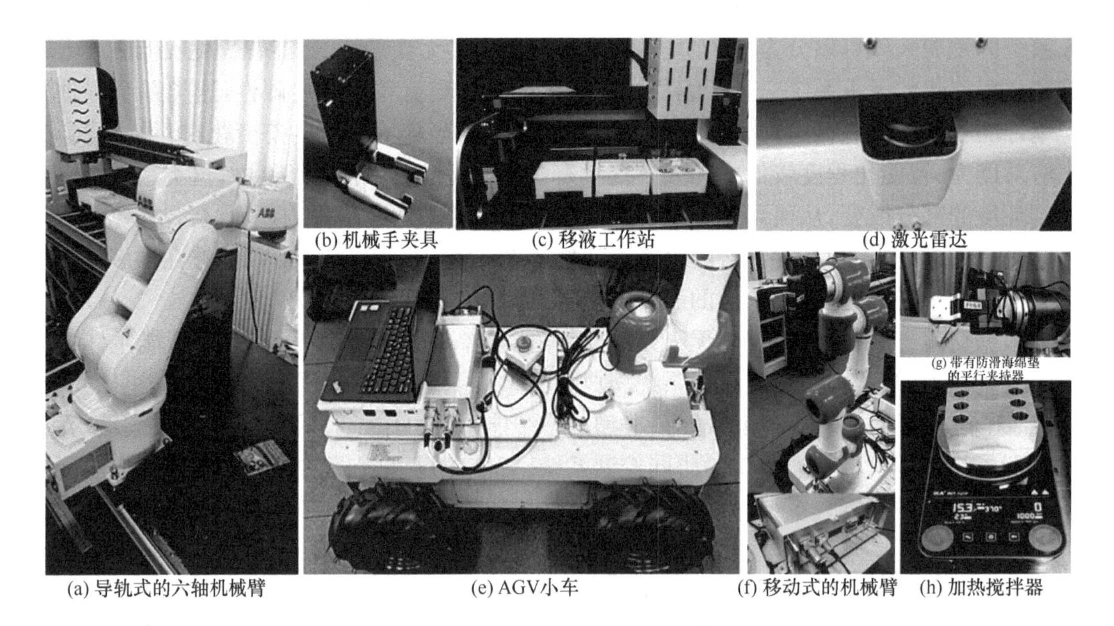

(a) 导轨式的六轴机械臂　(b) 机械手夹具　(c) 移液工作站　(d) 激光雷达　(e) AGV小车　(f) 移动式的机械臂　(g) 带有防滑海绵垫的平行夹持器　(h) 加热搅拌器

图 6-28　机器人化学实验系统的硬件组成

机器人化学实验系统导轨操作平台演示

2）导轨操作平台

导轨操作平台主要由 4 个部分构成，分别是六轴机械臂、直线导轨、移液工作站和几个加热搅拌器。其典型的工作流程如图 6-29 所示。在图(a)中，首先位于直线导轨上的六轴机械臂会根据实验的需要将试剂瓶和化学导管移动至移液工作站内；在图(b)中，移液工作站会使用移液器将不同的化学试剂添加到导管中；在图(c)中，待试剂添加完成后，再由机械臂将导管取出，放置于加热搅拌器中；在图(d)中，等待化学反应的完成。

3）移动操作平台

移动操作平台由一个 AGV 小车和一个六轴机械臂构成，该系统可以自由行走，主要用于完成化学作业的物料搬运。随着室内移动机器人技术的发展，AGV 小车的功能也日渐强大，这对于实现完全自动化的化学实验系统具有重要的意义。

(1) AGV 小车。AGV 小车采用模块化设计，由驱动、检测、导航、控制、通信等模块组成。它具有一定的承重能力，且拥有大容量的电池可以保证移动底盘的续航。该 AGV 小

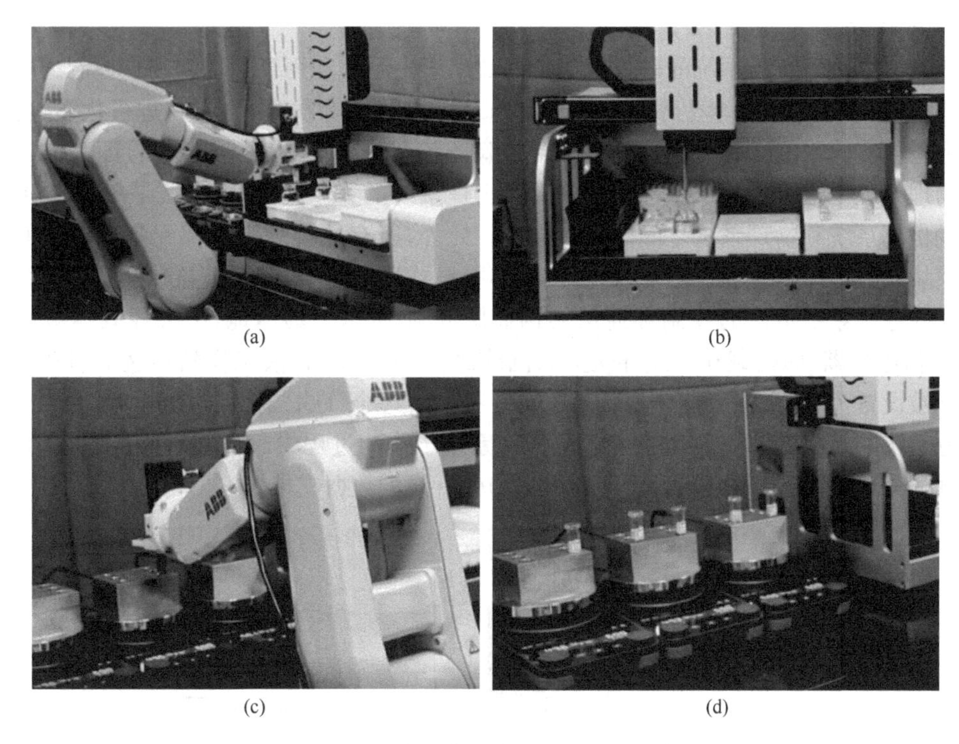

(a)　(b)　(c)　(d)

图 6-29　导轨操作平台的实验过程示意图

车系定制产品，其主要性能参数是：四轮独立驱动、四轮差动转向、减速比为 35∶1、无负载的最大速度为 1.5m/s 和最大爬坡角度为 30 度。

(2) 基于激光雷达的定位和导航技术。整个室内导航过程由车载计算机通过机器人操作系统(robot operating system，ROS)控制，通过激光雷达来感知环境，基于 RBPF 粒子滤波算法，采用经典的 Gmapping 算法进行室内定位。在实验室场景中，由于移动误差的存在，AGV 小车上的机械臂可能无法准确地抓取和放置实验导管等实验仪器。为了克服这一问题，AGV 小车同时使用基于地标的辅助定位系统。

(3) 协同的六轴机械臂。安装在 AGV 小车上的六轴机械臂由 ROS 系统控制，该系统由三个部分组成：带 ROS 的计算机、实时控制器和六自由度机械臂，如图 6-30 所示。控制系统接收来自中央控制软件的命令，计算出本任务中所需运送物料的起点和终点。然后通过串口，将包含机械臂关节和角度的信息传送到实时控制器中。最后实时控制器通过 CAN 总线向机械臂各关节的电机下达运动命令，完成机械臂的运动控制。

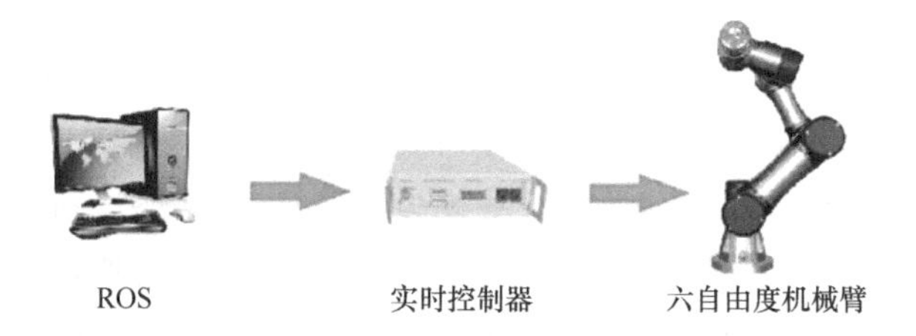

图 6-30　协同六轴机械臂的控制结构

4) 软件设计

该机器人化学实验系统的软件由仿真的数字孪生系统和用于通信和物理控制的中央控制软件构成。其中,数字孪生系统采用 HedraSMF 软件作为仿真平台,在进行化学实验前,机器人化学实验系统会首先在该仿真平台中验证各个分系统的工作流程,验证完成后再在实际物理系统中运行。为了保证仿真到真实物理系统的无阻碍复现,需要一个中央控制器来协调仿真系统和物理系统之间的信息交互。此外,所有的物理硬件都配备有单独的通信控制模块,通过 TCP 传输控制协议,解决了不同机器人之间、物理系统与数字孪生系统之间的通信问题。系统整体的控制和通信结构如图 6-31 所示。具体地,中央控制器被设置为 TCP 通信服务器,而搭载在直线导轨上的机械臂、直线导轨、移液工作站和这个移动操作系统分别被设置为 TCP 客户端 1-4。TCP 服务器会向每个 TCP 客户端下达控制指令,指导各个分系统的运行;同时,TCP 服务器还能在系统工作的过程中起到实时监督的作用,通过收集到的分系统的运行数据,为后期的优化和分析提供数据支持。

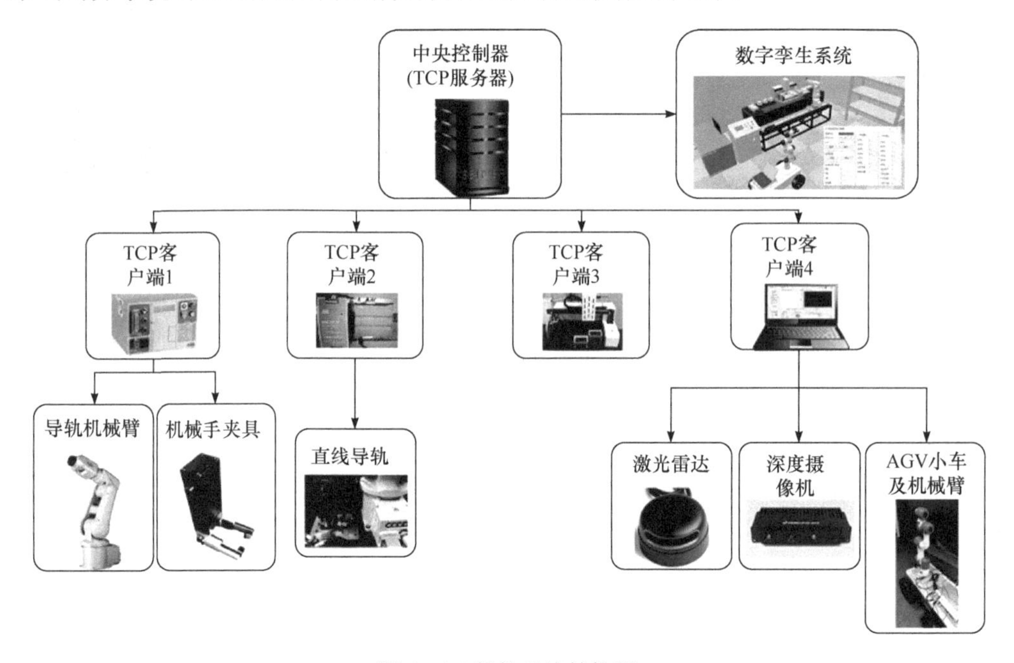

图 6-31 软件系统结构图

6.10 本章小结

计算机技术、微电子技术、传感器技术等相关技术的快速发展,为控制与自动化技术提供了更为宽广和坚实的发展平台,控制与自动化技术在工业、农业、国防等领域得到了广泛应用;同时,与控制与自动化技术相关的一些概念和思想,已经渗透到社会、经济和政治等领域。可以这么说,一个国家或地区的控制与自动化技术水平的高低,已成为衡量其科技发展水平高低的重要指标之一。本章从现实世界中选出九个典型系统,即机械制造自动化系统、过程工业自动化系统、电力系统自动化系统、飞行器控制系统、自动化仓储系统、智能交通系统、智能制造与管理一体化系统、指挥控制系统和智能无人系统,介绍了控制与自动化技术在其中的具体应用。

通过本章所介绍的控制与自动化技术应用的典型领域，可以发现，自动化早已从最初的控制机器、设备，发展到现在的控制过程（化工、冶炼、造纸等生产过程）和控制系统（电力系统、通信系统、交通系统、汽车制造系统、经济系统、能源系统等）。随着控制和自动化概念的发展，自动控制系统被控对象本身的复杂性（大规模、非线性、多层次、不确定、人机交互等），控制问题本身的复杂性（全局和子系统之间的目标分配、多目标优化、性能与成本的综合考虑等问题），系统环境的复杂性（不确定与未知等）也在增加，控制与自动化的研究热点和难点也从传统意义上的物理学特性转变为系统的复杂性等。

思　考　题

1. 柔性制造系统（flexible manufacturing system，FMS）和计算机集成制造系统（computer integrated manufacturing system，CIMS）在现代机械制造自动化中得到广泛应用，请参阅有关资料，阐述 FMS 和 CIMS 中的控制与自动化技术的应用状况。
2. 控制与自动化技术在过程工业系统中得到广泛应用，请举出一个控制与自动化技术在过程工业中的应用例子，说明其控制目标、控制过程及其特点，以及所采用的控制方法。
3. 电力系统自动化包括哪些领域？请以你所在地区（城市）为例，根据电能的生产和分配过程，说明控制与自动化技术在电力系统自动化系统中是如何应用的。
4. 试说明对电动汽车电池系统进行控制存在困难的原因；并以电池快充控制为例，分析比较现有几种电池快充控制算法的优缺点。
5. 简述自动飞行控制系统的组成，并画出其工作原理框图。
6. 试对“飞行器控制系统必将成为现代控制理论研究的热点领域”这一命题，谈谈自己的理解和认识。
7. 简述固定翼飞机的组成及俯仰、滚转及偏航操纵的过程。
8. 自动化立体仓库控制系统一般由哪几部分构成？各有什么功能？
9. 自动化立体仓库控制系统有几种控制方式？各有什么特点？
10. 从“道路交通信息”到“智能交通系统”概念的演变过程中，你体会到了哪些有益的信息？
11. 结合图 6-16，简述 ETC 系统的一般工作原理，并说明“控制单元”在该系统不同环节所起的作用。
12. 简述“管理控制一体化”概念的内涵，并对其中所含“控制”概念的地位和作用进行解释。
13. 解读图 6-18，并尝试说明其中包含的理论和技术。
14. ISO 是什么样的组织？它是通过哪些工作对自动化领域产生影响的？
15. 为什么说指挥控制系统是信息化战争时代必备的一种复杂信息系统？
16. 试简述综合军事信息系统（C^4ISR）的发展历程，并说明计算机在其发展过程中的作用。
17. 试分析控制与自动化技术在 C^4ISR 中的作用及面临的挑战。
18. 试分析智能无人系统与普通自动化系统的区别与联系。
19. 试简述无人化学实验系统中使用了哪些不同类型的机器人，它们是如何共同协作的。

第7章 智能化时代的控制

7.1 网络控制

随着计算机网络的广泛应用和网络技术的持续发展，部分控制系统的结构逐渐由分布式控制系统取代独立控制系统，使得众多的传感器、执行器和控制器等主要部件通过网络相互连接，相关信息也通过网络进行传输和交换，信息的网络化和智能化给自动化技术带来了重要的机遇和挑战，这些机遇和挑战大致可分为两个方面：对网络的控制（control of networks）和基于网络的控制（control over networks）。

7.1.1 对网络的控制

网络是指用物理链路将各个孤立的工作站或主机连在一起，组成数据链路，以达到资源的共享。随着通信网络的快速增长，控制技术在解决网络拥塞、路由等问题中起着越来越重要的作用。

通信网络系统具有两个最突出的特征：①规模非常大；②具有显著的分散性。例如，因特网（internet）可能是人类有史以来建造的最大的反馈控制系统，而分散性导致的不可预测的时间延迟使得网络的稳定性分析变得非常复杂。此外由于网络拓扑、传播路径、流量需求和可用资源等的变化，网络存在变化的不确定性，这些都增大了控制的难度。因此对网络的控制必须要解决几个重要的问题，主要包括拥塞控制、路由控制和功率控制。

网络拥塞（congestion）指的是在包交换网络中由于传送的包数目太多，而存储转发节点的资源有限而造成网络传输性能下降的情况。拥塞的一种极端情况是死锁（deadlock），退出死锁往往需要网络复位操作。网络拥塞控制通常是一种分布式算法，它在相互竞争的服务器中分享网络资源，主要由两个要素组成：源算法和路由算法。源算法根据路径阻塞信息动态调整服务器速度；路由算法负责更新阻塞度并将此信息送回源节点。这些算法在因特网的源节点与路由器上实时运行，以在有限的资源中获取最大的资源利用率。

网络上的路由由 IP 控制，异步分布式的路由算法运行在路由器上，能够适应节点或连接的失败，平衡网络流量和减小阻塞，满足流量需求。由于无线调制解调器节点可以移动，节点的地址不能反映其位置以及如何到达，使得无线路由控制问题更加难以处理，必须考虑负载均衡。

网络的功率控制主要考虑每个传输包的传播功率是多大。由于特定的网络与已有的连接可能不是一起出现的，个体节点选择传播功率形成网络的拓扑，因此功率控制影响了信号的质量，影响了物理层、网络层、传输层，以及对多目标的控制。

7.1.2 基于网络的控制

基于小范围网络的计算机控制已经在局域控制系统、集散控制系统（DCS）等方面得到了广泛的应用，而更复杂的基于公用网络或专线网络的控制问题近年来也逐渐引起了学术界和工业界的关注。将网络引入到控制系统中，通过网络形成反馈控制，即为网络控制系统(networked control systems，NCS)，如图 5-7 所示。在网络控制系统中，被控对象、控制器与驱动器通过公共的网络平台连接，信息资源可共享使用，系统易于扩展和维护，具有高效率、高可靠性和灵活性，是未来控制系统的发展模式。

网络控制系统相比较于独立控制系统有许多优点，但由于网络的引入，也给基于网络的控制系统带来新的问题和挑战。从故障检测和诊断的技术角度看，由于网络控制系统在结构上与传统控制系统不同，其执行器、传感器和被控对象等，绝大多数情况下均远离控制器，使得系统实际运行的特征信息难以及时测得。

对图 5-7 所示的典型网络控制系统，被控对象、传感器和执行器可以分布在与控制器不同的物理位置，它们之间的信息交换由网络平台完成，此网络平台可以是有线网络、无线网络或混合网络。在一般的网络控制系统模型中，将被控对象、执行器和传感器等看作是广义被控对象，控制器与广义被控对象之间的信息传递存在不可避免的时延、数据丢包等问题，这些问题会影响到系统的性能，严重时甚至会导致系统失稳。

网络控制系统的基本问题主要包括以下几方面。

(1) 网络时延问题。由于网络带宽的限制，网络控制系统中会不可避免地出现网络资源竞争和拥塞等现象，这些现象会导致数据传输的延迟(网络时滞)和系统性能变差，甚至会影响系统的稳定性；而且网络控制系统中的网络时滞通常是时变的、随机的，更是增加了网络控制系统设计的复杂性和控制的难度。

(2) 数据包丢失问题。由于共享网络存在阻塞和连接中断等现象，虽然大部分网络都具有重新传输的机制，但信息也只能在一个有限的时间内传输，超时后，将出现数据丢失。此外，考虑到控制系统对实时性的要求，当一个传感器在等待发送信息时，若又收到新的信息，合理的做法是丢弃旧的信息，只发送新收到的信息，因此，数据包的丢失也是一个不可避免的问题。

(3) 单包传输和多包传输。不同于传统控制系统，网络控制系统是以数据包的形式传输信息，其数据的传输存在两种形式：单包传输和多包传输。单包传输是指将网络控制系统中所要传输的信息打在一个包里进行传输；而多包传输是指把待发数据分成多个数据包，分时发送。传统的采样控制系统常常假设对象输出和控制输出同时传送，多个传感器数据也是同时到达控制器，但实际上由于网络的分时复用，这一假设对于网络控制系统不成立，因此网络控制系统的模型也不同于传统的独立控制系统，给系统分析与设计带来了新的问题和挑战。

(4) 数据包乱序问题。在网络环境下，被传输的信息通常有不同的路由选择，因而相同节点发送的数据包可能会经过不同的网络路径到达目标点，且数据包在中继环节的队列中等待的时间可能也不同，因此会造成数据包的时序错乱，影响到网络控制系统的稳定性等性能。

7.1.3　网络控制的应用及其发展趋势

网络控制系统采用分布式控制系统代替独立控制系统，使得众多的传感器、执行器和控制器等功能部件通过网络相连接，突破了控制系统在物理空间上的限制，可实现资源共享、远程操作和控制，便于提高系统的信息化和智能化。网络环境下的新型管理信息系统和控制系统不仅可以应用于复杂的工业控制领域，而且在机器人技术、航空航天领域、国防领域和服务业领域都具有极大的应用潜力。此外网络控制在更广泛的信息科学与技术领域也有着越来越多应用，如下列举了其中一些重要的发展趋势，包括高可靠性的软件系统、协议和软件的验证与确认、实时供应链管理等。

高可靠性的软件系统是现代信息系统的基本要求，但由于网络化和恶劣的运行环境，保持软件的高可靠性非常困难，计算机科学家提出通过警醒的机制来提供可靠性。警醒即是控制，指连续的、普及的、多方位的监视和系统行为修正，其关键思想是使用快速、精确的传感器监视系统，把算法的性能与嵌入式计算模型的性能相比较，然后修正算法的操作，以保持系统的期望性能。这种感知—计算—执行的循环是反馈控制的基本形式，提供了一种在线处理不确定性的机制，其好处在于：在设计时不用考虑各种可能出现的情况，系统可针对出现的特殊情况作出实时反应。

控制理论和技术在协议和软件的验证与确认方面也发挥着越来越重要的作用。复杂软件系统的开发日益增多，但设计性能正确而良好的系统的能力却越来越有限。当前，对软件系统的验证和确认方法还需要进行大量的测试，许多错误只能到开发后期甚至产品发行时才能发现，一般的软件验证方法对于大型软件系统无能为力。控制理论已经开发了许多技术，通过上下界约束有效地突破了计算的复杂性，给出尽可能正确的运行结果。特别地，这些新技术能为连续和离散相混合的问题提供简单的系统化的证明，是计算机科学的常规方法与控制的稳定性和鲁棒性结果相结合的成果。

随着网络互连的企业数量的增加，实时的供应链管理可以得到高效、可靠、可预测的操作，并提高企业级动态重组的能力，实现企业级的优化。此外，与实时供应链管理密切相关的问题还有军事系统中的 C^4ISR 系统，其基本问题和技术几乎与企业级资源分配问题完全相同，但是，在军事应用环境中更具挑战性。在动态、不确定和敌对环境中，控制的概念和理论是提供鲁棒性能的基本工具。

7.2 航空航天和运输控制

航空航天和运输控制主要包括对飞机、运载火箭、卫星、导弹、无人驾驶汽车、自动化列车等的控制。它们是自动化技术的重要应用领域，在国民生活、国防安全等方面发挥着至关重要的作用；这些应用领域代表了当代世界最先进的技术和生产力，为人类发展作出了巨大贡献。

7.2.1 航空航天和运输中对控制提出的新要求及挑战

20 世纪初，控制就已经是航空、航天的关键性技术之一。此后的发展过程中，控制技术的成功事例也出现在航空航天领域的许多应用方面，如空间导弹、运载火箭、载人航天器、星球探测器，以及各种人造卫星等。控制技术同样也对运输系统的改进和革新起到了关键作用，大大增加了运输系统的安全性和可靠性，优化了资源分配和使用。例如，现代汽车都装有大量的独立处理器，它们使得汽车能长时间可靠地工作于恶劣环境下。

虽然控制技术已经在航空航天和运输系统中取得了巨大的成功，但目前该领域对控制提出了更高的要求，不仅要求控制系统具有高可靠性、准确性和鲁棒性，还要求对各种不可预测的事件具有自主决策和自适应的能力，在综合利用各种信息资源的基础上，具有较高的智能性。

航空航天和运输控制系统目前存在的基本问题及面临的挑战有以下几点。

(1) 多传感器信息融合问题。尽可能完善的信息收集、融合和传输是进行灵活、可靠控制的前提。目前在航空航天和交通运输领域常用的感知系统多种多样，包括视觉/听觉/触觉传感器、距离传感器、测量本体方向、位置、速度、加速度等的传感器，如何实时有效地采集这些感知数据并提取信息，直接影响到系统安全性和可靠性。

(2) 复杂不确定环境下的鲁棒控制问题。航空航天和运输系统都是比较复杂的系统，其控制对象规模大且运动范围广，控制过程中不仅涉及大量信息处理和传输，且在传输过程中容易引入噪声和不确定输入，故还要求系统必须保证足够的可靠性和安全性，即系统的鲁棒性问题是一个基础并具有较大挑战性的问题。

(3) 控制实时性问题。航空航天和运输控制系统中，被控对象一般工作于高速运动中，不仅要求具有高可靠性和安全性，还要求具有非常好的随动性能和对不确定事件的实时反应能力。这两者通常是相互制约的，也是该领域中目前存在的较大挑战。

(4) 控制系统的智能化问题。航空航天和运输控制的一个主要目的就是尽量减少人的干预，以提高系统的可靠性。这就需要控制系统既具有机器的高精确性和高速决策能力，还要具有自适应、自学习和自主决策能力，这些都离不开控制系统的高度智能化。

7.2.2　发展趋势

航空航天及运输控制的发展主要有以下几个趋势。

(1) 智能化程度越来越高，逐渐使人们从复杂的监控作业中解放出来，去拓展已有系统的应用。

(2) 许多前沿技术从科学研究走向实用，从军事战争领域走进民用生活领域。

(3) 系统集成进一步加强。

下面从汽车系统、飞机系统和航天系统三个方面分别简单对相应的发展趋势进行介绍。

未来汽车的设计将更加依赖计算机辅助设计与制造(CAD & CAM)技术，汽车的许多部件也都是采用基于微处理器的控制技术，包括基于雷达的速度和车距控制系统，用于提高稳定性和改善悬挂特征的底盘控制，悬挂和刹车的主动控制，以及用于安全的主动刹车系统等。此外，先进的网络和通信装置将实现各部件的有效管理，以及根据用户和经销商协议开展的车辆诊断。这些新的特征将需要更高的集成化控制系统，将多个子系统结合起来实现总体的稳定性和性能要求。

在飞机控制系统方面，智能涡轮发动机将大大降低运行及维护费用。测试故障(诊断)和征兆预测(预兆)是智能发动机的核心。为此，需要对热流体、结构和机械系统，以及操作环境详细建模。嵌入式模型同样可用于在线优化和实时控制，其优点是能根据操作条件和环境的变化通过刷新代价函数、机载模型和约束条件来调整发动机性能。这样，针对大范围不确定性设计鲁棒控制器所面临的许多挑战可以囊括到在线优化中，通过协调设计来得到鲁棒性，以获得最优的性能。飞机系统的流量控制涉及利用感应器件改变流体的流动以提高可操作性。流量控制的应用实例包括使飞机机翼、发动机舱、压缩机风扇叶及发动机喷嘴的高性能雾化，降低共振和叶片涡流相互作用的尾流管理，增强油气混合以提高燃烧效率和降低噪音。此外，新的传感技术，如微型风速仪将成为现实。传感和执行技术的改善正在使新的控制应用成为可能，如控制不稳定的剪切层和分流，改善热声学的不稳定性，以及压缩系统的不稳定性，如旋转失速和喘振。

在航天系统方面，用于民用、商业、防御、科学研究及智能目的的航天系统使控制领域面临着挑战。例如，大多数的太空任务在飞行之前并不能够在地面上进行充分的测试，这对很多动力学和控制问题会产生直接的影响。在未来的航空任务中，能够产生革命性变化的领域主要有两个：柔性结构的分析与控制和空间飞行器的编队飞行。20 世纪七八十年代，在主动战略防御组织的支持下，学者们在柔性动力学和控制领域进行了大量的研究工作。然而，对于未来(纳米)任务所要求的性能来说，仍有许多工作要做，如在微动力学层面上建立模型和开发能适应小尺度系统变化的控制技术，而这些需要开发控制算法、执行器、计算以及通信网络。传感器能在几百米到上千米的距离测量纳米级的偏差。同样，不同类型的执行系统必须发展到微米及纳米级别的控制范围，且有很低的噪声和高分辨率。在导航和控制算法中，由于特定近似而产生的误差将不再被接受。对某些情况而言，用于验证的仿真技术必须通过关键状态与参数的无数次独立实验以保证精度。总之，为了实现下一代先进的航空航天系统，必须针对单个元件和集成系统研究微米和纳米级范围内的分析、传感、控制和仿真问题。

除了这些常规的发展趋势外，目前最能体现智能化发展趋势的就是无人驾驶技术，包括无人驾驶汽车、自动化高速列车和无人驾驶飞机等。

无人驾驶汽车的关键技术主要是自主导航技术，它通过车载传感系统来感知车辆周围环境，并根据所获得的道路、车辆位置和障碍物(特别是行人)等信息自动规划行车路线，控制车辆的转向和速度，从而使车辆能够安全、可靠地在道路上行驶并顺利地到达预定目标。无人驾驶汽车集自动控制、体系结构、人工智能、视觉计算等众多技术于一体，是控制科学、计算机科学及模式识别和智能控制技术高度发展的产物，也是衡量一个国家科研实力和工业水平的一个重要标志，在国防和国民经济领域具有广阔的应用前景。

无人驾驶路测

图 7-1 是一款百度无人驾驶汽车，通过车顶上多个激光雷达获取的点云数据，可实现周围的人、车和障碍物的检测与识别，并创建厘米级高精地图，实现高精度的局部定位功能；车身前后方的毫米波雷达可以帮助实现盲点检测和距离检测，极大地提高了无人车的抗极端天气干扰能力。此外，车身搭建多个高清摄像头，结合先进的深度学习图像处理技术，可以实现接近人眼的视觉检测及实时的物体追踪；再结合 GPS 定位系统，能够为无人车提供精准的实时位置。所有这些传感数据融合输入计算机，以极高的速度处理这些数据，系统就可以非常迅速地作出判断，从而适应复杂的现实驾驶环境。

(a) 车辆外观

(b) 环境感知

图 7-1　百度无人驾驶汽车

自动化技术在运输领域的另一个主要应用是高速轨道运输系统中的自动控制。除了本书 1.1.1 节介绍的京张高铁，还有如图7-2所示的磁悬浮列车。列车控制系统在长期发展过程中，已经具有了较好的可靠性和安全性；而在未来列车控制方面，还要进一步增强现有列车控制系统的智能化功能，以保证在高速运行的同时具有高可靠性，降低安全风险。

图 7-2　中国自主研发的时速 600 公里磁悬浮列车

自动化在航空航天中应用的一个新领域就是无人驾驶飞机。图 7-3 所示是国产翼龙Ⅱ无人机。无人驾驶飞机是一种以无线电遥控或由自身程序控制为主的不载人飞机。它是高科技技术的集中载体，目前主要应用于现代战争，其研制成功和战场运用揭开了以远距离攻击型智能化武器、信息化武器为主导的“非接触性战争”的新篇章。与载人飞机相比，无人驾驶飞机具有体积小、造价低、使用方便、对作战环境要求低、战场生存能力较强等优点，备受世界各国军方的青睐。一些专家预言：“未来的空战将是具有隐身特性的无人驾驶飞行器与防空武器之间的作战。”随着航空工艺、材料和技术的不断进步，在不久的将来，无人驾驶飞机将会大量出现，而自动化技术也将发挥越来越重要的作用。

图 7-3　航空工业成都飞机设计研究所生产的翼龙Ⅱ无人机

7.3 机　器　人

机器人(实质上是一种智能机器)是20世纪人类最伟大的发明之一。自20世纪60年代人类开发第一台机器人以来,机器人技术得到了迅速的发展,显示出强大生命力,成为现代高科技发展的一个重要方向。目前工业机器人技术已日臻成熟,并广泛应用于工业制造和空间技术;而随着自动控制、机械电子和人工智能的发展,智能机器人也逐渐进入实用阶段,在军事、交通运输和服务业等领域中都不乏成功的应用实例。

机器人一词最早于1920年出现在捷克作家坎朋克(K. Capek)的一部幻想剧中,称作"robota",表示"强制劳动者"。1940年,美国科幻小说家阿斯莫夫(I. Asimov)在其小说《我是机器人》中提出了著名的"机器人三原则":①机器人不应伤害人类;②机器人应遵守人类的命令,与第①条违背的命令除外;③机器人应具有自我保护能力,与第①条违背者除外。这三条原则成为机器人的伦理纲领,在后来机器人的研发与制造过程中也一直将这三条原则作为开发机器人的基本准则。

7.3.1 机器人学简介

机器人学是在机械、电子、计算机、自动控制、人工智能等多个学科领域基础上发展起来的一门交叉学科,体现了一个国家的综合科技实力。在近半个世纪的发展过程中,机器人大致经历了可编程示教再现型机器人、具有一定感知能力及适应能力的离线编程型机器人和智能型机器人三个阶段。

(1) 可编程示教再现型机器人。此类机器人自身无传感器,采用开关控制、示教再现控制和可编程控制,机器人的轨迹路径以及相应的运动参数都是事先编程设计好的,机器人只是重复再现,不具有对环境的感知和反应能力,如典型的工业用焊接机器人和喷漆机器人等。

(2) 具有一定感知能力及适应能力的离线编程型机器人。此类机器人配备了简单的内部传感器,能感知本体的位置、速度、加速度、姿态等,还配备了简单的外部传感器,具有部分适应外部环境的能力。这类机器人主要指20世纪七八十年代进入实用领域的机器人,以及部分具有移动机构、通过传感器控制的机器人。

(3) 智能型机器人。此类机器人具有多种外部传感器,可获取大量外部环境信息,通过处理、决策和控制,自主完成某一项任务。这类机器人随着人工智能、智能控制等先进技术的发展,自身智能性和自适应性不断增强,应用领域不断扩大。目前这类机器人包括深海探测器、星球探测器、类人机器人、服务机器人等。

此外,根据机器人应用领域的不同,在其发展初期的机器人有不同的分支。其一是制造业中所使用的工业机器人(industrial robots)。大量机械臂成功地应用于各种生产过程的生产线上,从事着重复性和控制精度高的工作(图7-4)。工业机械臂的设计特点是能对它们进行编程,使它们能够以高精度、高速度重复执行任务。目前工业机器人技术倾向于探索新的高强度轻质材料,进一步提高负载/自重比;同时机构也向着模块化、可重构方向发展。

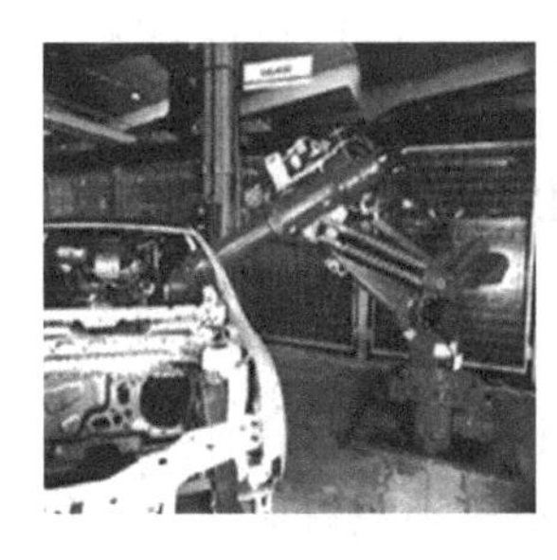
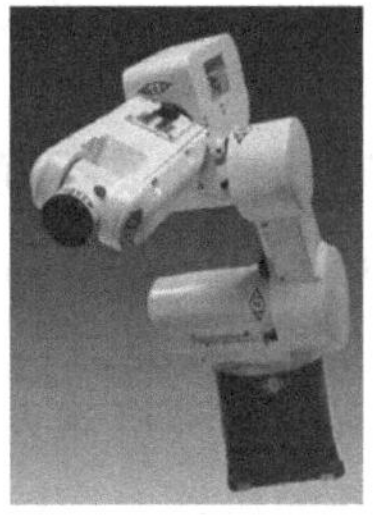

工业轻型机械臂展示

图 7-4　工业机器人

另一个分支是借助人工智能方法的智能机器人(intelligent robots),其应用领域主要是非制造领域。由于这类机器人工作环境的非结构化和不确定性,一般要求机器人具有移动功能、对外界环境的感知能力和自主决策能力等,目前已逐渐成为机器人技术的主要研究方向。图 7-5 给出了一些典型的智能机器人,如空间探测机器人、类人机器人(humanoid robots)、特种机器人、军用机器人、娱乐机器人等。

图 7-5　智能机器人

在智能机器人领域中,自主式移动机器人(autonomous mobile robots)是一个重要的研究方向,在工业、民用以及军事等领域都具有广泛的应用前景。相比较于工业机器人和其他智能机器人,移动机器人的工作环境范围较大,存在着较高的不确定性,使得移动机器人必然是一个集感知、决策、规划、控制与执行等多种功能于一体的综合系统,在其研究领域内存在如知识表示、信息融合、机器人学习、行为决策、导航控制等非常有挑战性的理论和工程研究课题,牵涉到自动控制、人工智能、电子电气、机械设计等多个学科。

7.3.2　挑战与未来需求

随着生产、生活领域对各种机器人需求的增长,机器人的应用也越来越广泛。对人类来说,危险的、繁重的、反复枯燥的及单调无聊的工作,都希望由机器人来完成;对于空间探测和核辐射等人类无法进入的领域，更是必须由机器人来完成相关的工作，因此对各类机器人的需求越来越大，对机器人本身性能的要求也越来越高。而由于应用领域的推广，机器人的工作环境开始由结构化的确定性环境转变为非结构化的不确定环境，这就要求机器人具有移动能力、感知能力、自主决策能力，即增强机器人的智能性。这是机器人领域最大的挑战，其远期目标是使机器人具有人类水平的智能。

开发通用的运动控制软件是亟须的。已有的各种机器人运动控制语言几乎没有可移植性，在机器人领域，独立于计算平台和外围设备的机器语言的思想还没有成功，通用化、标准化、即插即用等概念在机器人领域成为主要的障碍，所亟须的就是如何构建使运动描述语言标准化的统一标准。

此外，需要进一步探索的领域是机器人的自适应和自学习能力。机器人与环境相互影响，需要学会如何学习及推理，并根据需要调整自身参数和行为，这些都需要在机器学习和认知科学方面有进一步的发展。

7.3.3　进一步的讨论

为了进一步满足生产、生活等各个领域对机器人的需求，目前国际上机器人领域的研究逐渐集中在机器人的智能化和多样化方面，主要包括以下几方面。

(1) 仿人和仿生技术。实现人类水平的智能或在某一方面具有生物智能是机器人智能化发展的一个长期目标，也是机器人技术发展的终极目标。未来的机器人将具有一定的思维、情感和社交能力，目前各国研究者在此研究领域都进行着不懈的努力。

(2) 基于多智能体的控制技术。多机器人系统具有广泛的应用前景。基于多智能体技术开展多机器人系统研究是一种有效的途径，主要包括群体体系结构、通信与协商机制、感知与学习、建模与规划、群体行为控制等方面的研究。

(3) 微型机器人技术。微型机器人是机器人研究的一个新领域和重点发展方向。由于微型机器人自身特点和应用需求，其研究主要集中在系统结构、控制算法、感知技术、通信技术和运动方式等方面。

7.4　复杂决策系统的控制

7.4.1　复杂系统与复杂决策系统

在复杂性科学中对复杂系统的描述性定义是：复杂系统是具有中等数目，基于局部信息做出行动的智能性、自适应性主体的系统。

复杂系统是相对于简单系统而言的，两者有着根本性的不同。简单系统通常具有少量个体对象，或者是具有大量相近行为的个体，它们之间相互作用比较弱，如封闭的气体或遥远的星系，以至于能够应用简单的统计平均方法来研究它们的行为。而复杂并不一定与系统的规模成正比，复杂系统要有一定的规模，但也不是越大越复杂。另外复杂系统中的个体一般来讲具有一定的智能性，如组织中的细胞、股市中的股民、城市交通系统中的司机、生态系统中的动植物……这些个体都可以根据自身所处的部分环境通过自己的规则进行判断或决策。

复杂系统具有以下基本特点：智能性和自适应性、有局部信息无中央控制、突现性、不稳定性等。目前研究复杂系统主要有“涌现法”和“控制法”。所谓“涌现法”就是指利用计算机仿真的方法通过模拟复杂系统中个体的行为,让一群这样的个体在计算机所营造的虚拟环境下进行相互作用并演化,从而让整体系统的复杂性行为自下而上地“涌现”出来。这就是圣塔菲(Santa Fe)研究复杂系统的主要方法。而“控制法”则是指研究人脑面对复杂系统是如何解决问题的,是一种“自上而下”地解决问题的方法。

复杂决策系统是复杂系统的一种,它由大量作同类型决策的、相对独立和平等的适应性决策个体(decision agent,DA)组成。其中影响个体决策的环境正是由大量个体决策结果构成的;而适应性就是指决策个体能够根据环境采用不同的策略。

成熟的股市就是一个典型的复杂决策系统。每支股票价格是大量投资者买入、持有或卖出该股票的结果,而这价格反过来又影响下一期每个投资者的买入、持有或卖出的决策,形成一个没有尽头的因果链。同一行业众多竞争者组成的系统也可看成是一个复杂决策系统。他们作同类型的决策,采用不同的策略竞争有限的资源,每个竞争者最终得到的资源不仅跟自己采用的策略有关,还跟别的竞争者的策略有关。复杂决策系统比比皆是,可以说,整个社会-经济系统就是由无数个不同的复杂决策系统组成的。

7.4.2　复杂决策系统的控制

可以作出推理和决策的控制系统占现代控制系统的比例越来越大。决策不仅包括基于系统条件的传统推理分析,还包括应用高级语言进行的高级抽象推理。这些问题在传统意义上隶属于人工智能领域,但是在许多应用中,动力学、鲁棒及其互连作用不断增加,要求控制领域的积极参与。

另一个趋势是控制在大型系统中的应用,如企业、行业、地区甚至国家的物流和供应环节。这些系统涉及超大型异类系统的决策,需要有新的协议来决定存在不确定因素时的资源分配。在分析和设计这样的系统时,模型是关键,且这些模型(及后序控制机制)必须升级以适应超大型系统的需要。这种超大型系统拥有数以万计的与目前操作层面的控制系统复杂度相当的子系统。

为解决这些问题,《控制、动力学和系统的未来发展方向》专家小组认为应该全面加强对更高级别的决策控制研究,并向企业级系统发展。专家组还指出将控制扩展至超出传统的微分方程描述是控制领域已经涉足多年的一个方向,而且很明显,需要一些新观点。分析和设计这类系统的有效理论还没有完全开发出来,控制社团必须加入到这类应用研究的行列,思考如何描述这类问题。

一个有用的措施也许是建立实验平台以探讨新观点。在军事领域,这些实验平台可以由搭档或对手联合操作的无人运载工具(空中、陆地、海洋和太空)组成。在商业领域,服务机器人和个人助手也许是成果丰硕的开发领域。在大学校园里,机器人竞赛是一个有趣的趋势,控制研究者应该把它作为开发新的范例和工具的平台。所有这些例子中,应加强与人工智能的联系,因为它目前处于应用的最前沿。在这个领域中主要的研究成果包括用系统技术代替经验设计方法,以开发更加可靠和可维护的决策系统。这将带来更加有效和自主的企业级系统;而且在军事领域,可以提供伤亡率最低的新防御系统。

7.5　生物和医学中的控制

生物控制论是研究生物体内信息处理和调节过程规律的学科，它是控制论的一个重要分支，同时又是生物科学、信息科学和医学工程的交叉学科。目前生物科学已经发展到分子水平的研究，对于生物大分子和基因的控制是控制技术的一个主要应用领域。而在医学自动化方面，控制技术对医学发展也发挥了不可估量的作用。本小节主要介绍生物系统和生物医药中的三个相关方面：分子生物学、综合生物学和控制技术在生物和医学研究中的应用。

7.5.1　分子生物学与基因控制

分子生物学(molecular biology)是在分子水平上研究生命现象的科学，它从研究生物大分子(核酸、蛋白质)的结构、功能和生物合成等方面来阐明各种生命现象的本质，其研究内容包括各种生命过程如光合作用、发育的分子机制、神经活动的机理、癌的发生等。20 世纪 50 年代以来，分子生物学是生物学的前沿与生长点，主要研究领域包括蛋白质体系、蛋白质-核酸体系（中心是分子遗传学)和蛋白质-脂质体系(即生物膜)。

结构分析和遗传物质的研究在分子生物学的发展中作出了重要的贡献。1944 年埃弗里(O. T. Avery)等研究细菌中的转化现象，证明了 DNA 是遗传物质。1953 年沃森(J. D. Watson)和克里克(F. H. C. Crick)提出了 DNA 的双螺旋结构，开创了分子生物学的新纪元。在此基础上提出的中心法则描述了遗传信息从基因(DNA 的一段有效片段)到蛋白质结构的流动；遗传密码的阐明则揭示了生物体内遗传信息的储存方式。1961 年雅各布(F. Jacob)和莫诺(J. L. Monod)提出了操纵子的概念，解释了原核基因表达的调控。到 20 世纪 60 年代中期，关于 DNA 自我复制和转录生成 RNA 的一般性质已基本清楚，基因的奥秘也随之被逐渐解开。基因可以控制酶的合成来影响生物性状，也可以合成结构蛋白来直接影响生物性状。合成蛋白质的模板是在基因上的，而“基因控制”就是由基因在酶的作用下通过转录和翻译的过程，最终合成机体所需要的蛋白质，即基因控制掌握着合成蛋白质的时间和数量。

分子生物学对数学模型的需要一直是公认的，尤其是在基因组学、蛋白质组学、生物信号传导网络特性、基因工程和检测技术等方面；而面向控制的建模和分析方法是建立生物系统有效模型不可或缺的方法，其中反馈理论和思想起着重要的作用。

首先反馈使系统在存在噪声的情况下减小不确定性的影响，提高精度。细胞环境存在着大量不同形式的噪声，同时，某些化学元素(如转录调控因子)的变异对细胞来说可能是致命的。在细胞中，反馈回路无处不在，它可以调节适当的变异。例如，据估计在大肠杆菌中，大约 40% 的转录因子可以自我调节。

其次，调节回路必然具有嵌入式结构的控制部分。例如，另一个反馈理论与现代分子生物学结合的例子是近来在细菌运动趋药性方面的研究，趋药性的信号传输系统检测化学物质的变化，并直接产生动作，这种适应过程可以在任何恒定的培养基内发生，甚至在更大规模和更大范围的系统参数内发生。这种现象可解释为对定常扰动的鲁棒(结构稳定的)抗干扰性。控制理论的内模原理指出(在适当的技术条件下)必须有一个能在任何时候获得鲁棒干扰抑制的嵌入式控制器，而近期的实验的确成功地找到了这种嵌入式结构。

还有一个分子生物学与控制相结合的重要方面是遗传线路。生物分子系统提供了混合系统的天然例子，这些系统将一个给定细胞或一个细胞群的离散和逻辑操作(一个基因开始或结束复制)与连续量(如化学物质的浓度)结合起来。目前，这方面的研究主要集中在识别其他自然产生的线路，以及为了治疗目的而将“人造”线路融入传输载体(如细菌)的工程目标上。原则上，后一目标在数学上属于实现理论的范畴，是系统理论的一个分支，涉及完成特定行为的动态系统的综合。

7.5.2　综合生物学与生物体控制

综合生物学(synthetic biology)是指将基因连接成网络，让细胞来完成设计人员设想的各种任务。计算机工程师和生物学家汤姆·奈特表示，希望研制出一组生物组件，可以十分容易地组装成不同的“产品”。目前研究人员正在试图控制细胞的行为，研制不同的基因线路，即特别设计的、相互影响的基因。波士顿大学生物医学工程师科林斯已研制出一种“套环开关”，所选择的细胞功能可随意开关。加州大学生物学和物理学教授埃罗维茨等研究出另外一种线路：当某种特殊蛋白质含量发生变化时，细胞能在发光状态和非发光状态之间转换，起到有机振荡器的作用，这些工作打开了利用生物分子进行计算的大门。综合生物学的领军人物，麻省理工学院的维斯和加州理工学院化学工程师阿诺尔一起，采用“定向进化”的方法，精细调整研制线路，将基因网络插入细胞内，有选择性地促进细胞生长。维斯目前正在研究另外一群称为“规则系统”的基因，希望细菌能估计刺激物的距离，并根据距离的改变作出反应。该项研究可用来探测地雷位置：当它们靠近地雷时细菌发绿光；远离地雷时则发红光。维斯另一项大胆的计划是为成年干细胞编程，以促进某些干细胞分裂成骨细胞、肌肉细胞或软骨细胞等，让细胞去修补受损的心脏或生产出合成膝关节，这些研究都代表了生物体控制领域中的重要进展。

7.5.3　医学中的控制技术

医学自动化是自动化领域的一个重要应用，如机器人外科手术等都是自动化技术在医学中的典型应用。其中对医学发展具有划时代意义的是生化分析仪(autoanalyzer)的广泛应用。生化分析仪是利用自动化技术、电子学、光学和计算机技术，把临床化学分析过程中的取样、加样、分配试剂、混合、加温及分析过程的监控和数据处理、输出等一系列过程实现自动化的仪器。未来的生化自动分析仪将进一步向着智能化、系统化的高效方向发展，把临床化学、免疫学、血液学分析仪以及尿液分析仪通过自动传送连接成一个大的流水线系统，整个系统和计算机相连，可进行样品分配、运输、分析过程的监控及数据处理，并负责输出和存储。自动分析的应用可满足医学领域对分析诊断的“快”和“准”的基本需求，推动了医学新技术的发展，也促进了全民疾病早期诊断、社会保健等工作的顺利开展，代表了控制技术在医学中的成功应用。

控制技术对医学具有重要影响的另一个方面是医学成像的应用，最典型的例子就是影像引导治疗(image guided therapy，IGT)和影像引导手术(image guided surgery，IGS)。影像引导治疗和影像引导手术诠释了怎样利用生物医学工程的基本原理开发出具有通用目的的、可以与全程治疗系统相结合的软件。此类系统将更有效地支持影像引导治疗，如活体组织检查、微创手术、放射疗法和其他治疗。此外，速度和鲁棒性在介磁应用中也非常重要，如在外科手术中利用磁共振成像（magnetic resonance imagery，MRI），外科大夫可面对磁共振设备进行手术，利用图像来指导手术过程。

随着深度学习技术与计算机视觉的发展，自动的医疗影像分析技术展现出了巨大的潜力，利用深度学习解决医学影像分析的任务是未来的发展趋势。基于卷积神经网络（convolutional neural network，CNN）的自动医疗影像分析技术可以帮助进行疾病的初步筛查，减轻人工阅片的工作量。在某些特定的疾病诊疗中，自动医疗影像分析技术能实现较高精度的病灶定位与检测，实现有效的组织病理学图像分割。总之，影像引导治疗和影像引导手术受益于面向系统的思想，这方面大部分的工作正在由计算机视觉和医学成像研究人员完成，这类问题的特殊性也将为控制理论和技术带来新的发展，并继而能应用于其他领域。

7.6　材料和加工过程中的控制

控制技术广泛应用于材料和加工的工业生产过程中。除了在化工工业这样的传统工业生产中发挥着巨大的作用之外，控制技术也将在很多正在探索的新技术领域中大显身手，其中包括电子学、材料生物学的纳米技术，薄膜加工和微集成系统的设计、供应链管理和企业资源配置等。

7.6.1　历史回顾

材料和加工过程中的传统控制技术主要有过程控制和多变量控制两种，下面将简要介绍这两种控制技术相关背景和应用。

过程控制在 20 世纪 60 年代后期已经被广泛地应用于化学和材料的加工过程中。单回路局部反馈控制器是这种控制技术的主要形式，而各个控制器之间则基本上没有联系。这就促进了控制领域的专家们开发出了始于 70 年代的多变量控制，并将其应用于如塑料胶片和造纸机的控制这样具有相当规模的过程之中。

多变量控制技术在随后的二十年里得到了迅速的发展；并且在过去的三十年里，基于模型预测控制的多变量最优控制在存在控制约束和状态约束的工业过程中已经成为一种标准的控制技术。这些约束在化工业和材料加工业相当普遍，模型预测控制在在线计算控制量时明确地考虑了这些约束。仅在 2000 年一年就有 5000 多例模型预测控制的应用报道，领域涵盖精炼、石油化工、纸浆和造纸、空气分离、食品加工、炼钢、航空和汽车等。近几年，模型预测控制算法已经被用于处理大规模的过程控制问题。

然而仅仅依靠上面这两种控制技术并不能解决所有的过程控制问题。随着科学技术的进步和生产力水平的提高，还需要新的控制技术以解决最具挑战性的化工和材料加工过程的所有问题。

7.6.2　挑战与未来

《控制、动力学和系统的未来发展方向》专家小组认为控制技术必须充分利用更多的现场测量数据来控制日益复杂的过程，这正是当前控制技术发展的目标与趋势。

新兴工业的发展，迫切需要更先进的控制技术来满足日益增长的高精度、高速度、鲁棒性更好的控制要求。材料和流程工业就是其中一个非常典型的例子。材料和流程工业的进步和发展对各种工业都很重要,其中复杂过程系统的控制使世界经济迅速增长。以微电子工业为例,它平均每年增长 20%,2001 年销售额达 2000 亿美元。正如国际半导体技术发展蓝图(international technology roadmap for semiconductors,ITRS) 描绘的,为了实现摩尔定律预言的下一代微电子器件,将需要高精度的反馈控制。

制药业是另外一个典型案例,它以每年 10%~20%的速度增加,2000 年销售额达 1500 亿美元。药品规模化生产设备的操作"瓶颈"与控制复杂结晶过程中晶体的尺寸和形状分布的困难密切相关。结晶过程通常包括生长、结块、成核和颗粒与颗粒碰撞引起的磨损。对晶体尺寸分布缺乏控制将导致药品生产的完全停止,给经济和医学造成巨大的损失。

除了需要继续提高产品质量外,在过程控制工业中还有一些其他因素驱动着控制的应用。环保条例严格限制了污染物的产生,因此要采用复杂的污染控制设备。基于环境安全的考虑已设计了更小容量的存储设备以减少化学元素泄露的危险,并需要对上游流程有时甚至供应链进行严格控制。能源费用的大幅度增加也激励工程师们设计一些高度综合的系统,将曾经独立运行的过程耦合到一起。所有这些趋势增加了过程的复杂性和对控制系统性能的要求,使控制系统的设计更具有挑战性。

像许多其他应用领域一样,新的传感器技术正在为控制创造新的机遇。在线传感器,包括激光后向散射的、视频显微镜的、紫外线、红外线和 Raman 光谱的,变得越来越稳定和便宜,也将会越来越多地出现在制造过程中。目前,已有许多这样的传感器被用于过程控制系统,但仍需要更先进的信号处理和控制技术,以便有效地利用这些传感器提供的实时信息。控制工程师也可致力于先进传感器的设计,如微电子工业中仍需要大量的传感器。与其他领域一样,该领域面临的挑战是怎样更有效地充分利用这些新型传感器所提供的大量数据。此外,为了确定由传感器数据估计内部状态的可观测性,需要通过有面向控制的方法建立过程的基本物理模型。

过程控制中的另一个特点是物理过程的复杂性。现代过程系统表现出了复杂的非线性动力学特性,其中包括模型不确定性、执行机构和状态的约束,以及高维性(通常无穷维)。这些系统经常需要用代数方程和随机偏微积分方程的高度耦合系统才能较好地被描述,而且这两类方程都是时变、高维和非线性的。这在微电子工业领域尤其常见,其中需用成百上千的刚性偏微分方程来预测产品质量,如离子轰击后,快速电子束产生和分解过程的模型。其他过程最好用动力学的 Monte Carlo 仿真方法来描述,可以用包含或不包含耦合的连续性方程,仿真可在串行或并行计算机上完成。同时需要辨识和控制算法来解决系统的高度复杂、高度非线性和高维性问题;现在,即使使用最先进的传感器,许多动力学参数仍有很高的不确定性,因此这些算法要对模型的不确定性具有较好的鲁棒性。

7.7　其他控制领域

除了前述各节所介绍的应用领域,控制技术在其他专业化领域中也有着更加广泛的应用,代表着控制领域新的和更加令人兴奋的发展方向。

7.7.1 环境科学和工程

全球范围内的环境运动是一个反馈系统，理解这一系统最具挑战性的问题是多尺度性和对微观现象动力学的深入分析，其中与控制相关的两个特殊领域是大气系统和微生物生态系统。例如，大气科学中的“逆建模”技术就是控制理论的一个重要应用，即在噪声环境和抽样测量条件下，估计出追踪样本的全球源（或者陷）的分布情况。控制在微生物生态系统中的典型应用有对微生物膜的控制，抑制变异细菌或促生所需氨基酸，以及利用控制理论解释群居昆虫如何创建、控制并维持一个极复杂和易破坏的生态系统等。

7.7.2 能源系统

控制是设计大型能源系统的一个中心要素；对于目前互联的能源系统，可靠性是普遍关注的话题。如何获得正确动态调整的实时控制和遏制失误的事件管理是具有重要意义的研究课题。由于电力网与计算机和通信网络连接在一起，提高了每个发电机组的局部处理能力，但也对控制技术提出了更大的挑战，如对复杂系统的仿真技术和对分布式软件协议的可靠性和鲁棒性都提出了新的要求。

7.7.3 经济和金融

控制与经济共用许多数学方法，如运筹学、博弈论、随机建模、优化和最优控制等，许多控制工具也已经应用于经济领域。例如，期权的定价和保值问题是最优随机控制问题之一，价格的变化需用一个高度随机的模型来描述。金融方面的控制问题，尤其是与衍生证券的定价和保值相关的控制问题，为运筹学和控制提供了广泛的应用空间。随机优化控制和鲁棒控制在经济和金融领域也都作出了巨大的贡献。

7.7.4 智能空间系统

智能空间是集信息化和智能化、理解和决策控制为一体的物理空间，它能使一个独立个体在非确定结构环境下，迅速理解和适应未知环境，实现高效的工作以完成预期目标。信息空间中的设备可同时具有传感、通信、任务执行的能力，尤其是在多机器人系统或自主无人驾驶车系统中，形成多智能体系统。该领域目前的研究重点集中在网络化传感器系统、物理空间与信息网络空间的有效映射、多智能的协调控制等，在大型场景环境检测、煤矿安全检测、智能交通以及远程医疗中具有广泛的应用。

7.7.5 分子、量子和纳米系统

随着在检测和激励系统方面能力的提高，对分子、量子和纳米系统的控制得到了越来越多的关注。最近，在计算化学和物理学方面的进步已经使人们能预测、模拟纳米级材料的行为和过程，这些纳米级材料（系统）包括纳米颗粒、半导体异质结构和具有纳米结构的材料。运用这些物理知识和数学模型，现在能用数学公式描述纳米级材料和系统的优化和控制问题，这些应用包括纳米材料的设计、精确测量以及量子信息处理。关于纳米级尺度的控制，还有许多未解决的问题，如控制规律设计、闭环实现、哈密顿系统的识别等。在此领域要取得进一步的发展需要可控性、优化控制理论、自适应和学习，以及系统辨识技术和理论的新

成果。较困难的问题是利用量子波干涉原理实现预期的控制目标，如多原子分子的选择分解或半导体中波包的操作。

量子系统控制也提供了探索自然的新工具。量子控制作为一门新兴边缘科学，已经引起许多科技工作者的注意；量子控制技术的发展和应用将能够促进化学、生物学、信息科学等学科的发展和研究。量子控制论主要研究对象是量子力学系统，其目的是有效地对量子系统状态进行主动控制，其结果是按人们的期望暂时地或是永久地改变物质的状态。在实验方面，研究者已经成功实现了对一些对象的量子控制。到目前为止，科学家们主要以激光、磁场和电场为手段展开对量子控制实验的研究。

7.8　本章小结

自动化是信息化和知识化的重要基础，更是智能化的基石；控制技术是人类体能和智能扩展的关键技术，是助推人们从信息社会走向知识社会乃至智能化时代的“引擎”。本章介绍了控制思想与技术在几个新兴领域应用的代表性进展、成就及值得进一步关注的研究方向和课题。经过半个多世纪的发展，以控制理论与工程为主线的自动化技术已成为保障和促进现代社会发展和生产力提高的核心技术之一，自动化程度也已成为衡量一个国家发展水平和现代化程度的重要标志；且随着网络技术和智能技术的普及，自动化系统所涉及的不确定性和复杂性急速提高，给自动化领域带来了前所未有的巨大挑战和发展机遇，激励着该领域的研究者和技术人员在进一步加强自动化科学基础研究的同时，应更加深入地开展自动化技术的自主创新和实际应用。

思考题

1. 为什么说自动化是信息化的基础，是智能化的必然？
2. 试列举目前控制理论和技术发展趋势的主要特点。
3. 控制技术与网络技术的交叉领域主要有哪两个方面？为什么传统的控制技术不能直接移植到基于网络的控制中去？
4. 航空航天和运输控制对控制提出的新要求主要反映在哪些方面？
5. 试简述机器人的宏观分类和各自的特点。
6. 复杂系统控制的特点是什么？
7. 举例说明控制技术在医学中的应用情况。
8. 试查阅有关资料，阐述作为控制论与经济学融合发展结晶的经济控制论在社会经济系统的运行中发挥了哪些重要的作用。
9. 除本章已讨论的内容外，试列举控制原理在其他新兴领域的应用。

扩展思考——在六足机器人上还可以做什么

随着机器人领域相关技术的发展，六足机器人的整体性能也得到了进一步提升。当下，六足机器人已经被成功应用于教学科研、游戏娱乐、探险救灾等多个领域。

1）教学科研

六足机器人是一个综合集成的系统，是众多学科交叉融合的产物，包括控制科学、计算机科学、材料科学、机械设计、仿生学等。因此，基于六足机器人平台可以制定不同学科的教学内容，学生可以根据所学的知识去改造机器人结构、设计和测试电路功能、编译自己想要实现的任何功能性代码或指令等。

对于科研人员来说，六足机器人也可以作为良好的综合性科研平台，不同领域的研究者可以从不同的角度测试其研究成果、改进六足机器人整体性能。比如，对于控制科学领域的研究人员，可以关注于如何设计合理的控制算法，在现有结构基础上，增大六足机器人的灵活性、抗干扰性、自主性、智能性等；对于计算机科学的研究人员，可以关注于如何编写更为高效的代码，用简洁的算法实现丰富、完善的功能等；对于材料科学的研究人员，可以关注于合成更为轻便，且兼具强度的新材料，探索更为高效的驱动形式等。

2）游戏娱乐

六足机器人还可以作为娱乐设备提供给青少年，在娱乐的同时增加对科技的兴趣，在青少年阶段埋下一颗科研种子。

图 K7-1 是奇弩科技有限公司推出的一款全地形消费级六足机器人。HEXA 的行走速度为 1.2km/h，通过配备激光传感器，实现 10～150cm 激光测距，使 HEXA 可以探测景深，具备了空间感知的能力。通过 Wi-Fi 功能，HEXA 的视野也可以实时传输到显示设备的 APP 上（手机、虚拟现实头盔等），此外还支持夜视功能。用户还可以自己定义 HEXA 的行为功能，实现跳舞、爬楼梯、红外遥控一切支持红外的家电、通过 Wi-Fi 功能与智能家居连接等。

图 K7-1　HEXA 六足机器人

图 K7-2　六足冰壶机器人

图 K7-2 是上海交通大学研制的世界上首款模仿人蹬踏、支撑滑行、旋转冰壶等行为方式的六足冰壶机器人，并在 2022 北京冬奥会亮相，目前机器人已具备基本投壶、击打能力，准确度较高，还能在投完壶后“起身”“走”回投掷区——这些“技能”就是基于机器人的视觉和力觉感知能力实现的。

3）探险救灾

六足机器人在探险救灾领域具备广泛的应用前景。在地球上，绝大部分环境中都是复杂的非结构地形，特别是自然灾害发生后，往往会形成人类难以到达、危险程度高的复杂环境。此时，六足机器人可以作为首批救援设备进入到灾害中心完成生命搜救、物资运输等工作。另外，在边防巡逻、水底勘测、星球探索等领域，六足机器人都具备极大的应用价值。

六足机器人还可以做什么？随着相关学科理论及技术的发展，答案是多样、丰富且开放的，它取决于人们创新性的想法和实际需求的推动，相信在不远的将来，会有形式各异的六足机器人在各个领域帮助人类完成不同的任务。

第 8 章　自动化人才的培养

8.1　自动化人才的综合素质要求

8.1.1　素质与综合素质

何为“素质(quality)”？不同学者有不同的表述。《辞海》对素质一词的定义：①人的生理上的原来的特点；②事物本来的性质；③完成某种活动所必需的基本条件。

针对人而言，这种定义可表述为：素质是人的一种处世、办事、行动、思考等的综合能力，是内在的潜质。

“综合素质(comprehensive quality)”则是指人具有的学识、才气、能力及专业技术特长等的综合条件，或者说，是指人们自身所具有的各种生理的、心理的及内部涵养方面比较稳定的特点总称。它主要包括：生理心理素质、思想品德素质、人文素质、专业素质等四个方面。

人的综合素质的全面提高是社会发展的要求和趋势，尤其是当人类正迈入信息化时代时，提高每个人的综合素质尤为迫切和重要。个人综合素质的提高，可通过自身修养和来自环境的有目的的教育活动与实践过程来实现。

8.1.2　自动化人才的人文素质

人文素质(humanities quality) 是指人们在人文方面所具有的综合品质或达到的发展程度。“科学”重点强调如何去做事，“人文”则重点强调如何去做人。只关注其中一方面，或用“做事”的方式“做人”，用“做人”的方式“做事”，都是不合适的。

综合而言，作为自动化专业的人才，须具备的人文素质应包括以下四个方面。

(1) 具备人文知识。例如，历史知识、文学知识、政治知识、法律知识、艺术知识、哲学知识、宗教知识、道德知识、语言知识等。

(2) 理解人文思想。人文思想是支撑人文知识的基本理论及其内在逻辑。同科学思想相比，人文思想有很强的民族色彩、个性色彩和鲜明的意识形态特征。

(3) 掌握人文方法。人文方法是人文思想中所蕴含的认识方法和实践方法。学会用人文方法思考和解决问题，是人文素质的一个重要方面。与科学方法强调精确性和普遍适用性不同，人文方法重在定性，强调体验，且与特定的文化相联系。

(4) 遵循人文精神。人文精神是人文思想、人文方法产生的世界观、价值观，是最基本、最重要的思想和方法。人文精神是人类文化或文明的真谛所在，民族精神、时代精神从根本上说都是人文精神的具体表现。

人文素质的形成主要有赖于后天的人文教育。自动化专业的学生应能积极主动地寻求并接受人文学科的教育、文化教育特别是民族文化的教育、人类意识的教育和精神修养的教育。

8.1.3　自动化人才的专业素质

专业素质(professional quality)是指一个人为了顺利从事某种具体的社会职业活动所必须具备的专门知识与技能,以及在社会职业活动中不断更新已有知识和技能的能力。

2012 年教育部发布的《普通高等学校本科专业目录和专业介绍》,明确了自动化专业对学生的培养目标和要求,以及毕业生应获得的专业知识和能力。参照该资料,具体的基本专业素质包括:

(1) 掌握从事自动化领域工作所需的数学、物理等自然科学知识,以及电子电气、计算机与通信等技术基础知识,具有初步的人文与社会学的知识;

(2) 掌握本专业中“信息、控制和系统”的基本原理,掌握信息处理的基本方法和优化设计的基本原理,了解学科前沿动态;

(3) 掌握工程控制系统分析和设计的一般方法,具有较熟练地解决工程现场一般控制系统问题的能力,具有能够独立从事工程实践中控制系统的运行、管理与维护的基本能力;

(4) 具有对自动化系统或产品中的技术进行分析、改进、优化和独立设计的能力;

(5) 具有创新意识和对自动化新产品、新工艺、新技术和新设备进行研究、开发和设计的初步能力;

(6) 了解自动化专业领域技术标准和相关行业的法规。

因此,从专业素质来看,每个自动化专业学生,都要有知识、能力和素质的具体体现。即通过自动化专业(四年)的培养,他们应具备自动化领域基本完整的基础知识结构、实践和创新的基本能力及成为工程师或科学家的基本素质。

8.1.4　自动化人才的综合素质

21 世纪对人才的要求更全面也更丰富,审视人才的视角也从单一的个体层面转向了融合个体、团队、组织、社会乃至环境等多个维度,涵盖学习、创新、合作、实践等多种因素的立体视角,如图 8-1 所示。

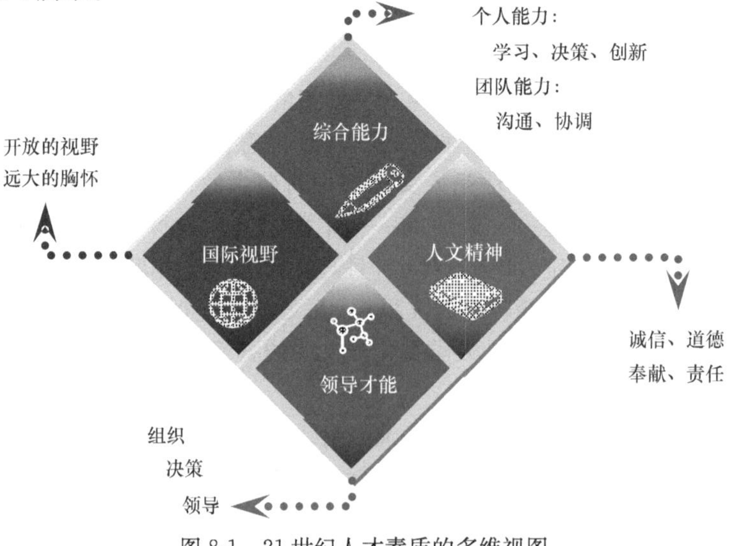

图 8-1　21 世纪人才素质的多维视图

在 21 世纪，现代企业、各级各类管理部门和科学研究机构最需要的不仅仅是个体上优秀，或只拥有某方面特质的“狭义”的自动化人才，而是能够全面适应 21 世纪竞争需要的，在个人素质、学识和经验、合作与交流、创新与决策等不同方面都拥有足够潜力与修养的“广义”的自动化人才。

具体地说，自动化专业人才的综合素质应体现在：①具有应用知识对不同系统的控制问题进行观察、分析和解决的能力；②具有获取和不断学习控制与自动化领域新知识、新技术、新技能的能力；③具有开放思考和敢于实践的创新能力；④具备组织管理与团队合作的协调能力。

除以上各种能力外，高素质的自动化人才还应具备社交能力、心理承受能力、综合思维能力、语言表达与科技写作能力等。

同时，还应具备与之相适应的意识与精神：①法律和道德意识；②现代科技意识；③求真和务实意识；④创新和竞争意识；⑤艰苦奋斗、顽强拼搏的精神；⑥精益求精、不懈追求真理的精神。

8.2　自动化专业人才的能力体系与知识学习

8.2.1　自动化专业人才的能力体系

为落实 1.4.2 节明确的自动化专业人才培养目标和综合素质要求，结合自动化专业未来发展趋势与教育认证新标准（见附录 F），以及新工科教育理念，认为自动化专业本科生的能力培养体系应着力在以下八个能力环节上。①自然、人文社会科学的综合能力；②定量技术与应用能力；③信息技术及应用能力；④信号检测、传输与处理能力；⑤控制系统分析与设计能力；⑥控制系统应用与综合能力；⑦创新思维能力；⑧终身学习意识和继续学习能力。

在此基础上可将所有的培养内容划分为“以通识课为基础的宽口径专业教育”“理论教学、实践教学和自主研学的三元结合”“引导学生个性发展的柔性化培养”三个大框架。在教学实施中，还应强化“学生发展教育体系”和“教学质量与管理体系”，以适应和保证教学目标和要求，并由此来保证实现专业培养的要求。

培养体系中各环节之间的关系如图 8-2 所示。

正确理解知识、能力和素质的内涵及其关系是有效实施“能力培养”的关键。一般地，知识是通过素质教育（传、帮、带、学）形成的；能力是知识的综合体现，是在获取知识过程中，经实验训练和实践锻炼而形成；而素质是人在获取知识、应用知识和创造知识过程中，在社会化过程中形成的相对稳定的各种品质的总和。知识和能力可以相得益彰，而高的素质可以推动知识和能力的拓展。

8.2.2　自动化专业的知识体系

知识是能力发挥和素质表现的基础。为便于读者能对自动化专业的知识体系有一个系统、清晰的了解和认识，这里通过一个由图 8-3 所示的典型负反馈闭环控制系统的结构（戴先中 等，2006）来对自动化专业的知识体系进行具体说明。

根据第 2～5 章的学习，结合对第 6 章应用领域的认识，可将图 8-3 中的每一部分（环节）所涉及的知识进行归纳和整理，从而形成自动化专业人才能力培养的一个知识体系（戴

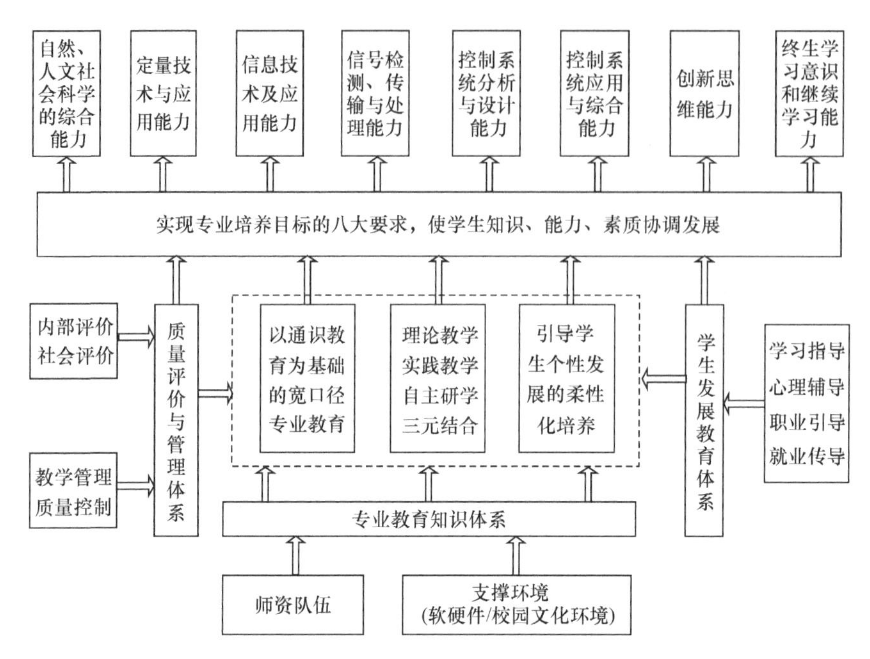

图 8-2　自动化专业能力培养体系各环节之间的关系

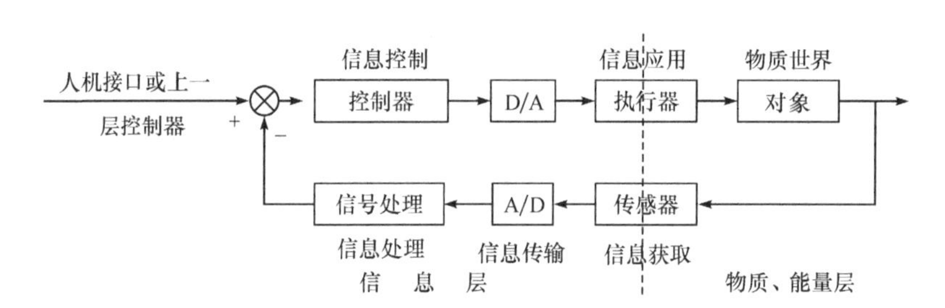

图 8-3　从信息与物质、能量的角度来看基本的负反馈闭环控制系统结构

先中 等,2006),如图 8-4 所示。在图 8-4 中,反馈控制系统的每一部分(每个框)代表一个知识领域,箭头代表了知识领域之间的关系。

在图 8-4 所给控制知识层的基础上,加上构筑控制学科知识大厦必不可少的基础知识层,及对应自动化技术主要研究的系统(控制)问题——系统知识层,可得出自动化专业的一个较完整知识结构框架(戴先中 等,2006),如图 8-5 所示。

一般地,一个相对独立的知识体系由若干知识层构成,每个知识层由若干知识域组成,一个知识域包括若干个知识元,而知识元又可进一步分解成若干个知识点。知识元是知识体系中的基本单元,通常与课程对应。自动化专业知识体系由三个知识层、十个知识域和几十个知识元组成,分别是:

(1) 基础知识层。含三个知识域:数理基础、机电基础、计算机基础。

(2) 控制知识层。含六个知识域:传感与检测(或信息获取)、网络与通信(或信息传输)、计算与处理(或信息处理)、对象与建模、控制与智能(或信息控制)及执行与驱动(或信息应用、能量转换)。

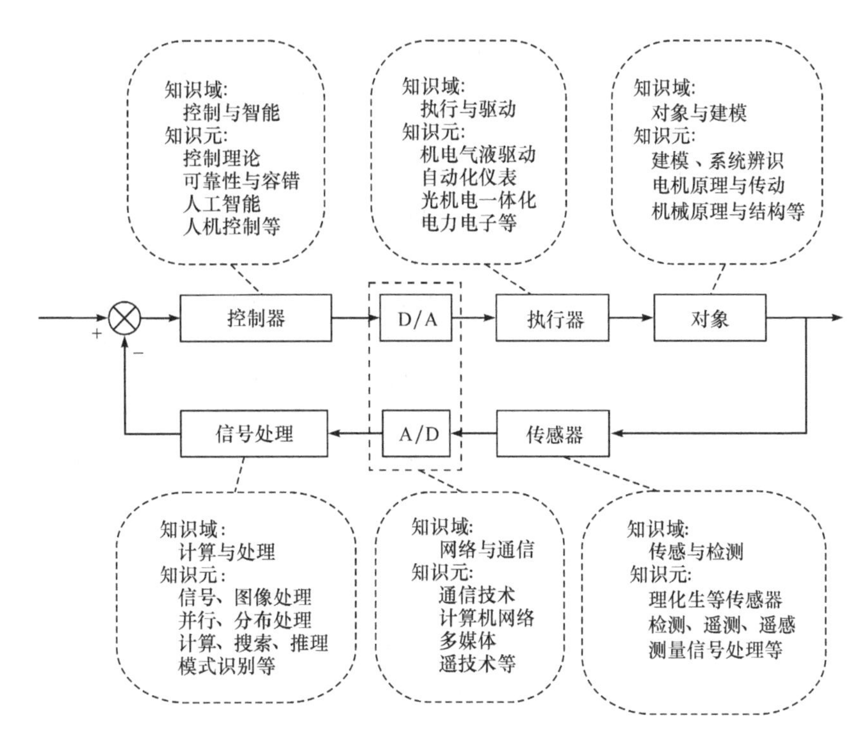

图 8-4　负反馈闭环控制中的各部分与相应的知识领域的对应关系

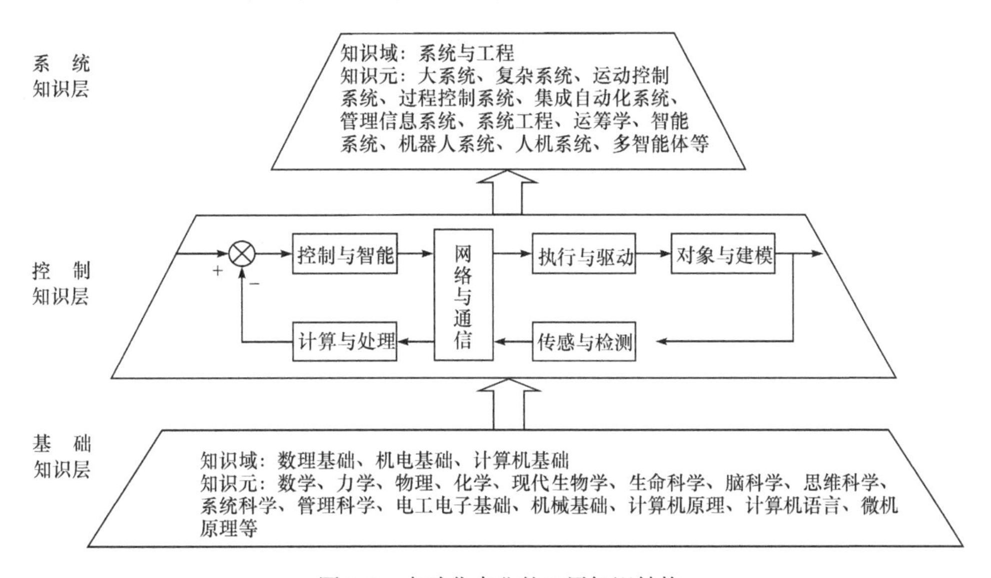

图 8-5　自动化专业的三层知识结构

(3) 系统知识层。含一个知识域:系统与工程。

在以上十个知识域中,反映自动化专业特点的是传感与检测、对象与建模、控制与智能、执行与驱动、系统与工程等五个知识域,其中控制与智能、对象与建模、系统与工程等三个知识域则可视为自动化专业知识体系的核心知识,也是自动化专业与其他学科(专业)的最大区别。

尽管不同高等学校在自动化专业人才的培养目标和任务上各有侧重，但其知识域是一致的，不同的是各知识域所含知识元及同一知识元所含的知识点。正是这种差异，形成了面向不同研究对象和应用领域的自动化专业人才培养体系。

结合图 8-5，下面对十个知识域中的知识元作一小结，如表 8-1 所示。

表 8-1　自动化专业的知识域及知识元

知识层	知识域	知识元
基础知识层	数理基础域	数学分析(或高等数学)、线性代数、概率与随机过程、复变函数与积分变换、大学物理、工程化学、现代生物学等
	机电基础域	工程制图、机械基础、电路、电磁场、模拟电子、数字电子等
	计算机基础域	计算机基础、计算机程序设计基础、微机原理、单片机等
控制知识层	传感与检测域	理化生等传感器、检测与诊断、遥测、遥感、抗干扰技术、信号与系统、测量信号处理等
	网络与通信域	通信原理、计算机网络、多媒体、遥技术等
	计算与处理域	数字信号处理、图像处理、模式识别、数据结构、操作系统、计算算法基础、并行处理、分布处理、软件工程等
	控制与智能域	经典控制理论、现代控制理论、计算机控制、最优控制、自适应控制、智能控制、稳定性与鲁棒控制理论、可靠性与容错技术、人工智能、人机控制等
	执行与驱动域	机电气液驱动与控制、自动化仪表、PLC、光机电一体化、各种遥控器、电力电子等
	对象与建模域	系统辨识与参数估计、各类系统建模技术、控制系统 CAD 技术、电机原理与传动、机械原理与结构等
系统知识层	系统与工程域	运动控制系统、过程控制系统、集成自动化系统、管理信息系统、系统工程、多变量系统、非线性系统、分布参数系统、离散事件系统、大系统、复杂系统、运筹学、最优化、智能系统、机器人系统、多智能体、控制工程、系统仿真等

注：① 本表系根据文献《自动化学科概论》(戴先中 等，2006)5.1 节的相关内容重新编排而成；

② 本表所列知识元是参考性的，可根据实际情况灵活选择或调整。

表 8-1 旨在为初学者能对大学本科教育可能涉及的知识元有一宏观的认知，但并不意味着要学习所有的知识元。具体学习哪些？在大学的哪段时间学？将通过各学校的人才培养目标定位和教学计划的编排来解决。

8.3　自动化专业的教学计划与实施

一套先进科学、合理可行的自动化专业教学计划和实施方案是专业素质教育的基本保证。本节以国内某大学自动化专业的课程体系与教学计划为例，具体说明自动化专业人才培养是如何选择知识元(课程体系)、合理编制教学计划并实施的。

8.3.1　教学计划

1）模块设置

对自动化专业人才所需的基本知识，还有另一种组织法，即分为通识教育知识、专业基础知识和专业知识三部分，如图 8-6 所示。其中，通识教育知识（或称普通教育知识）覆盖了工具性知识、人文社会科学基础和自然科学基础等三方面知识，相应的课程常称为通识教育课或普通课、公共课；而专业基础知识和专业知识分别对应着工程技术基础知识和自动化专业知识，相应的课程分别称为专业基础课和专业课。

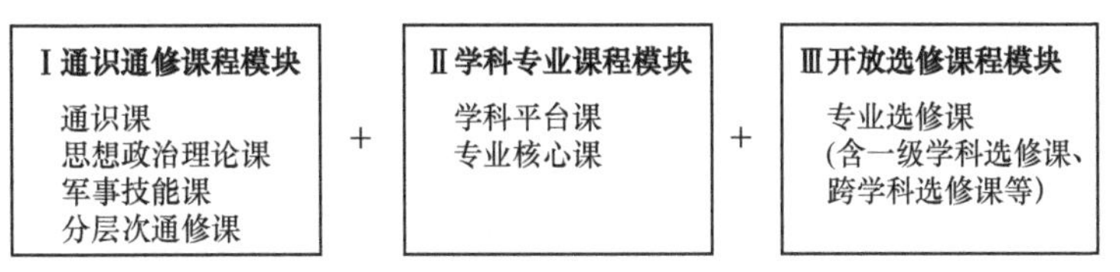

图 8-6　自动化本科专业的课程模块

2）教学计划

依据表 8-1 所示的知识元，结合图 8-6 的课程模块，该自动化专业的教学计划如表 8-2 所示。

表 8-2　某大学自动化本科专业教学计划

课程模块	课程类别及学分	课程名称	学分	开设学期
通识通修课程	通识课程 14	新生研讨课、高水平通识课	14	1～8
	思想政治理论课程 18	形势与政策	1+1	1～8
		思想道德与法治	3	1
		马克思主义基本原理	3	2
		中国近现代史纲要	3	3
		毛泽东思想和中国特色社会主义理论体系概论（理论部分）	3	4
		毛泽东思想和中国特色社会主义理论体系概论（实践部分）	2	暑期 2
		习近平新时代中国特色社会主义思想概论	2	5
	军事课程 4	军事技能训练	2	1
		军事理论	2	2
	数学课程 14	微积分Ⅰ（第一层次）	5	1
		微积分Ⅱ（第一层次）	5	2
		线性代数（第一层次）	4	2
	英语课程	大学英语（一）	4	1
		大学英语（二）	4	2

续表

课程模块	课程类别及学分	课程名称	学分	开设学期
通识通修课程	体育课程 4	体育(一)	1	1
		体育(二)	1	2
		体育(三)	1	3
		体育(四)	1	4
	计算机课程 3	C 程序设计(层次Ⅰ)	3	1
学科专业课程	学科基础课程 8	自动化导论	2	2
		普通物理(上)	3	3
		普通物理(下)	3	4
	专业核心课程 42	电路分析	3	3
		概率论	3	3
		数据结构与算法设计	3	3
		复变函数	3	3
		金工实习	2	4
		信号与系统	3	4
		数字电路	3	4
		模拟电路	4	4
		人工智能	3	5
		传感器原理与技术	4	5
		自动控制原理	5	5
		微机原理与接口技术	5	5
		智能机器人综合设计	1	5
开放选修课程	专业选修课程≥30	面向对象编程基础	3	2
		大学物理实验(一)	2	3
		数据库与信息系统	3	3
		数值分析与计算软件	2	3
		运筹学Ⅰ	3	3
		大学物理实验(二)	2	4
		电子技术综合设计	1	4
		应用统计Ⅰ:统计基础	3	4
		离散优化算法	2	4
		数据挖掘	2	5
		随机过程	2	5
		应用统计Ⅱ:时间序列	2	5
		控制系统综合设计	1	5
		大数据技术及应用	2	6
		智能制造与工业软件	2	6

续表

课程模块	课程类别及学分	课程名称	学分	开设学期
开放选修课程	专业选修课程≥30	认知科学导论	2	6
		控制系统仿真	2	6
		计算机控制	3	6
		电机与运动控制	4	6
		模式识别	2	7
		系统工程导论	2	7
		最优化理论与方法	2	7
		博弈论	2	7
		应用统计Ⅲ:多元统计	2	7
		深度强化学习	3	7
		系统辨识与自适应控制	3	7
		管控一体化综合设计	1	7
		线性系统理论	3	7
		最优控制理论	2	7
		智能微网	2	7
毕业论文/设计	毕业论文/设计	毕业设计	5	8

教学计划是专业人才培养的重要资料之一，一般会根据本专业所在学校、学科的办学目标、思路和特点，教务部门的统一领导、教学单位的全力参与来制定和发布，并且它一旦成文，则要保持其内容相对的稳定性和执行的严肃性。

3）辅修、双学位课程修读要求

作为热门专业之一，自动化专业在高等学校里是许多其他专业同学经常要求辅修或获得双学位的被选专业。然而自动化专业是一个对理论和实践要求都比较高的专业，根据本专业人才的培养标准，要求进入本专业学习并申请本专业学士学位的学生，必须具有基础知识层中“数(学)、(物)理、电路分析和计算机技术”三方面较扎实的理论基础。因此，申请本专业辅修和双学位的学生需系统地学习过以下系列课程并取得相应学分。

(1) 数理基础知识。微积分(第一层次)，普通物理，复变函数，概率论。

(2) 电路基础知识。电路分析，模拟电路，数字电路。

(3) 计算机技术基础。C程序设计(层次Ⅰ)。

自动化专业的毕业生不仅要牢固掌握自动控制的理论和控制技术的基础知识，而且要具有自动控制系统的分析和设计、信息处理技术的分析和应用、计算机控制理论与应用等方面的知识和能力，同时对先进控制系统的分析和设计具有初步的基础。因此，要求进入本专业的学生需在完成下列课程的系统学习并取得相应学分的基础上，再进行“自动化专业毕业设计”并答辩通过后方可申请本专业学位。

(1) 自动控制与人工智能基础理论:自动控制原理(含经典与现代部分)，人工智能。

(2) 电气控制技术基础:传感器原理与技术，微机原理与接口技术，电机与运动控制。

(3) 计算机及信息处理技术与应用：信号与系统，数据结构与算法设计，数据库与信息系统，面向对象编程基础。

(4) 自动控制系统分析与设计：控制系统综合设计，智能机器人综合设计，控制系统仿真，计算机控制。

(5) 先进控制理论及应用：智能制造与工业软件，模式识别，深度强化学习，智能微网，最优控制理论(专业选修)。

8.3.2 教学实施

教学的主要任务是向学生传授系统的科学文化知识。在高等院校，专业教学活动则是将专业教学计划付诸实施的过程。就自动化专业教学来说，其主要的教学环节包括以下过程和活动。

1) 课堂教学

课堂教学是学校传授知识的基本形式和主要活动。教学的主要内容一般是已经知识化的、相对成熟的、取得共识的理论方法和技术等，常以知识元为单位给予界定，如大学数学、普通物理、自动控制原理等。

课堂教学的主要任务是针对所授的课程，采用合适的教学方式，对该课程涉及的知识点按一定的逻辑关系，经精心整理后有序地向学生讲解和演示。在教学活动中，学生是认知的主体，教学者则承担着"导师"的角色。

2) 实验教学

实验是专业教学体系中实践性教学不可或缺的重要环节。通过实验教学，不仅可帮助学生巩固和加深理解课堂(理论)教学所学的知识，而且，更关键的是通过由学生自己动手操作实验，为学生们提供了接触和使用相关科学仪器和工具的机会，对提高学生的科学实验技能，牢固掌握科学研究方法及增强勇于实践和创新的能力具有重要作用。此外，通过教学实验中的分工合作以及对实验结果的讨论归纳，可以培养学生的协作精神及相互讨论的科学作风。

实验室是进行实验教学的主要场所。在高等学校的自动化专业，从大学一年级到大学四年级，学生们要进入的实验室非常多，一般包括以下几种。

(1) 基础性实验室：物理、化学、计算机、机电类等。

(2) 专业基础性实验：专业认知、微机原理与接口、检测与传感、信号与系统、自动控制原理、电机与运动控制等。

(3) 专业实验室：工业过程控制、计算机控制、智能控制等。

(4) 专业综合实验室：高级过程控制、管理控制一体化、(嵌入式)控制系统设计、机器人等。

自动化专业是一个对实践能力教育要求很高的工科专业，而企业和社会发展对人才需求的变化，也迫切要求自动化专业学生综合素质，特别是解决实际问题的综合能力和创新能力的提高。过去只注重理论验证性的传统实验、实训教学体系和教学方法，已越来越难以满足现代人才培养的需求。

自动化技术又是一个通用性强的基础性技术，或者说，是一个综合了若干支撑技术的技术群总称。不存在一个实验设备(系统)能涵盖所有的技术群，也不存在一个实验室能实施自动化专业学生应掌握的所有自动化基础技术的实验。

因此，应根据学生实践能力培养具有渐进性和提高性的特点，将自动化专业学生的实践教育设计为“基础—提高—创新”三个阶段更合适。同时，为进一步提高实践教育体系的可操作性，在具体实施中，可以课程实验为主体，以暑期学校和生产实习为依托，以综合实验和毕业设计为综合体现，将自动化专业的三阶段实践教育形成一个多层次实践教育体系。

图 8-7 给出了一个由五个不同层次构成的阶梯状实践教育体系结构。这五个层次的实验教学所发挥的作用是不同的。对自动化专业的学生来说，这五个层次是必须经历的。

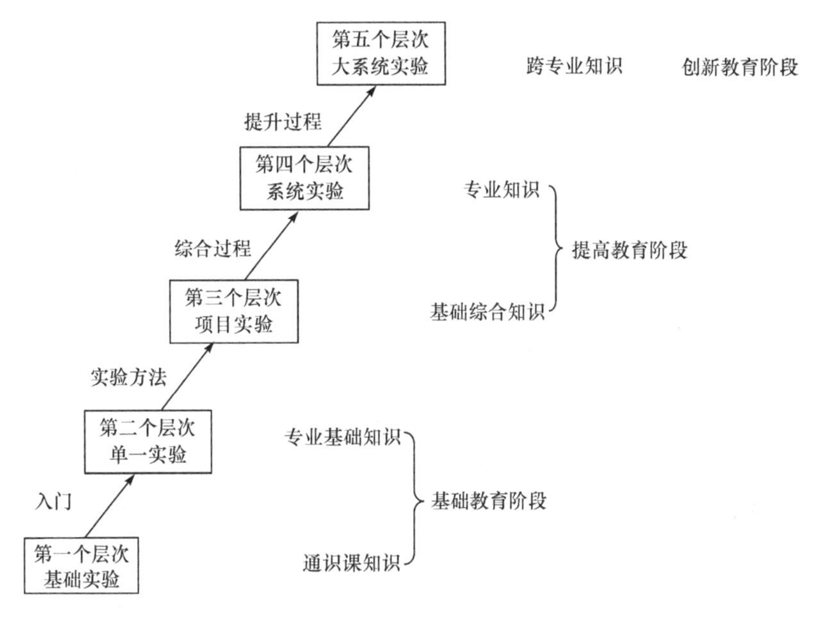

图 8-7　五层次阶梯状实践教育体系结构

第一层次是入门阶段，可以是通识课程的基础实验，如普通物理、计算机基础、机电实验等。通过这一阶段的学习，可激起学生的兴趣并使学生认识到实验的重要性。

第二层次是专业基础性实验，如微机原理、自控原理实验、传感与检测技术基础实验等，一般作为验证专业基础理论的实验阶段。第一、二两层次是实验教学的基础教育阶段，主要培养学生的基本技术和基本技能。

第三层次是在前一阶段基础上进行的小项目综合实验和设计，如“一位 CPU 设计和实现”和“温度、速度控制系统设计”等，这是学生从基础到综合的一个过渡阶段。

第四层次是系统性的实验和设计，是若干小项目组合的综合实验，与第三层次一起构成了实验教学的提高教育阶段，如“基于微机的温度、速度和位置的控制系统设计”等。通过这一阶段训练，可进一步培养学生的知识综合利用和技术设计能力。

第五层次的大系统综合实验和设计，体现了不同专业知识的交叉与渗透，为实验教学的创新教育阶段，如“管理-控制一体化实验”“机器人实验”等，可培养学生融合多专业知识、自主思考并进行创新性研究的能力。

第一层次的实验一般是由承担“基础知识层”教学任务的院系或学校的“基础实验中心”负责实施，第二层次到第五层次的实验则完全由承担 “控制知识层”和“系统知识层”教学任务的院(系)直接落实和实施。

从人才综合素质培养的角度考虑，鼓励并提倡上述实验体系所含实验项目和内容向工业工程、通信工程、电子信息工程、计算机科学与技术、信息与计算数学、应用化学、环境工程等相关专业的本科生开放。此时，同学们可根据自己的基础和能力，有选择地介入上述实验教学过程。

3）毕业设计

毕业设计是本科教育的最后一个实践性教学内容，也是培养学生综合应用所学基础知识及专业的专门知识等来分析和解决来自不同领域的实际(自动)控制问题的重要环节。毕业设计，不仅对所学知识的掌握程度是一次检验，更主要的是能够通过这一过程培养学生的工程实践能力，提高学生观察、独立思考、分析、综合运用知识和创新的能力，从而使他们具备基本的科学研究技能(包括信息检索、科技论文写作、口头交流等)和良好的协作精神。

8.4　本章小结

本章首先从“素质”“综合素质”的内涵出发，分别对自动化人才应具备的人文素质、专业素质和综合素质进行了详细描述和解释，进而指出自动化人才应是“能够全面适应21世纪竞争需要的，在个人素质、学识和经验、合作与交流、创新与决策等不同方面都拥有足够潜力与修养的‘广义’的人才。”

知识是能力发挥和素质表现的基础。自动化专业人才应具备的知识体系包括了“基础知识层”、“控制知识层”和“系统知识层”，每个知识层又由若干知识元组成。配合具体的课程体系和教学计划安排，就为自动化专业学生大学阶段的知识学习提供了清晰的导引。

实验是专业教学体系中实践性教学不可或缺的重要环节。每个自动化专业的学生都必须认真、严肃、主动、有效地完成五个层次实验教学体系所含的实验项目和内容。

毕业设计是本专业毕业生体现自己已具有的综合素质和能力的活动，每位毕业生都应认真对待，并努力给予充分展示。

思　考　题

1. 你是如何理解自动化人才的综合素质要求的？结合自己情况，分析一下自己在哪些方面应该加强、提高或完善。
2. 为什么学工科的学生必须要加强人文素质教育？
3. 根据专业能力要求，给自己设计一个“做中学”的方案，并谈谈如何在大学阶段付诸实施。
4. 结合自动化专业人才能力培养体系，谈谈你对“学生发展教育体系”的认识和建议？
5. 参考表8-1和表8-2，试将自动化专业知识体系中各知识元之间的逻辑关系用一张图描绘出来。
6. 对自动化专业学生来说，为什么要求实验教育体系中的五个层次是必须经历的？

参 考 文 献

柴天佑,2007. 工业过程综合自动化技术发展现状及趋势[R]. 2007 年 6 月南京大学演讲报告.

柴天佑，2018 . 自动化科学与技术发展方向[J]. 自动化学报,44(11):1923-1930.

柴天佑，2019. 创新型自动化工程科技人才培养模式研究与实践[J]. 高等工程教育研究(3):1-4,28.

陈春林,周献中,朱张青,2010. 自动化专业本科教育差异发展教学研究[J]. 中国大学教学(7):40-45.

陈春林,朱张青,2010. 基于 CDIO 教育理念的工程学科教育改革与实践[J] . 教育与现代化(1):30-34.

陈关荣,2013. 复杂动态网络环境下控制理论遇到的问题与挑战[J]. 自动化学报,39(4):312-321.

陈虹,宫洵,等,2013. 汽车控制的研究现状与展望[J]. 自动化学报,39 (4):322-346.

陈宗基,张汝麟,等,2013. 飞行器控制面临的机遇与挑战[J]. 自动化学报,39 (6):703-710.

戴先中,2004. 我国自动化专业的特色、特点分析与发展前景初探[J]. 电气电子教学学报，26(3):1-5.

戴先中，2005. 自动化学科(专业)的知识结构与知识体系浅析[J]. 中国大学教学(2):19-21.

戴先中，2007. 论自动化专业本科生的知识、素质与能力要求[J]. 电气电子教学学报,29(1):1-5.

戴先中,赵光宙，2006. 自动化学科概论[M]. 北京:高等教育出版社.

电子信息学科基础教程研究组,2004. 电子信息学科基础教程[M]. 北京:清华大学出版社.

傅汇乔,唐开强,邓归洲,等,2020. 基于深度强化学习的六足机器人运动规划[J]. 智能科学与技术学报,2(4):361-371.

葛伟亮,2004. 自动控制元件[M]. 北京:北京理工大学出版社.

郭雷,2005. 控制理论导论——从基本概念到研究前沿[M]. 北京:科学出版社.

郭行,2020. 智能无人系统发展战略研究[J]. 无人系统技术,3(6):1-11.

胡寿松,2013. 自动控制原理[M]. 6 版. 北京:科学出版社.

黄辉,马天牧,郑秉霖,等,2008. 炼钢 MES 计划调度一体化[J]. 自动化仪表(2):9-16.

焦小澄,朱张青,2011. 工业过程控制[M]. 北京:清华大学出版社.

教育部高等学校自动化专业教学指导分委员会,2007. 自动化学科专业发展战略研究报告[M]. 北京:高等教育出版社.

李鸿志,2001. 霹雳战神——现代兵器科学技术[M]. 济南:山东人民出版社.

李俊飞,严新忠,2004. 智能交通系统的发展[J]. 内江师范学院学报,19(6):50-53.

李卫军,邢延,蔡述庭,等,2021. 面向多学科融合的自动化类人才培养模式探索与实践[J]. 高等工程教育研究(6):31-37.

李约瑟,1975. 中国科学技术史(第四卷第二分册)[M]. 北京:科学出版社.

李振,周东岱,王勇,2019. “人工智能+”视域下的教育知识图谱:内涵,技术框架与应用研究[J]. 远程教育杂志,37(4):42-53.

廖晓钟,2006. 控制与系统是自动化专业的核心[C]. //管晓宏,张毅,周杰,等. 自动化学科专业的定位与发展. 北京:清华大学出版社:13-16.

林德杰,2008. 电气测试技术[M]. 北京:机械工业出版社.

刘昌祺,董良,2004. 自动化立体仓库设计[M]. 北京:机械工业出版社.

刘迎春,叶湘滨,2002. 传感器原理设计与应用[M]. 长沙:国防科技大学出版社.

陆浩,王飞跃,等,2014. 基于科研知识图谱的近年国内外自动化学科发展综述[J]. 自动化学报,40(5):994-1015.

穆拉里 R M,2004. 信息爆炸时代的控制[M]. 陈虹,马彦,译. 北京:科学出版社.
瑞德,2017. 机器崛起:遗失的控制论历史[M]. 王晓,郑心湖,王飞跃,译. 北京:机械工业出版社.
田娟秀,刘国才,谷珊珊,等,2018. 医学图像分析深度学习方法研究与挑战[J]. 自动化学报,44(3):401-424.
万百五,2002. 自动化(专业)概论[M]. 武汉:武汉理工大学出版社.
汪晋宽,于丁文,张健,2006. 自动化概论[M]. 北京:北京邮电大学出版社.
王飞跃,2013. 平行控制:数据驱动的计算控制方法[J]. 自动化学报,39 (4):293-302.
王国军,陈松乔,2000. 自动控制理论发展综述[J]. 微型机与应用(6):4-7.
王慧,2005. 计算机控制系统[M]. 北京:化学工业出版社.
王庆林,1996. 经典控制理论的发展过程[J]. 自动化博览(5):22-25.
王新华,2003. 分布式三余度光传综合火力/飞行控制系统研究[D].南京航空航天大学硕士论文.
王行愚,等,2013 . 脑控:基于脑—机接口的人机融合控制[J]. 自动化学报,39 (3):208-221.
王友发,周献中,2016. 国内外智能制造研究热点与发展趋势[J]. 中国科技论坛(4):154-160.
魏云升,郭治,王校会,2003. 火力与指挥控制[M]. 北京:北京理工大学出版社.
文春明,李尚平,黄天星,2021. 新工科背景下提升自动化专业人才培养质量的策略[J]. 高教论坛(3):65-67.
吴澄,2007. 在交叉学科研究中实现自主创新——兼谈自动化学科发展方向[C]. //陈启军,张伟,乔非,等. 自动化学科专业的规划与建设. 上海:同济大学出版社,18-22.
吴秋峰,2004. 自动化系统计算机网络[M]. 北京:机械工业出版社.
吴晓蓓,2015.《中国制造 2025》与自动化专业人才培养[J]. 中国大学教学(8):9-11.
武军林,2000. 浅论知识经济时代人才的综合素质[J]. 前沿(7):51-52.
席裕庚,李德伟,林姝,2013. 模型预测控制——现状与挑战[J]. 自动化学报,39 (3):222-236.
项国波,2004. 自动化时代[M]. 武汉:武汉理工大学出版社.
萧毅鸿,周献中,凌海风,等,2012. 案例教学:一种有效的教师教育方法[J]. 教育理论与实践,32(32):35-37.
薛定宇,2006. 控制系统计算机辅助设计[M]. 北京:清华大学出版社.
"新一代人工智能引领下的智能制造研究"课题组,2018. 中国智能制造发展战略研究[J]. 中国工程科学,20(4):1-8.
杨敏,邱菀华,2002. 复杂决策系统研究——框架及其方法[J]. 系统工程理论和实践,22(9): 1-7.
杨小柳,2018. 工程认证背景下吸引优秀生源的思考与对策——以自动化专业为例[J]. 科教导刊:电子版(4):51-53.
杨一栋,2007. 直升机飞行控制[M]. 北京:国防工业出版社.
张明廉,1994. 飞行控制系统 [M]. 北京:航空工业出版社.
张涛,李清,张长水,等,2018. 智能无人自主系统的发展趋势[J]. 无人系统技术(1):11-22.
中国军事百科全书编审委员会,1997. 中国军事百科全书:军事技术. 北京:军事科学出版社.
中国自动化学会,2008. 控制科学与工程学科发展报告(2007-2008)[M]. 北京:中国科学技术出版社.
中国自动化学会,2020. 自动化学科路线图[M]. 北京:中国科学技术出版社.
中国自然科学名词审定委员会,1990. 自动化名词[M]. 北京:科学出版社.
中华人民共和国教育部教育司,2012. 普通高等学校本科专业目录和专业介绍[M]. 北京:高等教育出版社.
周济,周艳红,王柏村,等,2019. 面向新一代智能制造的人-信息-物理系统(HCPS)[J]. Engineering,5(4):71-97.
周献中,1997. 对 C^3I 系统中辅助决策问题的几点思考[J]. 系统工程与电子技术(8):17-22.

周献中，赵佳宝，2007. 发掘自身优势，创新培养模式，建设“新”的专业[C]. //陈启军，张伟，乔非，等. 自动化学科专业的规划与建设. 上海：同济大学出版社，67-73.

朱茵，王军利，周彤海，2007. 智能交通导论[M]. 北京：中国人民公安大学出版社.

朱张青，赵佳宝，2009 . 以学科渗透思想建设自动化专业的创新实验体系[J] . 中国科教创新导刊(1) : 44-45.

朱张青，周川，胡维礼，2005. 短时延网络控制系统 H^2/H_∞ 状态观测器设计[J]. 控制与决策，20(3)：280-284.

ATHANS M,1987. Command and control(C^2) theory:a challenge to control science[J]. IEEE Trans. On Automatic Control,AC-32(4): 286-293.

AZADEH K,DE KOSTER R,ROY D,2019. Robotized and automated warehouse systems:Review and recent developments[J]. Transportation Science,53(4):917-945.

BASAR T,2001. Control theory:twenty -five seminal papers (1932-1981)[M]. NewYork:IEEE Press.

CHEN C L,LI H X,DONG D Y,2008. Hybrid control for robot navigation-A hierarchical Q-learning algorithm [J]. IEEE Robotics & Automation Magazine,15(2): 37-47.

CHEN J,SUN J,WANG G,2022. From unmanned systems to autonomous intelligent systems [J]. Engineering,12:16-19.

DORF R C,BISHOP R H,2004. 现代控制系统[M]. 8 版. 谢红卫，邹逢兴，张明，等译. 北京：高等教育出版社.

FU H,TANG K,LI P,et al. , 2021. Deep reinforcement learning for multi-contact motion planning of hexapod robots[C]. Proceedings of the Thirtieth International Joint Conference on Artificial Intelligence, 2381-2388.

RÖNNAU A,HEPPNER G,NOWICKI M,et al. , 2014. LAURON V:A versatile six-legged walking robot with advanced maneuverability [C]. IEEE/ASME International Conference on Advanced Intelligent Mechatronics,82-87.

SALICHS M A, MORENO L, 2000. Navigation of mobile robot: open questions [J]. Robotica (18): 227-234.

WANG Z,CHEN C,LI H X,et al. , 2019. Incremental reinforcement learning with prioritized sweeping for dynamic environments[J]. IEEE/ASME Transactions on Mechatronics,24(2):621-632.

WEI J,CHEN C,2021. A multi-timescale framework for state monitoring and lifetime prognosis of lithium-ion batteries[J]. Energy,229:120684.

WILCOX B H,LITWIN T,BIESIADECKI J,et al. , 2007. Athlete:A cargo handling and manipulation robot for the moon[J]. Journal of Field Robotics,24(5):421-434.

ZHAO Y,CHAI X,GAO F,et al. , 2018. Obstacle avoidance and motion planning scheme for a hexapod robot Octopus-Ⅲ[J]. Robotics and Autonomous Systems,103:199-212.

ZHU Z Q,JIAO X C,2009. Fault detection based on H_∞ states observer on networked control systems[J]. Journal of Systems Engineering and Electronics,20(2):1-9.

附　　录

A. 控制学科的3本经典著作简介

1.《控制论》(或关于在动物和机器中控制和通信的科学)

《控制论(Cybernetics)》(或关于在动物和机器中控制和通信的科学(Control and Communication in the Animal and the Machine)),是控制论的创始人诺伯特·维纳(Norbert Wiener,1894—1964)在1948年出版的、关于控制论的奠基性和标志性经典著作。右图是2007年12月北京大学出版社出版的"科学元典丛书"的《控制论》一书封面。

控制论是多门学科综合的产物也是许多科学家共同合作的结晶,但是,维纳对控制论的诞生起了决定性的作用,1948年其名著《控制论》的出版,宣告了这门科学的诞生。控制论的研究表明,无论自动机器,还是神经系统、生命系统,以及经济系统、社会系统,撇开各自的质态特点,都可以看作是一个自动控制系统,即控制论是研究各类系统的调节和控制规律的科学。它是自动控制、通信技术、计算机科学、数理逻辑、神经生理学、统计力学、行为科学等多种科学技术相互渗透形成的一门横断性学科。它研究生物体和机器以及各种不同基质系统的通信和控制的过程,探讨它们共同具有的信息交换、反馈调节、自组织、自适应的原理和改善系统行为、使系统稳定运行的机制,从而形成了一大套适用于各门科学的概念、模型、原理和方法。《控制论》一书选用"关于在动物和机器中控制和通信的科学"作为副标题,即从一开始维纳就标明了"什么是控制论"。控制论一词Cybernetics,来自希腊语,原意为掌舵术,包含了调节、操纵、管理、指挥、监督等多方面的含义,维纳以它作为自己创立的一门新学科的名称,希望取它能够避免当时已有术语过分偏于哪一方面,且"不能符合这个领域的未来发展",同时,取它也是为了"纪念关于反馈机构的第一篇重要论文"。

《控制论》初版(1948年)主要包括以下几章的内容:

第一章　牛顿时间和柏格森时间
第二章　群和统计力学
第三章　时间序列,信息和通信
第四章　反馈和振荡
第五章　计算机和神经系统
第六章　完形和普遍观念
第七章　控制论和精神病理学
第八章　信息、语言和社会

在《控制论》第二版(1961年)中,维纳又补充上了关于学习和自生殖机,以及自行组织系统的内容:

第九章　关于学习和自生殖机

第十章　脑电波与自行组织系统

2.《工程控制论》

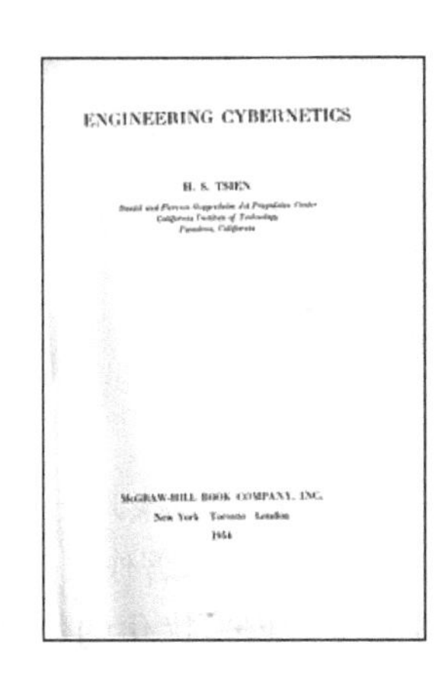

《工程控制论》原名 Engineering Cybernetics,作者 H. S. Tsien(钱学森),由美国 McGraw Hill 于1954年出版。后来被翻译成中文,科学出版社出版,曾荣获中国科学院1956年一等科学奖。钱学森在《工程控制论》中首创地把控制论推广到工程技术领域,是控制论的一部经典著作,另有德文、俄文译本。该书把一般性概括性的理论和实际工程经验很好地结合起来,对工程技术各个系统的自动控制和自动调节理论作了一个全面的探讨;它一方面奠定了工程控制论这门技术科学的理论基础;另一方面指出这门新学科今后的几个研究方向。上图分别是《工程控制论》1954年英文版封面和2007年新世纪版的封面。

工程控制论是关于被控工程系统的分析、设计和运行的理论,1954年钱学森在《工程控制论》一书中第一次用这一名词称呼在工程设计和实验中能够直接应用的关于被控工程系统的理论、概念及方法。工程控制论的目的是把工程实践中所经常运用的设计原则和试验方法加以整理和总结,取其共性,提炼成科学理论,使科学技术人员获得更广阔的眼界,用更系统的方法去观察技术问题,去指导千差万别的工程实践。在该书出版后的半个世纪里,工程控制论的研究对象和理论范畴不断扩大,应用领域的演变也从纯技术领域进入许多非技术领域,派生出社会控制论、经济控制论、生物控制论、军事控制论、人口控制论等新的专门学科,也促进了系统工程和决策科学的诞生。

《工程控制论》主要包括以下章节的内容:

第一章　引言

第二章　拉氏变换法

第三章　输入、输出和传递函数

第四章　反馈伺服系统

第五章　不互相影响的控制

第六章　交流伺服系统与振荡控制伺服系统

第七章　采样伺服系统

第八章　有时滞的线性系统
第九章　平稳随机输入下的线性系统
第十章　继电器伺服系统
第十一章　非线性系统
第十二章　变系数线性系统
第十三章　利用摄动理论的控制设计
第十四章　满足指定积分条件的控制设计
第十五章　自动寻求最优运转点的控制系统
第十六章　噪声过滤的设计原理
第十七章　自行镇定和适应环境的系统
第十八章　误差的控制

3.《动态规划》

《动态规划》(Dynamic Programming)是 1957 年贝尔曼(R. Bellman)出版的动态规划领域的第一本著作。动态规划是运筹学的一个分支,是一种求解多级决策过程最优化的数学方法。20 世纪 50 年代初美国数学家贝尔曼等人在研究多阶段决策过程的优化问题时,提出了著名的最优化原理,把多阶段过程转化为一系列单阶段问题,逐个求解,创立了解决这类过程优化问题的新方法——动态规划。

由于计算技术和计算方法的迅速发展,动态规划自问世以来,已经在经济管理、生产调度、工程技术和最优控制等方面得到了广泛的应用。例如最短路线、库存管理、资源分配、设备更新、排序、装载等问题,用动态规划方法比用其他方法求解更为方便。

动态规划实质上是一种非线性规划方法,其核心是贝尔曼最优性原理。虽然动态规划主要用于求解以时间划分阶段的动态过程优化问题,但是一些与时间无关的静态规划(如线性规划、非线性规划),只要人为地引进时间因素,把它视为多阶段决策过程,也可以用动态规划方法方便地求解。在控制领域中,利用动态规划求解控制有约束的离散最优化控制问题特别方便,但也受到问题维数的限制,对具有大状态空间的问题,其应用具有一定的局限性。

动态规划在控制理论上具有重要的应用,对于离散控制系统可动态规划求取某些理论结果,从而建立迭代计算程序;对于连续控制系统,除了可以求得一些新的理论结果外,还可以建立起与变分法和极小值原理的联系。目前动态规划已称为解决序列决策问题的主要方法,也是相关迭代控制、学习控制、多目标规划的理论基础。

B. 控制理论发展过程中的 25 篇经典论文

本附录摘自 IEEE 出版社 2001 年版《Control Theory: Twenty-Five Seminal Papers (1932—1981)》一书的目录,该书由伊利诺伊大学香槟分校的 Tamer Basar 编辑整理。

[1] H. Nyquist. Regeneration theory. Bell Syst. Tech. J. ,vol. 11,1932,pp. 126-147

[2] H. S. Black. Stabilized feedback amplifiers. Bell Syst. Tech. J. ,vol. 13,1934,pp. 1-18

[3] H. W. Bode. Relations between attenuation and phase in feedback amplifier design. Bell Syst. Tech. J. ,vol. 19,1940,pp. 421-454

[4] N. Wiener. The linear filter for a single time series (Chapter Ⅲ fromExtrapolation,Interpolation,and Smoothing of Stationary Time Series),The M. I. T Press,1949,pp. 81-103

[5] W. R. Evans. Control system synthesis by root locus method. Trans. Amer. Institute of Electrical Engineers,vol. 69,1950,pp. 66-69

[6] R. Bellman. The structure of dynamic programming processes(Chapter 3 from Dynamic Programming),Princeton University Press,1957,pp. 81-89

[7] L. S. Pontryagin. Optimal regulation processes. Uspekhi Mat. Nauk,USSR,Vol. 14, 1959,pp. 3-20(English translation: Amer. Math. Society Trans. , Series 2,vol. 18, 1961,pp. 321-329)

[8] R. E. Kalman. Contributions to the theory of optimal control. Bol. Soc. Mat. Mexicana,vol. 5,1960,pp. 102-119

[9] R. E. Kalman. A new approach to linear filtering and prediction problems. Trans. ASME (J. Basic Engineering),vol. 82D,March 1960,pp. 35-45

[10] A. A. Feldbaum. Dual control theory,Parts Ⅰ and Ⅱ. Automation and Remote Control,Vol. 21,April 1961,pp. 874-880 and May 1961,pp. 1033-1039(Russian originalsdatedSeptember1960,pp. 1240-1249 and November 1960,pp. 1453-1464)

[11] V. M. Popov. Absolute stability of nonlinear systems of automatic control. Automation and Remote Control,vol. 22,February 1962,pp. 857-875(Russian original dated August 1961,pp. 96-979)

[12] A. E. Bryson and W. F. Denham. A steepest-ascent method for solving optimum programming problems. Trans. ASME(J. Appl. Mechanics),June 1962,pp. 247-257

[13] V. A. Yakubovich. The solution of certain matrix inequalities in automatic control theory. DAN Doklady Akademii Nauk SSSR,vol. 143,1962,pp. 1304-1307(English translation:Soviet Mathematics (by American Math. Society),1962,pp. 620-623)

[14] R. E. Kalman. Mathematical description of linear dynamical systems. SIAM J. Control,vol. 1,1963,pp. 152-192

[15] G. Zames. On the input-output stability of time-varying nonlinear feedback systems—Part Ⅰ:Conditions derived using concepts of loop gain,conicity,and positivity; Part Ⅱ:Conditions involving circles in the frequency plane and sector nonlinearities. IEEE Trans. Automat. Contr. ,vol. AC-11,1966,pp. 228-238,1966,pp. 465-476

[16] J. P. Lasalle. An invariance principle in the theory of stability (in Differential Equations and Dynamical Systems. J. Hale & J. P. LaSalle,Eds. ,Academic Press,1967, pp. 277-286

[17] W. M. Wonham and A. S. Morse. Decoupling and pole assignment in linear multivari-

able systems:A geometric approach". SIAM J. Control, vol. 8, 1970, pp. 1-18
[18] R. W. Brockett. System theory on group manifolds and coset spaces. SIAM J. Control, vol. 10, 1972, pp. 265-284
[19] H. J. Sussmann and V. Jurdjevic. Controllability of nonlinear systems. J. Diff. Eqns., vol. 12, 1972, pp. 95-116
[20] J. C. Willems. Dissipative dynamical systems Part Ⅰ: General theory. Arch. Ratl. Mech. and Analysis, vol. 45, 1972, pp. 321-351
[21] K. J. Astrom and B. Wittenmark, On self-tuning regulators. Automatica, vol. 9, 1973, pp. 185-199
[22] R. Hermann and A. J. Krener. Nonlinear controllability and observability. IEEE Trans. Automat. Contr., vol. AC-22, 1977, pp. 728-740
[23] L. Ljung. Analysis of recursive stochastic algorithms. IEEE Trans. Automat. Contr., vol. AC-22, 1977, pp. 551-575
[24] G. C. Goodwin, P. J. Ramadge and P. E. Caines. Discrete time multivariable adaptive control. IEEE Trans. Automat. Contr., vol. AC-25, 1980, pp. 449-456
[25] G. Zames. Feedback and optimal sensitivity: model reference transformations, multiplicative seminorms, and approximate inverses. IEEE Trans. Automat. Contr., vol. AC-26, 1981, pp. 301-320

C. 国内外著名的自动化组织与机构

1. 中国自动化学会(Chinese association of automation, CAA)

http://www.caa.org.cn

中国自动化学会是我国最早成立的国家一级学术群众团体之一，是由全国从事自动化及相关技术的科研、教学、开发、生产和应用的个人和单位自愿结成的、依法登记成立的、具有学术性、公益性、科普性的全国性法人社会团体，是发展我国自动化科技事业的重要社会力量。1961年11月27日，学会在天津成立，学会办事机构设在北京，挂靠在中国科学院自动化研究所。

中国自动化学会成立60余年来，专业领域涉及的范围越来越广泛和细致，包括：自动化理论的研究与应用；自动化新技术的研究开发与应用；自动化装备与新产品的设计、制造、测试技术；自动化材料与自动化工艺；自动化技术与新产品在电力、冶金、化工、石油、交通、矿山、水利、轻纺、建筑、农业、国防等系统及各工业领域中的应用。学会的组织机构基本覆盖了我国自动化科学技术领域的各个层面；学会的组织成员包括了全国自动化科学技术领域的中国科学院院士、中国工程院院士、科学家、专家、教授、工程技术人员、管理人员以及在学术、工程技术领域中有一定造诣的科技工作者、企业家和管理科学家。

2. 国际自动控制联合会(The International Federation of Automatic Control, IFAC)

http://www.ifac-control.org

国际自动控制联合会成立于1957年,是一个以国家组织为其成员的国际性学术组织。1957年9月11日—12日在法国控制与自动化协会的支持下,IFAC成立大会和第一届全体大会在巴黎召开,27个国家组织成为IFAC的正式成员,大会正式通过了IFAC宪章,确定了IFAC是一个自动控制领域的国际性的、非政府的、非营利的和非政治的组织,每个国家在IFAC中只能有一个代表组织。中国为IFAC的创始国之一。从1957年9月12日起,IFAC正式走上了国际舞台。第一届IFAC世界大会于1960年6月27日—7月2日在莫斯科召开,此后每三年一届,1999年7月5日—9日在中国北京举行了第十四届大会,第二十二届IFAC大会将于2023年7月9日—14日在日本横滨召开。

3. 电气与电子工程师协会(The Institute of Electrical and Electronic Engineers,IEEE)

http://www.ieee.org

电气和电子工程师协会(IEEE)是一个国际性的电子技术与信息科学工程师的协会,是世界上最大的专业技术组织之一。IEEE在1963年1月1日由美国无线电工程师协会和美国电气工程师协会合并而成,总部在美国纽约市,具有一个区域和技术互为补充的组织结构,以地理位置或者技术中心作为组织单位。截至2021年12月,IEEE在160多个国家中拥有330多个地方分会(section),40余万个人会员和12万学生会员,有39个专业学会(society)和7个技术委员会(council)。每年发行200多种会刊(transactions)、学报(journal)和杂志(magazine),组织1900多次专业会议(conference),提供全世界电气电子、控制与自动化、计算机等领域30%的文献(IEEE Xplore® Digital Library 拥有360万的文档资料可供下载)。该组织在太空、计算机、电信、生物医学、电力及消费性电子产品等领域中都是主要的权威,IEEE定义的1000多个标准在工业界有极大的影响。IEEE的目的在于为电气电子方面的科学家、工程师、制造商提供国际联络交流的场合,为他们交流信息并提供专业教育和提高专业能力的服务。

D. 国内外自动化领域代表性学术刊物

1. 国际代表性学术刊物(按照期刊名称英文字母顺序排序,所标注为2020年SCI影响因子)

(1) Automatica (IF:5.944)
https://www.journals.elsevier.com/automatica
(2) IEEE Transactions on Automatic Control (IF:5.792)
https://ieeexplore.ieee.org/xpl/RecentIssue.jsp?punumber=9
(3) IEEE Transactions on Automation Science and Engineering (IF:5.083)
https://ieeexplore.ieee.org/xpl/RecentIssue.jsp?punumber=8856
(4) IEEE Transactions on Control Systems Technology (IF:5.485)
https://ieeexplore.ieee.org/xpl/RecentIssue.jsp?punumber=87
(5) IEEE Transactions on Cybernetics (IF:11.448)
https://ieeexplore.ieee.org/xpl/RecentIssue.jsp?punumber=6221036
(6) IEEE Transactions on Fuzzy Systems (IF:12.029)

https://ieeexplore.ieee.org/xpl/RecentIssue.jsp? punumber=91

(7) IEEE Transactions on Human-Machine Systems (IF:2.968)

https://ieeexplore.ieee.org/xpl/RecentIssue.jsp? punumber=6221037

(8) IEEE Transactions on Neural Network and Learning Systems (IF:10.451)

https://ieeexplore.ieee.org/xpl/RecentIssue.jsp? punumber=5962385

(9) IEEE Transactions on Robotics (IF:5.567)

https://ieeexplore.ieee.org/xpl/RecentIssue.jsp? punumber=8860

(10) IEEE Transactions on Systems,Man,and Cybernetics: Systems (IF:13.451)

https://ieeexplore.ieee.org/xpl/RecentIssue.jsp? punumber=6221021

(11) Journal of Process Control (IF:3.666)

https://www.journals.elsevier.com/journal-of-process-control

2. 国内代表性学术刊物(按北大2021年第九版中文核心期刊目录顺序选取)

(1)《系统工程理论与实践》

https://www.sysengi.com

(2)《系统工程与电子技术》

https://www.sys-ele.com

(3)《计算机学报》

http://cjc.ict.ac.cn

(4)《自动化学报》

http://www.aas.net.cn

(5)《机器人》

http://robot.sia.cn

(6)《控制与决策》

http://kzyjc.all journals.cn

(7)《控制理论与应用》

http://jcta.all journals.ac.cn

(8)《模式识别与人工智能》

http://manu46.magtech.com.cn/Jweb_prai/CN/volumn/home.shtml

(9)《智能系统学报》

http://tis.hrbeu.edu.cn

(10)《指挥与控制学报》

http://jc2.org.cn

E. 国际知名的自动化技术与系统研发企业

1. Honeywell,美国霍尼韦尔公司

http://www.honeywell.com

霍尼韦尔国际公司是世界500强企业,由原世界两大著名公司——美国联信公司及霍

尼韦尔公司合并而成。原美国联信公司的核心业务为航空航天、汽车和工程材料，原霍尼韦尔公司的核心业务为住宅及楼宇控制技术和工业控制以及自动化产品；目前霍尼韦尔国际公司从事高科技研发、制造和服务，向全球提供各种不同产品与服务，包括：汽车产品；建筑、住房产品；楼宇自动化控制；涡轮增压器；化学产品；纤维制品；先进电子材料；航空产品及服务等。

2. Rockwell Automation，美国罗克韦尔自动化公司

http://www.rockwellautomation.com

罗克韦尔自动化是一家工业自动化跨国公司，世界500强企业，整合了工业自动化领域的多个品牌，包括Allen-Bradley的控制产品和工程服务、Dodge的机械动力传输产品、Reliance Electric的电机和驱动产品、Rockwell Software生产的工控软件，为制造业提供一流的动力、控制和信息技术解决方案。罗克韦尔自动化公司旗下有两个业务部门：控制系统部、动力系统部。

3. Siemens Automation & Drive，德国西门子自动化与驱动集团

http://www.ad.siemens.com.cn

德国西门子自动化与驱动集团是西门子股份公司（世界500强）中最大的集团之一，是西门子工业领域的主要组成部分和全球工业自动化领域的领先供应商。西门子自动化与驱动集团主营业务有：工业自动化系统、运动控制系统、过程自动化仪器仪表、标准转动、大型转动、低压电器、电气安装技术、系统集成和工程服务等，可在生产自动化、过程自动化、楼宇电气安装和电子装配系统领域提供多种创新、可靠、高效和优质的产品、系统、解决方案和服务，该集团的产品和服务广泛应用于钢铁、机械、金属、食品、饮料、包装、汽车、电力和化工行业。

4. 瑞士ABB公司

http://www.abb.com

ABB（阿西布朗勃法瑞）集团是电力和自动化技术领域的全球领先公司，世界500强企业，总部设于瑞士苏黎世，1988年由瑞典ASEA公司和瑞士BBC Brown Boveri公司合并而成，是一个业务遍及全球的电气工程集团，致力于为工业和电力行业客户提供解决方案，以帮助客户提高业绩，同时降低对环境的不良影响。ABB集团下设三个业务部门，分别为电力技术，自动化技术和石油/天然气/石化行业。主要服务于制造业、加工业、消费品行业、公用事业、石油天然气业及基础设施业，其主要业务有：电机、变频器和电力电子产品、控制系统、高压产品、中压产品、低压产品、分析仪器、机器人技术和变压器等。

5. Schneider Electric，法国施耐德电气有限公司

http://www.schneider-electric.com

施耐德电气有限公司是世界500强企业之一，1836年由施耐德兄弟建立，总部位于法国吕埃。施耐德电气公司为100多个国家的能源及基础设施、工业、数据中心及网络、楼宇和住宅市场提供整体解决方案，其中在能源与基础设施、工业过程控制、楼宇自动化和数据中心与网络等市场处于世界领先地位，在住宅应用领域也拥有强大的市场能力。

6. Mitsubishi Electric，日本三菱电机集团

https://www.mitsubishielectric.co.jp

三菱电机集团(世界500强)是全球化电气制造企业，产品涉及家电、通信、公共设施建设、人造卫星等众多领域。目前在中国，三菱电机自动化(上海)有限公司作为三菱电机集团的成员之一，是机电产品综合供应商，其业务范围覆盖工业自动化(FA)产品和机电一体化产品。FA产品包括可编程控制器(PLC)、变频调速器(INV)、人机界面(HMI)、运动控制及交流伺服系统(Motion Controller & Servo)等。机电一体化产品包括数控系统(CNC)、放电加工机(EDM)、激光加工机(LP)等。

7. Omron，日本欧姆龙公司

http://www.omron.com

欧姆龙公司(欧姆龙株式会社)是全球知名的自动化控制及电子设备制造厂商，掌握着世界领先的传感和控制核心技术。其产品和技术领域主要包括：

(1) 工业自动化设备及系统——PLC、伺服、变频器等工厂自动化系统；

(2) 电子控制设备元件——传感器、继电器、计时器、计数器、开关、电源等；

(3) 车站自动售票系统，交通管制系统，ATM，POS系统；

(4) 健康医疗设备——自动数字血压计，电子体温计，低频治疗器，计步器等。

8. HollySys，中国和利时有限公司

http://www.hollysys.com

和利时起步于1993年，1996年成立北京和利时自动化工程有限责任公司，并以“用自动化改进人们的工作、生活和环境”为宗旨，致力于为客户提高生产效率、提升产品品质、保障生产安全和改善工作环境。“和利时”已成为自动化领域的国际知名品牌，其核心业务领域涉及过程自动化、工厂自动化、轨道交通自动化、医疗自动化等。

F. 工程教育认证标准(节选)

(中国工程教育专业认证协会，团体标准 T/CEEAA 001—2022，2022年7月)

(https://www.ceeaa.org.cn)

1. 范围

(1) 本文件规定了工程教育认证的通用要求和各专业类补充要求。

(2) 本文件适用于普通高等学校全日制普通四年制本科专业工程教育认证。

2. 术语和定义

(1) 培养目标：对专业毕业生在毕业后5年能够达到的职业和专业成就的总体描述。

(2) 毕业要求：对学生毕业时应该掌握的知识和能力的具体描述，包括学生通过本专业学习所掌握的知识、技能和素养。

(3) 评估:确定、收集和准备各类文件、数据和证据材料的工作,以便对课程教学、学生培养、毕业要求、培养目标等进行评价。可采用合理的抽样方法,恰当使用直接的、间接的、量化的、非量化的手段,进行有效的评估。

(4) 评价:对评估过程中所收集到的资料和证据进行解释的过程,评价结果是提出相应改进措施的依据。

(5) 机制:针对特定目的而制定的一套规范的处理流程,包括目的、相关规定、责任人员、方法和流程等,对流程涉及的相关人员的角色和责任有明确的定义。

(6) 复杂工程问题:必须运用深入的工程原理,经过分析才能得到解决的问题。同时具备下述特征的部分或全部:①涉及多方面的技术、工程和其他因素,并可能相互有一定冲突;②需要通过建立合适的抽象模型才能解决,在建模过程中需要体现出创造性;③不是仅靠常用方法就可以完全解决的;④问题中涉及的因素可能没有完全包含在专业工程实践的标准和规范中;⑤问题相关各方利益不完全一致;⑥具有较高的综合性,包含多个相互关联的子问题。

3. 通用标准

1) 学生

(1) 具有吸引优秀生源的制度和措施;

(2) 具有完善的学生学习指导、职业规划、就业指导、心理辅导等方面的措施并能够很好地执行落实;

(3) 对学生在整个学习过程中的表现进行跟踪与评估,并通过形成性评价保证学生毕业时达到毕业要求;

(4) 有明确的规定和相应认定过程,认可转专业、转学学生的原有学分。

2) 培养目标

(1) 有公开的、符合学校定位的、适应社会经济发展需要的培养目标;

(2) 定期评价培养目标的合理性并根据评价结果对培养目标进行修订,评价与修订过程有行业或企业专家参与。

3) 毕业要求

专业应有明确、公开、可衡量的毕业要求,毕业要求应支撑培养目标的达成。专业制定的毕业要求应完全覆盖以下内容。

(1) 工程知识:能够将数学、自然科学、工程基础和专业知识用于解决复杂工程问题;

(2) 问题分析:能够应用数学、自然科学和工程科学的基本原理,识别、表达、并通过文献研究分析复杂工程问题,以获得有效结论;

(3) 设计/开发解决方案:能够设计针对复杂工程问题的解决方案,设计满足特定需求的系统、单元(部件)或工艺流程,并能够在设计环节中体现创新意识,考虑社会、健康、安全、法律、文化以及环境等因素;

(4) 研究:能够基于科学原理并采用科学方法对复杂工程问题进行研究,包括设计实验、分析与解释数据、并通过信息综合得到合理有效的结论;

(5) 使用现代工具:能够针对复杂工程问题,开发、选择与使用恰当的技术、资源、现代工程工具和信息技术工具,包括对复杂工程问题的预测与模拟,并能够理解其局限性;

(6) 工程与社会:能够基于工程相关背景知识进行合理分析,评价专业工程实践和复杂工程问题解决方案对社会、健康、安全、法律以及文化的影响,并理解应承担的责任;

(7) 环境和可持续发展:能够理解和评价针对复杂工程问题的工程实践对环境、社会可持续发展的影响;

(8) 职业规范:具有人文社会科学素养、社会责任感,能够在工程实践中理解并遵守工程职业道德和规范,履行责任;

(9) 个人和团队:能够在多学科背景下的团队中承担个体、团队成员以及负责人的角色;

(10) 沟通:能够就复杂工程问题与业界同行及社会公众进行有效沟通和交流,包括撰写报告和设计文稿、陈述发言、清晰表达或回应指令。并具备一定的国际视野,能够在跨文化背景下进行沟通和交流;

(11) 项目管理:理解并掌握工程管理原理与经济决策方法,并能在多学科环境中应用;

(12) 终身学习:具有自主学习和终身学习的意识,有不断学习和适应发展的能力。

4) 持续改进

(1) 建立教学过程质量监控机制,各主要教学环节有明确的质量要求,定期开展课程体系设置和课程质量评价。建立毕业要求达成情况评价机制,定期开展毕业要求达成情况评价;

(2) 建立毕业生跟踪反馈机制以及有高等教育系统以外有关各方参与的社会评价机制,对培养目标的达成情况进行定期分析;

(3) 能证明评价的结果被用于专业的持续改进。

5) 课程体系

课程设置应支持毕业要求的达成,课程体系设计有企业或行业专家参与。课程体系应包括:

(1) 与本专业毕业要求相适应的数学与自然科学类课程(至少占总学分的15%);

(2) 符合本专业毕业要求的工程基础类课程、专业基础类课程与专业类课程(至少占总学分的30%)。工程基础类课程和专业基础类课程能体现数学和自然科学在本专业应用能力的培养,专业类课程能体现系统设计和实现能力的培养;

(3) 工程实践与毕业设计(论文)(至少占总学分的20%)。设置完善的实践教学体系,并与企业合作,开展实习、实训,培养学生的实践能力和创新能力。毕业设计(论文)选题应结合本专业的工程实际问题,培养学生的工程意识、协作精神以及综合应用所学知识解决实际问题的能力。对毕业设计(论文)的指导和考核有企业或行业专家参与;

(4) 人文社会科学类通识教育课程(至少占总学分的15%),使学生在从事工程设计时能够考虑经济、环境、法律、伦理等各种制约因素。

6) 师资队伍

(1) 教师数量能满足教学需要,结构合理,并有企业或行业专家作为兼职教师;

(2) 教师具有足够的教学能力、专业水平、工程经验、沟通能力、职业发展能力,并且能够开展工程实践问题研究,参与学术交流。教师的工程背景应能满足专业教学的需要;

(3) 教师有足够时间和精力投入到本科教学和学生指导中,并积极参与教学研究与改革;

(4) 教师为学生提供指导、咨询、服务,并对学生职业生涯规划及职业从业教育有足够的指导;

(5) 教师明确他们在教学质量提升过程中的责任,不断改进工作。

7) 支持条件

(1) 教室、实验室及设备在数量和功能上满足教学需要。有良好的管理、维护和更新机制,使得学生能够方便地使用。与企业合作共建实习和实训基地,在教学过程中为学生提供参与工程实践的平台;

(2) 计算机、网络以及图书资料资源能够满足学生的学习以及教师的日常教学和科研所需。资源管理规范、共享程度高;

(3) 教学经费有保证,总量能满足教学需要;

(4) 学校能够有效地支持教师队伍建设,吸引与稳定合格的教师,并支持教师本身的专业发展,包括对青年教师的指导和培养;

(5) 学校能够提供达成毕业要求所必需的基础设施,包括为学生的实践活动、创新活动提供有效支持;

(6) 学校的教学管理与服务规范,能有效地支持专业毕业要求的达成。

4. 专业补充标准

1) 注意事项

专业补充标准不应单独使用,开展认证时,专业应同时满足本文件规定的通用标准和相应专业领域的补充标准。

2) 电子信息与电气工程类专业

(1) 适用专业。

按照教育部规定设立的,授予工学学士学位电气类、电子信息类与自动化类专业。

(2) 课程体系。

① 提供与专业名称相符的,具有相应的广度和深度的现代工程内容;

② 覆盖数学和自然科学(物理学,可以包括化学、生命科学、地球科学和空间科学等)等知识领域及其应用,以及分析和设计与专业名称相符的复杂对象(包括硬件、软件和由硬件及软件组成的系统)所必需的现代工程内容;

③ 各专业应分别涵盖以下知识领域:

• 电气类专业应包括电磁理论、能量转换原理等核心知识领域,能够支撑在电气工程(包括电能生产、传输、应用等)中的认知识别、规划设计、运行控制、分析计算、实验测试、仿真模拟等能力的培养;

• 电子信息类专业应包括物理机制、电子线路、信号/信息的获取、分析、存储和传输等核心知识领域,能够支撑在电子工程(包括电子、光子、信息等)中相应的信号/信息处理、材料、元器件、电路、系统和网络等分析与设计能力的培养;

• 自动化类专业应包括建模、检测、控制、系统集成与应用技术等核心知识领域,能够支撑在现代自动化工程中的系统建模、检测与识别、信息处理与分析、自动控制、优化决策、系统集成原理以及人工智能应用等能力的培养;

• 未来特设专业的课程可选择相近专业的核心知识领域或者根据专业特色进行设置。

(3) 师资队伍。

① 讲授专业核心课程的教师必须了解相应专业领域及其工程实践的最新进展;

② 讲授主要设计类课程的教师必须具有足够的教育背景和设计经验,且这些设计类课程的教学不能仅依赖于某一位教师。

G. 重要科技竞赛介绍

1. "挑战杯"全国大学生课外学术科技作品竞赛和创业计划竞赛

http://www.tiaozhanbei.net

挑战杯是"挑战杯"全国大学生系列科技学术竞赛的简称,是由共青团中央、中国科协、教育部和全国学联共同主办的全国性大学生课外学术实践竞赛。"挑战杯"竞赛在中国共有两个并列项目:"挑战杯"全国大学生课外学术科技作品竞赛和"挑战杯"中国大学生创业计划竞赛。这两个项目的全国竞赛交叉轮流开展,每个项目每两年举办一届。

"挑战杯"全国大学生课外学术科技作品竞赛自1989年举办首届以来,始终坚持"崇尚科学、追求真知、勤奋学习、锐意创新、迎接挑战"的宗旨,在促进青年创新人才成长、深化高校素质教育、推动经济社会发展等方面发挥了积极作用,在广大高校乃至社会上产生了广泛而良好的影响,被誉为当代大学生科技创新的"奥林匹克"盛会。现在,"挑战杯"竞赛已经成为吸引广大高校学生共同参与的科技盛会、促进优秀青年人才脱颖而出的创新摇篮、引导高校学生推动现代化建设的重要渠道、深化高校素质教育的实践课堂、展示全体中华学子创新风采的亮丽舞台。

"挑战杯"中国大学生创业计划竞赛起源于美国,又称商业计划竞赛,是风靡全球高校的重要赛事。它借用风险投资的运作模式,要求参赛者组成优势互补的竞赛小组,提出一项具有市场前景的技术、产品或者服务,并围绕这一技术、产品或服务,以获得风险投资为目的,完成一份完整、具体、深入的创业计划。竞赛采取学校、省(自治区、直辖市)和全国三级赛制,分预赛、复赛、决赛三个赛段进行。大力实施"科教兴国"战略,努力培养广大青年的创新、创业意识,造就一代符合未来挑战要求的高素质人才,已经成为实现中华民族伟大复兴的时代要求。作为学生科技活动的新载体,创业计划竞赛在培养复合型、创新型人才,促进高校产学研结合,推动国内风险投资体系建立方面发挥出越来越积极的作用。

2. 中国国际"互联网+"大学生创新创业大赛

https://cy.ncss.cn

中国国际"互联网+"大学生创新创业大赛是由教育部等十二部委和地方省级人民政府共同举办的创新创业赛事。该项赛事每年举行一届,旨在落实党中央、国务院提出的"大众创业、万众创新"的重大部署,深入实施创新驱动发展战略,引领新时代高效人才培养范式深刻变革,推动形成新的人才培养观和新的质量观。大赛的目的如下:

——以赛促学,培养创新创业生力军。大赛旨在激发学生的创造力,激励广大青年扎根中国大地了解国情民情,锤炼意志品质,开拓国际视野,在创新创业中增长智慧才干,把激昂的青春梦融入伟大的中国梦,努力成长为德才兼备的有为人才。

——以赛促教，探索素质教育新途径。把大赛作为深化创新创业教育改革的重要抓手，引导各类学校主动服务国家战略和区域发展，深化人才培养综合改革，全面推进素质教育，切实提高学生的创新精神、创业意识和创新创业能力。推动人才培养范式深刻变革，形成新的人才质量观、教学质量观、质量文化观。

——以赛促创，搭建成果转化新平台。推动赛事成果转化和产学研用紧密结合，促进“互联网＋”新业态形成，服务经济高质量发展，努力形成高校毕业生更高质量创业就业的新局面。

该项赛事每年举行一届。

3. RoboMaster 机甲大师高校系列赛

https：//www. robomaster. com

RoboMaster 机甲大师高校系列赛（RoboMaster university series，RMU）主办单位为共青团中央、深圳市人民政府，专为全球科技爱好者打造的机器人竞技与学术交流平台。自 2013 年创办至今，始终秉承“为青春赋予荣耀，让思考拥有力量，服务全球青年工程师成为追求极致、有实干精神的梦想家”的理念，致力于培养与吸纳具有工程思维的综合素质人才，并将科技之美、科技创新理念向公众广泛传递。

平台要求参赛队员走出课堂，组成机甲战队，自主研发制作多种机器人参与团队竞技。他们通过大赛将获得宝贵的实践技能和战略思维，在激烈的竞争中打造先进的智能机器人。目前已发展为包含面向高校群体的“高校系列赛”、面向 K12 群体的“青少年挑战赛”以及面向社会大众的“全民挑战赛”在内的三大竞赛体系。其中面向高校的“高校系列赛”的规模逐年扩大，每年吸引全球 400 余所高等院校参赛，累计向社会输送数万名青年工程师，并与数百所高校开展各类人才培养、实验室共建等产学研合作项目。

4. 全国大学生机器人大赛 Robocon 赛事

http：//www. cnrobocon. net

全国大学生机器人大赛 Robocon 赛事始于 2002 年，由共青团中央主办，每年举办一次。大赛的冠军队代表中国参加亚洲-太平洋广播电视联盟（Asia-Pacific broadcasting union，ABU）主办的亚太大学生机器人大赛（ABU Robocon）。青年学生的积极参与和众多机构的鼎力支持成就了大赛的健康发展。大赛目前已成为国内技术挑战性最强、影响力最大的大学生机器人赛事。每年，由 ABU Robocon 的承办国制定和发布比赛的主题和规则。全国大学生机器人大赛 Robocon 赛事采用这个规则进行比赛。参赛者需要综合运用机械、电子、控制、计算机等技术知识和手段，经过约十个月制作和准备，利用机器人完成规则设置的任务。作为高技术的竞赛平台，这个比赛从一开始就吸引了大专院校学生的浓厚兴趣。

通过整合高校、媒体、企业和政府的资源，这项赛事已经成为我国理工科院校最具影响力的赛事，对机器人教育做出了积极贡献，为我国机器人产业及相关科技领域培育了大批卓越的企业家和工程师。

5. 全国大学生电子设计竞赛

http://nuedc.xjtu.edu.cn

全国大学生电子设计竞赛(national undergraduate electronics design contest)是教育部和工业和信息化部共同发起的大学生学科竞赛之一,是面向大学生的群众性科技活动,目的在于推动高等学校促进信息与电子类学科课程体系和课程内容的改革。竞赛的特点是与高等学校相关专业的课程体系和课程内容改革密切结合,以推动其课程教学、教学改革和实验室建设工作。赛题包括电源类、信号源类、控制类、仪器仪表类等。

竞赛题目是保证竞赛工作顺利开展的关键,由全国专家组制定命题原则,赛前发至各赛区。全国竞赛命题在广泛开展赛区征题的基础上,由全国竞赛命题专家统一进行命题。全国竞赛采用两套题目,即本科生组题目和高职高专学生组题目,参赛的本科生只能选本科生组题目;高职高专学生原则上选择高职高专学生组题目,但也可选择本科生组题目,并按本科生组题目的标准进行评审。只要参赛队中有本科生,该队只能选择本科生组题目,并按本科生组题目的标准进行评审。凡不符合上述选题规定的作品均视为无效,赛区不予以评审。